国家级职业教育培训规划教材
劳动保障部培训就业司推荐

国家职业技能鉴定教材

机械制图员

主　编　鲁煜鹏
编　者　鲁煜鹏　王莉萍　刘翠红
主　审　代　军

中国劳动社会保障出版社

JIXIE ZHITUYUAN

图书在版编目(CIP)数据

机械制图员/劳动和社会保障部教材办公室组织编写．—北京：中国劳动社会保障出版社，2006

国家职业技能鉴定教材

ISBN 978 – 7 – 5045 – 5657 – 8

Ⅰ. 机… Ⅱ. 劳… Ⅲ. 机械制图：计算机制图 – 应用软件，AutoCAD 2006 Ⅳ. TH126

中国版本图书馆 CIP 数据核字(2006)第 057672 号

中国劳动社会保障出版社出版发行

(北京市惠新东街 1 号 邮政编码：100029)

出 版 人：张梦欣

*

北京隆昌伟业印刷有限公司印刷装订 新华书店经销

787 毫米×1092 毫米 16 开本 16.5 印张 383 千字

2007 年 2 月第 1 版 2017 年 1 月第 11 次印刷

定价：**28.00** 元

读者服务部电话：(010) 64929211/64921644/84626437

营销部电话：(010) 64961894

出版社网址：http://www.class.com.cn

版权专有 侵权必究

如有印装差错，请与本社联系调换：(010) 50948191

我社将与版权执法机关配合，大力打击盗印、销售和使用盗版图书活动，敬请广大读者协助举报，经查实将给予举报者奖励。

举报电话：(010) 64954652

前　言

《中华人民共和国劳动法》明确规定，国家对规定的职业制定职业技能鉴定标准，实行职业资格证书制度，由经过政府批准的考核鉴定机构负责对劳动者实施职业技能鉴定。

1994年以来，劳动和社会保障部职业技能鉴定中心、劳动和社会保障部教材办公室、中国劳动社会保障出版社组织有关方面专家、技术人员和职业培训教学管理人员实施教材建设，编写出版了涉及机械、电子、交通、建筑、商业、农业、饮食服务业等国民经济支柱产业中近80个通用职业（工种）的《职业技能鉴定教材》（以下简称《教材》）和《职业技能鉴定指导》（以下简称《指导》），对于推动职业技能鉴定工作，提高职业技能培训质量发挥了积极的作用。

2000年，国家实行在规定的职业（工种）中持职业资格证书就业上岗制度，并陆续颁布了《国家职业标准》（以下简称《标准》）。为满足广大劳动者取得职业资格证书的迫切要求，劳动和社会保障部教材办公室和中国劳动社会保障出版社在总结以往《教材》和《指导》编写经验的基础上，依据《标准》和市场需求，组织编写了《国家职业技能鉴定教材——机械制图员》。

本教材以相应的《标准》为依据，内容上力求体现"以职业技能为核心、以职业活动为导向"的指导思想，坚持"考什么、编什么"的原则。结构上采用模块化方式，按照职业等级编写，在基本保证知识连贯性的基础上，力求浓缩精练，突出针对性、典型性、实用性。

本教材以《标准》规定的申报条件为编写起点，有助于准备参加考核鉴定的人员掌握考核鉴定的范围和内容，适合各级鉴定机构和培训机构组织考前强化培训和申请参加技能鉴定的人员自学使用，对于各类职业技术学校师生、相关行业技术人员均有重要的参考价值。

编写《教材》和《指导》有相当的难度，是一项探索性工作。由于时间仓促，缺乏经验，不足之处在所难免，恳切欢迎各使用单位和个人提出宝贵意见和建议。

劳动和社会保障部教材办公室

目 录

CONTENTS 《国家职业技能鉴定教材》

第一部分　机械制图员基础知识

第一单元　职业道德 …………………………………………………………（3）

第二单元　制图基本知识 ……………………………………………………（4）

　第一节　国家标准的有关规定 ………………………………………………（4）

　第二节　投影法的基本知识 …………………………………………………（7）

第三单元　计算机绘图基本知识 ……………………………………………（9）

第二部分　初级机械制图员

第四单元　初级机械制图员手工绘图 ………………………………………（17）

　第一节　几何作图 ……………………………………………………………（17）

　第二节　三视图 ………………………………………………………………（22）

　第三节　剖视图 ………………………………………………………………（23）

第五单元　初级机械制图员计算机绘图 ……………………………………（26）

　第一节　文件基本操作 ………………………………………………………（26）

　第二节　命令与数据输入 ……………………………………………………（27）

　第三节　简单二维图形的绘制 ………………………………………………（28）

　第四节　打印输出 ……………………………………………………………（33）

第三部分　中级机械制图员

第六单元　中级机械制图员手工绘图 ………………………………………（37）

第一节　立体表面的交线 …………………………………………………（37）
第二节　组合体 ……………………………………………………………（39）
第三节　零件图 ……………………………………………………………（41）
第四节　正等轴测图的画法 ………………………………………………（47）

第七单元　中级机械制图员计算机绘图 ……………………………（49）

第一节　辅助绘图命令 ……………………………………………………（49）
第二节　二维图形的绘制 …………………………………………………（54）
第三节　二维图形的编辑 …………………………………………………（65）
第四节　文字标注与尺寸标注 ……………………………………………（81）
第五节　图层设置与对象特性 ……………………………………………（95）
第六节　二维图形绘制综合练习 …………………………………………（98）

第四部分　高级机械制图员

第八单元　高级机械制图员手工绘图 ………………………………（117）

第一节　标准件与常用件 …………………………………………………（117）
第二节　草图的绘制 ………………………………………………………（122）
第三节　装配图 ……………………………………………………………（127）
第四节　轴测剖视图的绘制 ………………………………………………（140）

第九单元　高级机械制图员计算机绘图 ……………………………（142）

第一节　图块的使用 ………………………………………………………（142）
第二节　属性的定义与编辑 ………………………………………………（147）
第三节　外部参照 …………………………………………………………（150）
第四节　二维图形的绘制 …………………………………………………（152）
第五节　AutoCAD 二次开发技术 …………………………………………（185）

第五部分　机械制图员技师

第十单元　机械制图员技师手工绘图 ………………………………（193）

第一节　第三角画法 …………………………………………… (193)

第二节　展开图 ………………………………………………… (195)

第十一单元　机械制图员技师计算机绘图 ……………………… (200)

第一节　三维绘图基础 ………………………………………… (200)

第二节　实体造型 ……………………………………………… (211)

第一部分

机械制图员基础知识

第一单元 职业道德

一、职业道德基本知识

职业道德是指从事一定职业的人们在职业活动中应当遵循的带有职业特征的行为规范的总和。职业道德是社会道德体系的重要组成部分，是要求从业者必须遵守的行为规范。职业道德不仅是从业人员在职业生活中的行为要求，而且是本行业对社会所承担的道德责任和义务。

制图员所应遵守的职业道德有：热爱本职工作，刻苦钻研专业技术，遵纪守法，爱护专业仪器及设备，安全文明生产，艰苦朴素，吃苦耐劳，团结协作，尊师爱徒。

二、职业守则

制图员所应遵守的职业守则为：

1．忠于职守，爱岗敬业。
2．讲究质量，注重信誉。
3．积极进取，团结协作。
4．遵纪守法，讲究公德。

三、相关法律法规

制图员应该遵守如《中华人民共和国劳动法》等国家的法律法规。在绘图工作中，除了遵循国家标准《技术制图》和《机械制图》外，还应当遵循 GB/T 14665—1998《机械工程 CAD 制图规则》、GB/T 17304—1998《CAD 通用技术规范》、GB/T 17825—1999《CAD 文件管理》、GB/T 17678—1999《CAD 电子文件光盘存储、归档与档案管理要求》、GB/T 17679—1999《CAD 电子文件光盘存储归档一致性测试》等国家标准。

第二单元
制图基本知识

第一节　国家标准的有关规定

图样是现代工业生产中最基本的技术文件。为了正确地绘制和阅读机械图样，必须熟悉和掌握有关标准和规定。我国国家标准（简称国标）的代号是"GB"，它是由"国标"两个汉字拼音的第一个字母"G"和"B"组成的。

一、图纸幅面和格式

1. 图纸幅面

绘制图样时，应优先选用表 2—1 中规定的图纸基本幅面。

表 2—1　　　　　　　　　　基本幅面及尺寸　　　　　　　　　　　　　　mm

幅面代号	A0	A1	A2	A3	A4
$B \times L$	841 × 1 189	594 × 841	420 × 594	297 × 420	210 × 297
a	25				
c	10			5	
e	20		10		

2. 图框

图框用粗实线绘制。留有装订边的图纸，其图框格式如图 2—1a 所示；不留装订边的图纸，其图框格式如图 2—1b 所示；尺寸按表 2—1 中的规定。

3. 标题栏

标题栏中的文字方向为看图方向，在图纸各边长的中点处分别画出对中符号（粗实线）。如果需要改变标题栏的方向时，应在图纸的下边对中符号处画一个方向符号，如图 2—1c 所

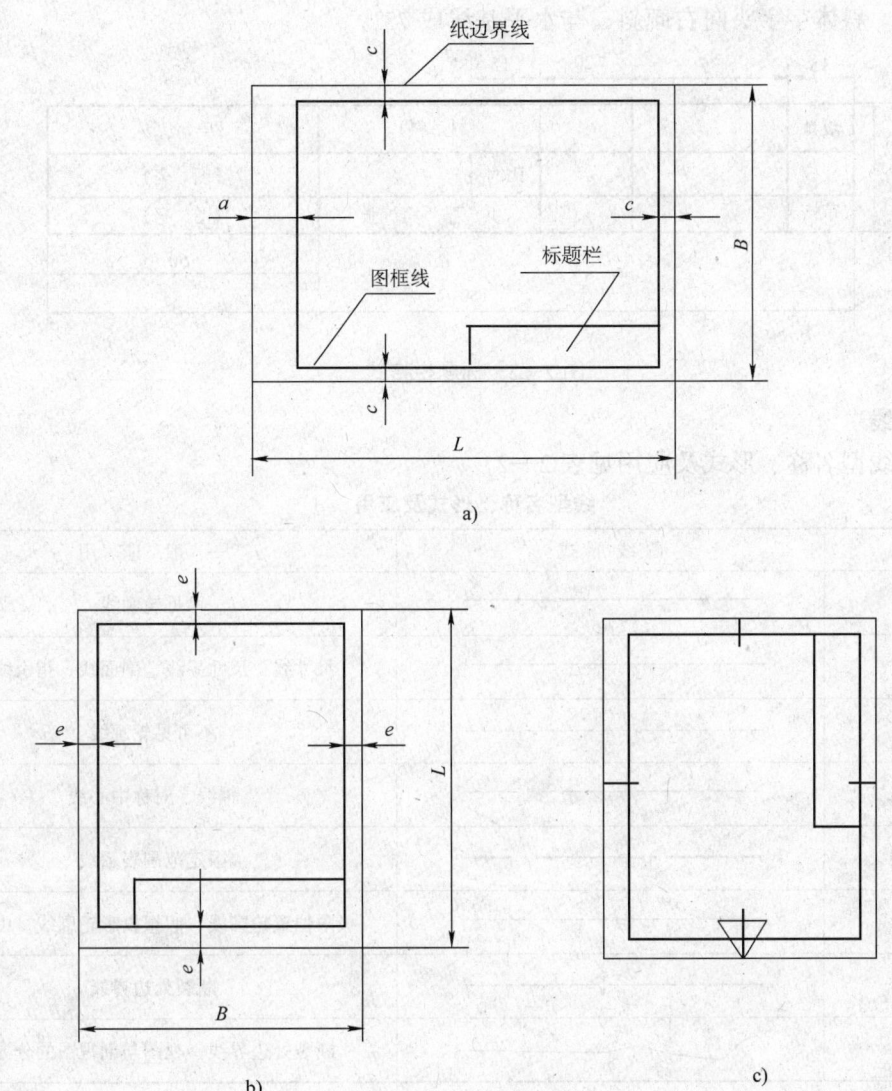

图 2—1 图框格式
a) 留有装订边的图框格式　b) 不留装订边的图框格式　c) 对中符号与看图方向

示。标题栏内容、格式及尺寸采用如图 2—2 所示形式。

二、比例

比例是指图样中图形与其实物相应要素的线性尺寸之比。不论放大或缩小，标注尺寸时必须注出设计要求的尺寸。

三、字体

图样中书写的汉字、数字、字母，必须做到：字体工整、笔画清楚、间隔均匀、排列整齐。汉字应写成长仿宋体字，字体的号数即字体的高度（用 h 表示），分为 20 mm，14 mm，10 mm，7 mm，5 mm，3.5 mm，2.5 mm，1.8 mm 8 种，宽度一般为 $h/\sqrt{2}$。数字和字母可写成斜体和直体。斜体字字头向右倾斜,与水平基线成 75°。

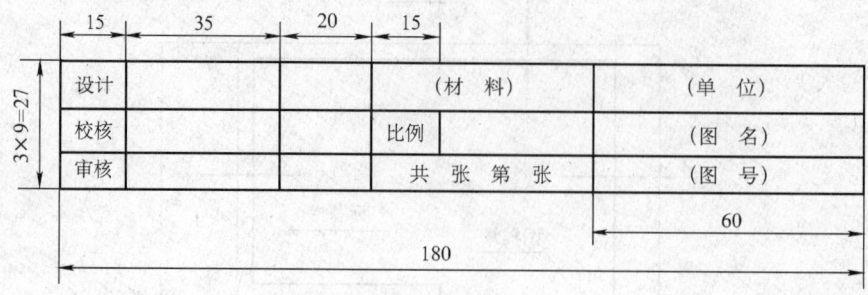

图 2—2　标题栏格式

四、图线

图线的线型名称、形式及应用见表 2—2。

表 2—2　　　　　　　　　线型名称、形式及应用

线型名称	图线形式	一般应用
粗实线	———————	可见轮廓线
细实线	———————	尺寸线、尺寸界线、剖面线、指引线等
细虚线	- - - - - - -	不可见轮廓线
细点画线	— · — · — · —	轴线、对称中心线
粗点画线	— · — · — · —	限定范围表示线
细双点画线	— · · — · · —	极限位置轮廓线、假想投影轮廓线、中断线
双折线	——〜——	断裂处边界线
波浪线	～～～	断裂处边界线、视图与剖视图的分界线

同一图样中同类图线的宽度应基本一致。细虚线、点画线及细双点画线的线段长度和间隔应各自大致相等。图线应用示例如图 2—3 所示。

绘制圆的对称中心线时,圆心应为线段的交点。当图形比较小,可用细实线代替。

五、尺寸标注

1. 尺寸注法的基本规则

（1）机件的真实大小应以图样上所注的尺寸数值为依据,与图形的大小及绘图的准确度无关。

（2）图样中的尺寸以 mm 为单位时,不必标注计量单位的符号或名称,如果用其他单位时,则必须注明相应的单位符号。

（3）图样中所注的尺寸为该图样所示机件的最后完工尺寸,否则应另加说明。

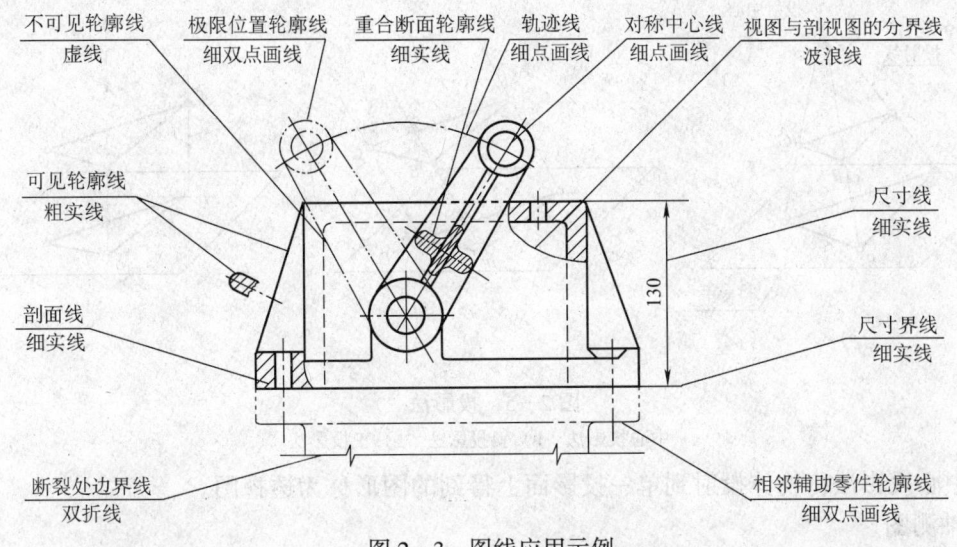

图 2—3 图线应用示例

(4) 机件的每一尺寸，一般只标注一次，并应标注在反映该结构最清晰的图形上。

2. 尺寸标注的三要素

(1) 尺寸界线

用细实线绘制，并应由图形的轮廓线、轴线或对称中心线处引出，也可利用它们作尺寸界线，如图 2—4 所示。

(2) 尺寸线

用细实线绘制。标注线性尺寸时，尺寸线应与所标注的线段平行。尺寸线不能用其他图线代替，也不得与其他图线重合或在其延长线上，如图 2—4 所示。

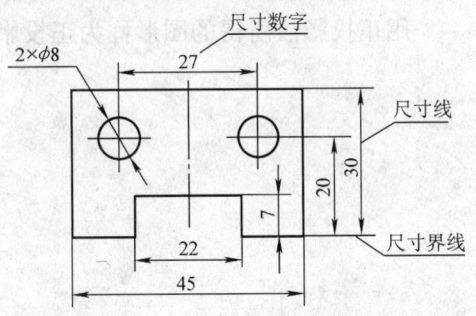

图 2—4 尺寸标注的三要素

(3) 尺寸数字

标注线性尺寸时，数字一般应注写在尺寸线的上方，也允许注写在尺寸线的中断处。位置不够时，也可引出标注，如图 2—4 所示。

第二节 投影法的基本知识

一、投影法的概念

投影法就是投射线通过物体，向选定的面（投影面）投射，并在该面上得到图形的方法。投影法分为中心投影法和平行投影法，平行投影法又分为斜投影法和正投影法两种，如图 2—5 所示。

二、工程上常用的投影图

1. 透视图

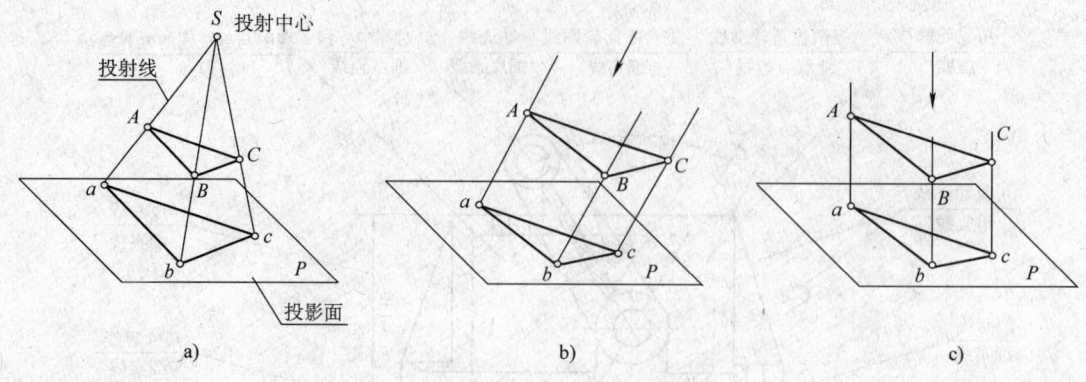

图 2—5 投影法
a）中心投影法　b）斜投影法　c）正投影法

用中心投影法将物体投射到单一投影面上得到的图形称为透视图。

2．轴测图

用平行投影法将物体投影到单一投影面上所得到的图形称为轴测图。

3．正投影图

用正投影法所得的图形称为正投影图。

第三单元 计算机绘图基本知识

一、AutoCAD 的运行环境

1. 硬件要求

运行 AutoCAD 2006 中文版，对硬件环境的要求为：

（1）Intel Pentium Ⅲ 或更高版本的处理器，或兼容处理器，800 MHz 或更高主频。

（2）512 MB RAM（推荐）。

（3）1 024 像素×768 像素 VGA，真彩色（最低要求）。

（4）鼠标、轨迹球或兼容定点设备。

（5）任意速度 CD – ROM 驱动器（仅用于安装）。

（6）打印机或绘图仪、数字化仪（可选）。

2. 软件要求

运行 AutoCAD 2006 中文版，对软件环境的要求为：

（1）Microsoft Windows XP（Professional、Home Edition 或 Tablet PC Edition，SP1 或 SP2）或 Windows 2000 Professional（SP4）操作系统，AutoCAD 2006 中文版必须安装到中文版的操作系统上。

（2）Microsoft Internet Explorer 6.0（Service Pack 1 或更高版本）Web 浏览器。

（3）500 MB 可用磁盘空间（用于安装）。

在实际应用中，增大内存容量可大大加快软件运行速度，在内存不足时，软件需调用硬盘空间作为虚拟内存使用，软件运行速度将明显受到影响。

二、AutoCAD 的安装、启动、初始设置与退出

1. AutoCAD 的安装

AutoCAD 2006 中文版的安装分为两类，即单用户安装和网络安装，安装程序本身具有文

件拷贝、系统更新、系统注册等功能，并采用了智能化的安装向导，操作简单，用户只需一步一步按照屏幕提示操作即可完成整个安装过程。

安装过程结束后，在操作系统的"程序"组中会增加"Autodesk"组，其下包含"Auto-CAD 2006 – Simplified Chinese"组和"Autodesk DWF Viewer"程序项，并同时在操作系统的桌面上自动生成 AutoCAD 2006 中文版快捷图标。

2．AutoCAD 的启动

启动 AutoCAD 有多种方法，可通过单击"开始"按钮，选择"程序"菜单中"Au-todesk"下"AutoCAD 2006 – Simplified Chinese"程序组，然后再单击"AutoCAD 2006"程序项；或者双击桌面上的快捷图标。

AutoCAD 启动后，屏幕显示 AutoCAD 的启动画面，默认状态自动进入用户界面。单击"工具"菜单下"选项"命令，在打开的"选项"对话框中选择"系统"选项卡，更改"启动"项设置，可在启动时显示如图 3—1 所示的"启动"对话框，从中可按用户的需要进行初始绘图环境的设置。

3．设置初始绘图环境

绘图环境指绘图时所遵循或参照的格式标准，需设定绘图空间、绘图单位、角度参考方向、图形布局及所采用的标准等参数，可逐项设定，也可借鉴现有样板或定义自己的绘图环境。

AutoCAD 在"启动"对话框中为用户提供 4 种设置初始绘图环境、开始绘制新图形的方式：

（1）打开已有图形

单击（打开图形）按钮，可从最近打开的 4 个图形中选择一个图形打开，同时还显示用于查找其他文件的"浏览"按钮。

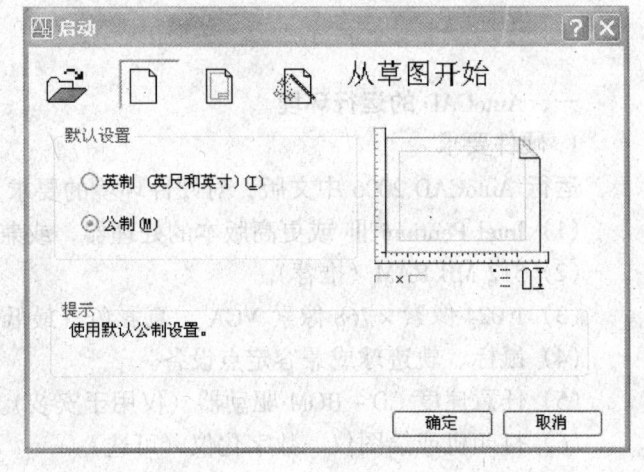

图 3—1　"启动"对话框

（2）使用默认设置

单击（从草图开始）按钮，用户可选取英制（in）、公制（mm）作为测量单位，按默认设置创建新图形。

1）英制。基于英制单位系统和"Acad.dwt"样板创建新图形。默认图形边界（称做图形界限）为 12 in × 9 in。

2）公制。基于公制单位系统和"Acadiso.dwt"样板创建新图形。默认图形边界为 420 mm × 297 mm。

（3）根据样板开始绘图

单击 ▯（使用样板）按钮，可使用列表中预定义的样板文件完成特定绘图环境的设定。样板文件为 .dwt 格式，位于"选项"对话框中指定的 AutoCAD 搜索路径中。文件中包含一些已指定的图形设置，如绘图单位类型、精度要求、图形界限、捕捉、栅格和正交设置、图层组织、标题栏、边框和徽标、标注和文字样式、线型和线宽等。

根据现有的样板创建新图形，对新图形中进行修改不会影响样板。

(4) 使用向导设置图形

单击 ▯（使用向导）按钮，使用"快速设置"向导或"高级设置"向导设置新图形。

使用"快速设置"向导将设置图形的绘图单位和绘图区域。在该向导中可以选择小数、建筑、工程、分数或科学单位，然后指定绘图区域的长和宽，从而设立图形的边界，即图形界限。图形界限中的区域就是最后打印图纸的区域。

使用"高级设置"向导除可以设置图形的绘图单位和绘图区域外，还可以指定几个角度设置，包括角度测量单位、零角度方向、角度测量方向，以及标题栏和各自的精度等。

4．AutoCAD 2006 用户界面

启动 AutoCAD 并完成初始绘图环境设置后，将出现如图 3—2 所示的用户界面，它包括标题栏、菜单栏、工具栏、状态栏、命令行窗口、绘图窗口等。

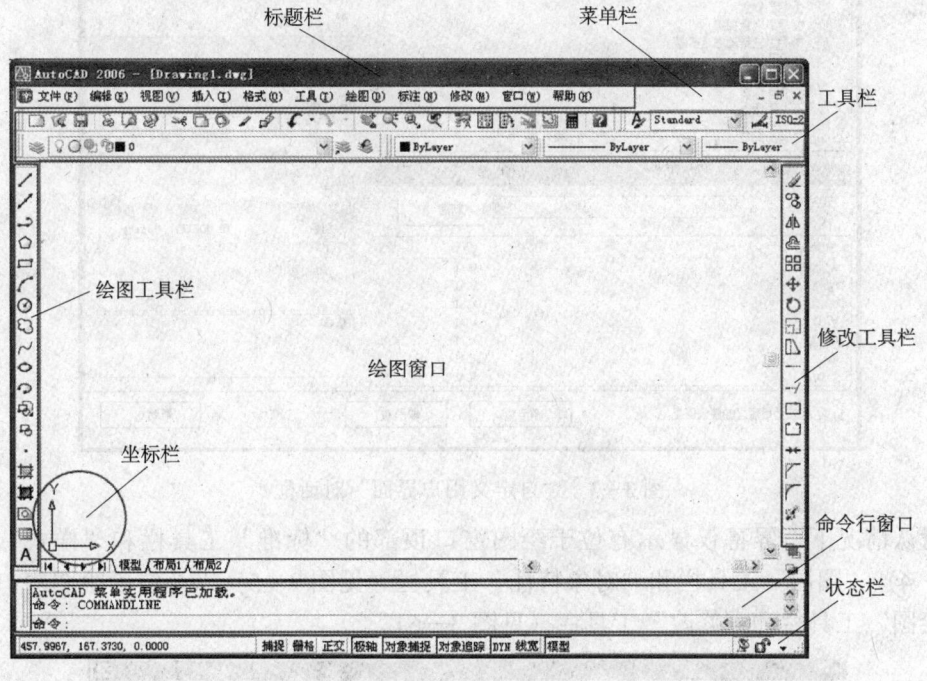

图 3—2　用户界面

(1) 标题栏

大多数的 Windows 应用程序都有标题栏。AutoCAD 2006 的标题栏在应用程序的最上面，它的左侧显示当前正在运行的应用程序名称，它的右侧为"最小化""最大化（还原）"和

"关闭"按钮。

(2) 菜单栏

菜单栏包括11个菜单项,这些菜单包含了AutoCAD常用的功能和命令。

(3) 工具栏

工具栏提供了简便快捷的工具,只需单击工具栏上的工具按钮,即可使用大部分常用的功能。

在AutoCAD 2006中,提供有30个已命名的工具栏,每个工具栏分别包含3~20个不等的工具。可以单击【视图】菜单→【工具栏】,打开如图3—3所示"自定义用户界面"对话框,对工具栏进行管理。

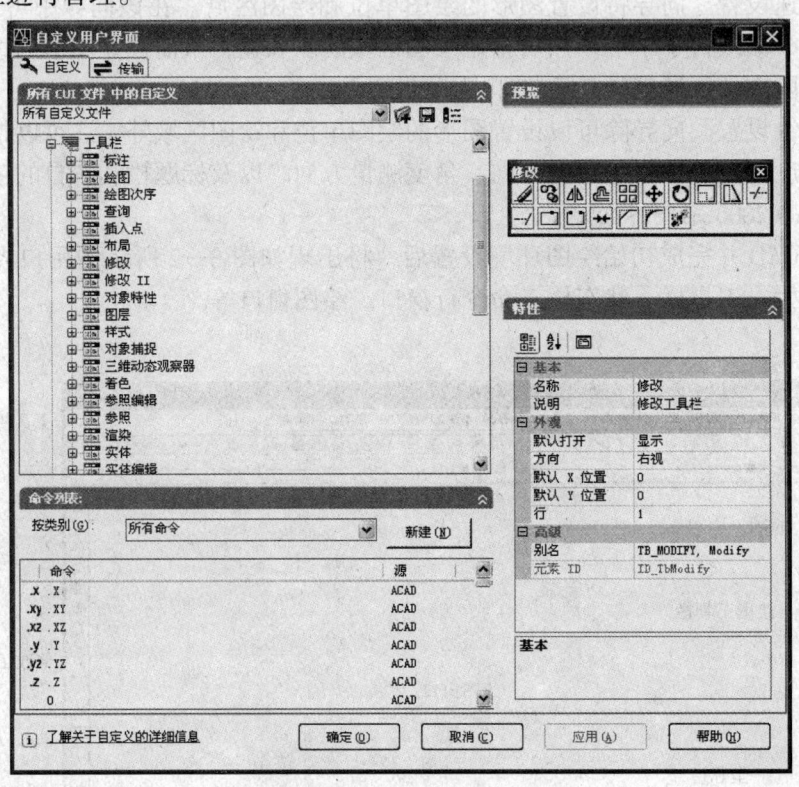

图3—3 "自定义用户界面"对话框

在默认情况下,屏幕仅显示有位于绘图窗口顶部的"标准"工具栏和"样式"工具栏(见图3—4)、"图层"工具栏和"对象特性"工具栏(见图3—5)以及位于绘图窗口左右两侧的"绘图"工具栏和"修改"工具栏(见图3—6)。

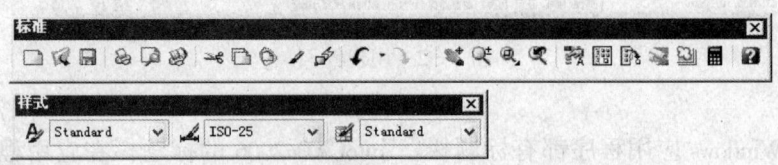

图3—4 "标准"和"样式"工具栏

第一部分 机械制图员基础知识

图 3—5 "图层"和"对象特性"工具栏

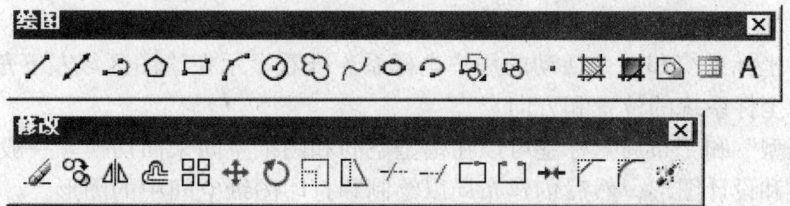

图 3—6 "绘图"和"修改"工具栏

在 AutoCAD 2006 中，工具栏按照位置的不同，可以分为固定工具栏、浮动工具栏、弹出式工具栏 3 种。固定工具栏附着在绘图区域的任意边上，可以通过将固定工具栏拖到新的固定位置来移动它。浮动工具栏定位在绘图区域的任意位置，可以将浮动工具栏拖至新位置、调整其大小或将其固定。右下角带有小黑三角形的按钮是包含相关命令的弹出工具栏，操作时将光标移至图标上，然后按住鼠标左键不放，直到显示弹出工具栏（见图 3—7）。

图 3—7 弹出工具栏

工具栏中的按钮还具有提示功能。将鼠标或定点设备移到工具栏按钮上，稍后按钮下面将显示该按钮的名称，并在状态栏中显示该按钮的简短功能描述。这种提示功能也可以在"自定义用户界面"对话框中进行设置。

（4）状态栏

状态栏位于屏幕的底部，显示的是当前的工作状态。

当光标置于绘图区域时，状态栏左端显示光标所在位置的坐标值。状态栏右边有指示并控制用户工作状态的"捕捉""栅格""正交""极轴""对象捕捉""对象追踪""DYN""线宽""模型"9 个功能开关按钮。用鼠标单击任意一个按钮均可切换当前的工作状态。当按钮被按下时表示相应的设置处于打开状态。状态栏右端的挂锁图标表示锁定状态，单击该图标，选定相应选项可以锁定工具栏和选项板的位置，防止它们意外移动。

· 13 ·

(5) 绘图窗口

绘图窗口是 AutoCAD 显示、编辑图形的区域。

绘图窗口包括绘图区、控制菜单图标、控制按钮、滚动条和模型空间与布局标签等。

屏幕上的光标会根据其所在区域不同而改变形状，在绘图区呈"十"字形状，十字光标主要用于在绘图区域标识拾取点和绘图点。还可以使用十字光标定位点选择绘制对象。而在绘图区以外呈白色箭头形状。

用户坐标系统图标显示的是图形方向。坐标系以 X，Y，Z 坐标为基础。AutoCAD 有一个固定的世界坐标系统和一个活动的用户坐标系。查看显示在绘图区域左下角的 UCS 图标，可以了解用户坐标系统的位置和方向。

单击"模型"和"布局"标签可以在模型空间和图纸空间来回切换。一般情况下，先在模型空间创建和设计图形，然后创建布局以绘制和打印图纸空间中的图形。

(6) 命令行窗口及文本窗口

1) 命令行窗口。命令行窗口位于 AutoCAD 绘图窗口与状态栏中间，是提供 AutoCAD 与用户进行交互对话，用于显示用户的输入信息以及系统的提示信息的区域。可通过拖动边界调整该窗口的大小。

2) 文本窗口。文本窗口与命令行窗口相似，它可以显示当前 AutoCAD 进程中命令的输入和执行过程（见图 3—8），文本窗口默认是隐藏的，可以用 F2 键显示或隐藏该窗口。

图 3—8　文本窗口

5. 退出

　　命　令　QUIT（EXIT）

　　菜　单　【文件】→【退出】（也可单击标题栏右端的图标⊠）

　　功　能　结束执行程序，退到 Windows 桌面。

如果自上次保存图形后没有进行过修改，则直接退出。如果已修改图形，退出前系统将出现如图 3—9 所示的系统警告对话框，提示用户是要保存修改还是要放弃修改。

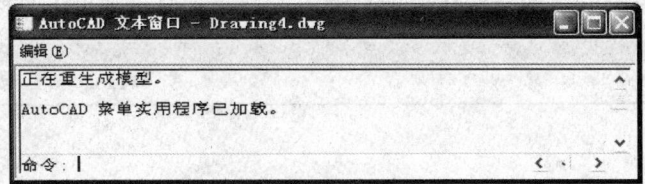

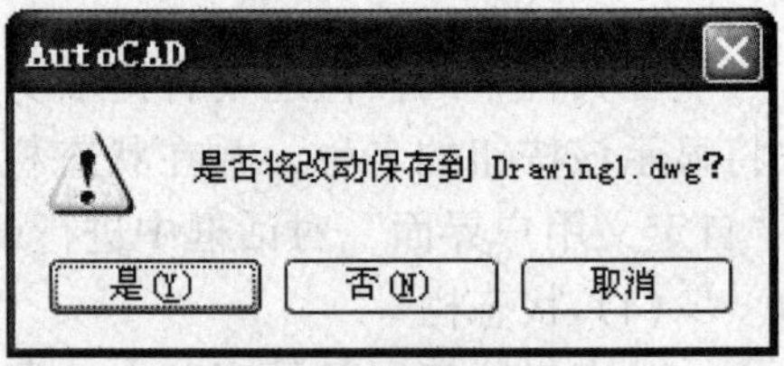

图 3—9　系统警告对话框

单击"是"按钮用现有图形覆盖原图形文件后退出。单击"否"按钮放弃修改，保留原图退出。单击"取消"按钮则不退出，返回绘图环境。

GUOJIA ZHIYEJINENGJIANDING JIAOCAI

第二部分

初级机械制图员

第四单元 初级机械制图员手工绘图

第一节 几何作图

一、等分直线

已知线段 AB，求作任意等份（如五等份），其作图方法如图 4—1 所示。

其作图步骤为：过点 A 作直线 AC，与已知线段 AB 成任意锐角；用分规在 AC 上以任意相等长度截得 1，2，3，4，5 各等分点；连接 $5B$，并过 4，3，2，1 各点作 $5B$ 的平行线，在 AB 线上即得 $4'$，$3'$，$2'$，$1'$ 各等分点。

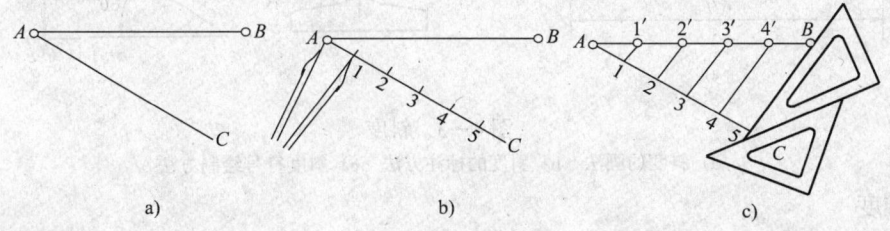

图 4—1 等分线段

二、等分圆和作正多边形

1. 五等分圆周并作正五边形

其作图步骤为：平分 OB 得其中点 P；以点 P 为圆心，PC 长为半径画弧，交 OA 于点 H；CH 即为五边形的边长，用它等分圆周，得 E，F，G，L 等分点，依次连接各点即得正五边形，如图 4—2a 所示。

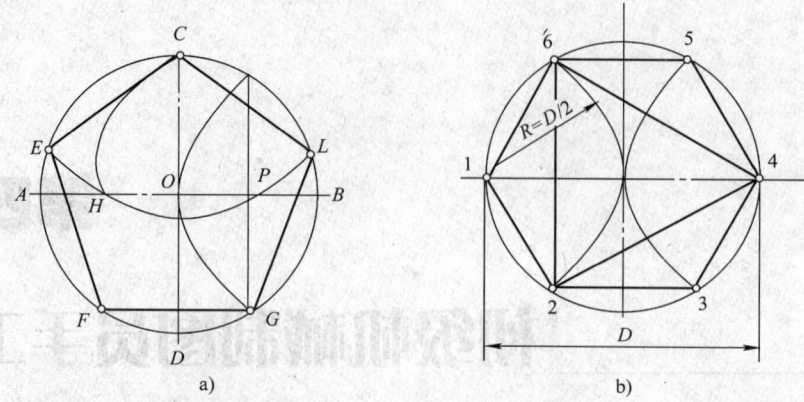

图4—2 正五、三、六等分圆周画法
a) 正五等分画法 b) 正三、六等分画法

2. 三、六等分圆周并作正三、六边形

（1）以圆的半径为六边形边长作圆的六等分，如图4—2b所示。

（2）在圆的六等分基础上隔点相连，即成为圆的三等分，如图4—2b所示。

三、斜度和锥度

1. 斜度

一直线对另一直线或一平面对另一平面的倾斜程度，称为斜度。过已知点作斜度为1:6的直线的方法和步骤为：由点 A 起在水平线段上取6个单位长度，得点 B，过点 B 作 AB 的垂线 BC，取 BC 为一个单位长，连接 AC，即得斜度为1:6的直线，如图4—3a所示。斜度的标注方法和符号绘制方法如图4—3b和c所示。

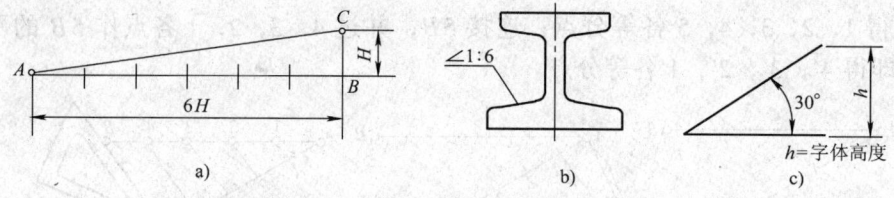

图4—3 斜度
a) 斜度的画法 b) 斜度的标注方法 c) 斜度符号绘制方法

2. 锥度

正圆锥底圆直径与圆锥高度之比，称为锥度。过已知点作锥度1:3的方法和步骤为：由点 S 起在水平线段上取6个单位长度得点 O；过点 O 作 SO 的垂线，分别向上和向下截取一个单位长度，得 A，B 两点；分别把点 A，B 与 S 相连，即得1:3的锥度，如图4—4a所示。锥度的标注方法和符号绘制方法如图4—4b和c所示。

四、圆弧连接

用一段圆弧光滑地连接另外两条已知线段（直线或圆弧）的作图方法称为圆弧连接。要保证圆弧连接光滑，就必须使线段与线段在连接处相切，作图时应先求作连接圆弧的圆心及确定连接圆弧与已知线段的切点。作图方法见表4—1。

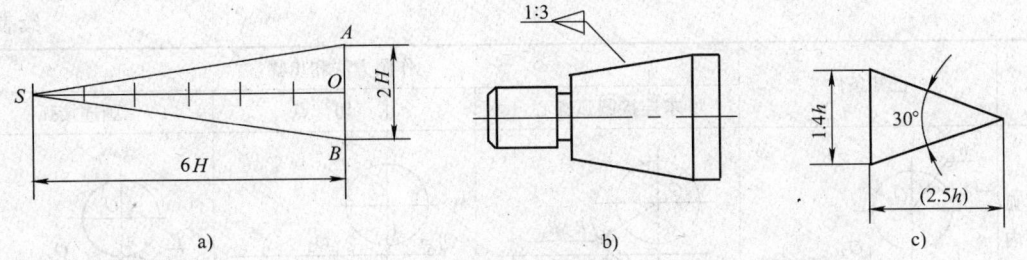

图 4—4 锥度
a）锥度的画法　b）锥度的标注方法　c）锥度符号的画法

表 4—1　　　　　　　　　　　　　圆弧连接

已知条件	作图方法和步骤		
	求连接圆弧圆心	求切点	画连接弧
圆弧连接两已知直线	表 4—1—1 图	表 4—1—2 图	表 4—1—3 图	表 4—1—4 图
圆弧内连接已知直线和圆弧	表 4—1—5 图	表 4—1—6 图	表 4—1—7 图	表 4—1—8 图
圆弧外连接两已知圆弧	表 4—1—9 图	表 4—1—10 图	表 4—1—11 图	表 4—1—12 图
圆弧内连接两已知圆弧	表 4—1—13 图	表 4—1—14 图	表 4—1—15 图	表 4—1—16 图

· 19 ·

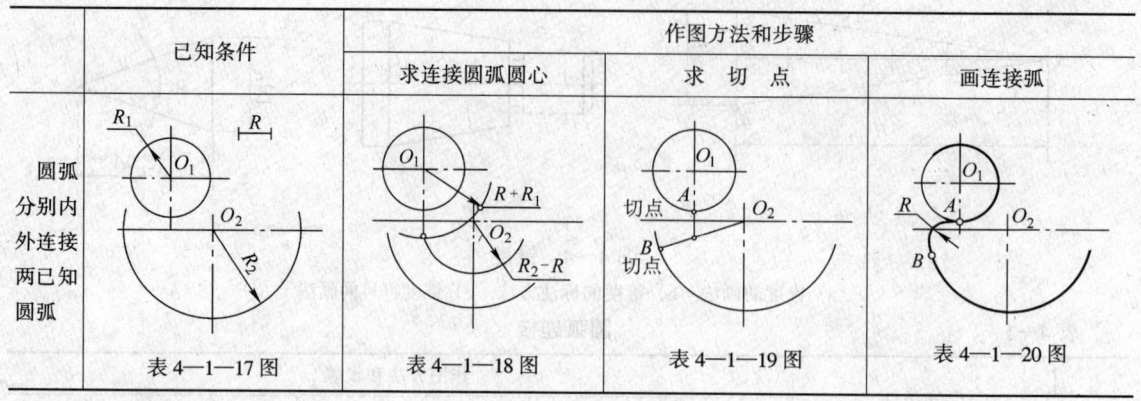

五、螺纹连接

圆柱或圆锥外表面上形成的螺纹称外螺纹，圆柱或圆锥内表面上形成的螺纹称内螺纹。

1. 螺纹的规定画法

（1）外螺纹的画法

如图4—5a所示，螺纹的大径和螺纹终止线用粗实线表示，小径用细实线表示，细实线要画进倒角或倒圆。在垂直于螺纹轴线的投影面的视图中不画倒圆，大径圆用粗实线表示，小径圆用细实线表示，但细实线圆只画约3/4圈。

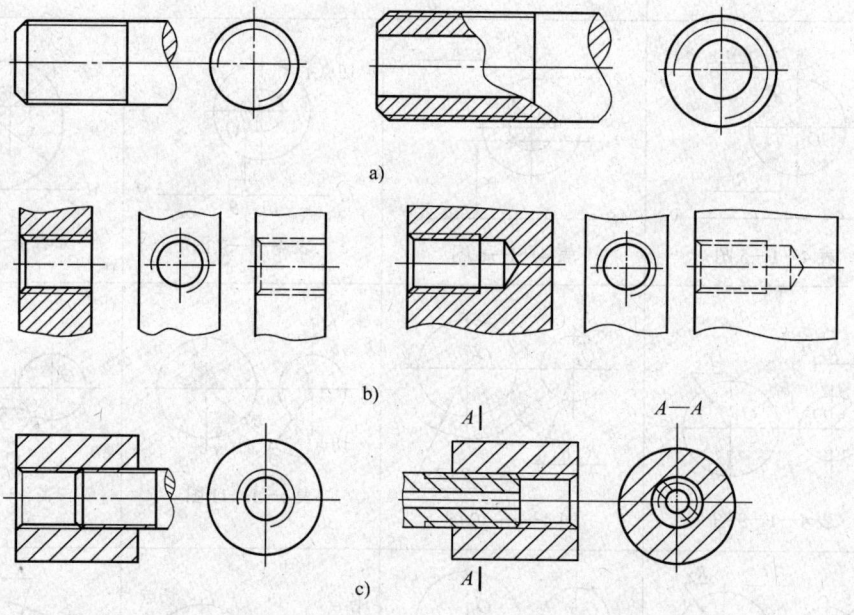

图4—5 内、外螺纹的画法
a) 外螺纹 b) 内螺纹 c) 内、外螺纹连接

（2）内螺纹的画法

如图4—5b所示，内螺纹的大径用细实线表示，细实线圆仍只画约3/4圈，小径和螺纹

终止线用粗实线表示。剖视图中的剖面符号要画到粗实线为止。不通孔的光孔孔深应大于螺孔深，光孔直径等于螺纹小径。

(3) 内外螺纹连接的画法

在内外螺纹连接的剖视图中，旋合部分按外螺纹画，未旋合部分仍按各自的规定画法绘制，画内外螺纹的大小径要注意对齐，如图4—5c所示。

2．螺纹标记

螺纹采用规定画法后，为区别螺纹的种类及参数，应在图样上按规定格式进行标记。完整的标记由螺纹特征代号、尺寸代号、公差带代号、旋合长度代号和其他有必要做进一步说明的个别信息组成，中间用"—"分开。

例如：

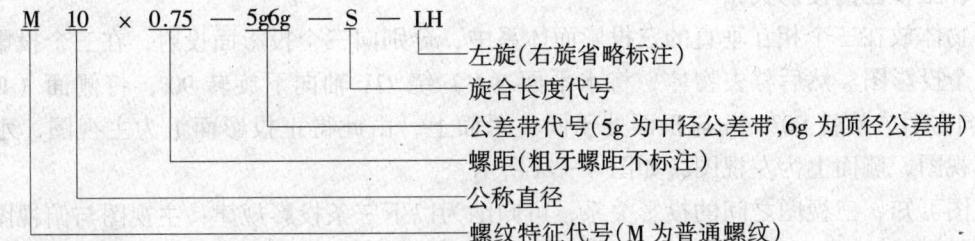

> 注 意

(1) 普通螺纹有粗牙和细牙两种，粗牙螺纹的螺距不标注，细牙螺纹必须注出螺距。

(2) 左旋螺纹要注写LH，右旋螺纹不标注。

(3) 螺纹公差带代号包括中径和顶径公差带代号，如5g6g，前者表示中径公差带代号，后者表示顶径公差带代号。如果中径与顶径公差带代号相同，则只标注一个代号。

(4) 普通螺纹的旋合长度规定为短（S）、中（N）、长（L）三组，中等旋合长度不必注。

(5) 管螺纹的尺寸代号是管子内径（通径）英寸的数值，不是螺纹大径，画图时大小径根据尺寸代号查出具体数值。非螺纹密封的管螺纹，其外螺纹有A、B两个公差等级，内螺纹只有一个公差等级，不必标出。

例4—1 分析图4—6中螺纹及其连接画法的错误，画出正确图并标注尺寸。

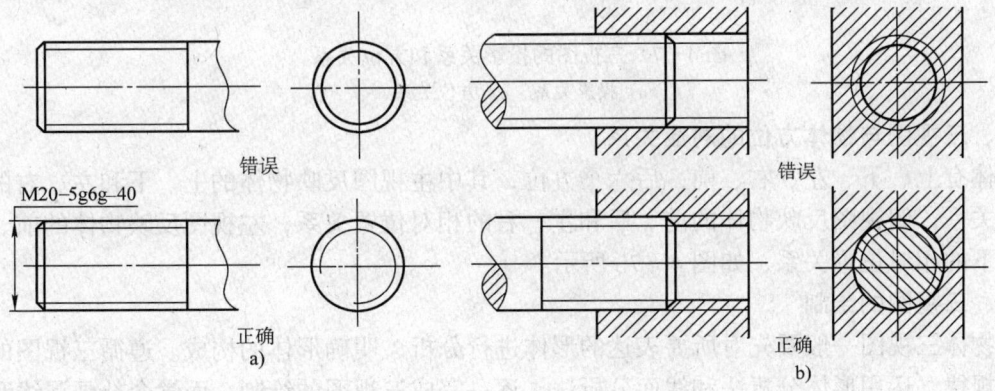

图4—6 螺纹及其连接画法的错误

a) 外螺纹改错　b) 连接图改错

根据螺纹画法规定，分析图形。

（1）外螺纹中大径用粗实线，小径用细实线，螺纹终止线用粗实线表示，且小径画入倒圆内。左视图中大径用粗实线画整圆，小径用细实线只画 3/4 圆，如图 4—6a 所示。

（2）在内、外连接图中连接部分按外螺纹的画法绘制，其余部分按规定画法绘制。如图 4—6b 所示，未连接部分应按内螺纹的画法绘制，左视图中螺纹应按外螺纹画法绘制，内、外螺纹剖面线方向应相反。

第二节 三 视 图

一、三视图的投影关系

将物体放在三个相互垂直的三投影面体系中，分别向三个投影面投射，在三个投影面上得到三个投影图。然后移去物体，将水平面（H）绕 OX 轴向下旋转 90°，将侧面（W）绕 OZ 轴向右后方旋转 90°，并与正面处于同一平面上，由此得正投影面上为主视图，水平面上为俯视图，侧面上为左视图，如图 4—7a 所示。

由图可知，三视图之间的投影关系，可归纳为以下三条投影规律：主视图与俯视图长对正；主视图与左视图高平齐；俯视图与左视图宽相等。

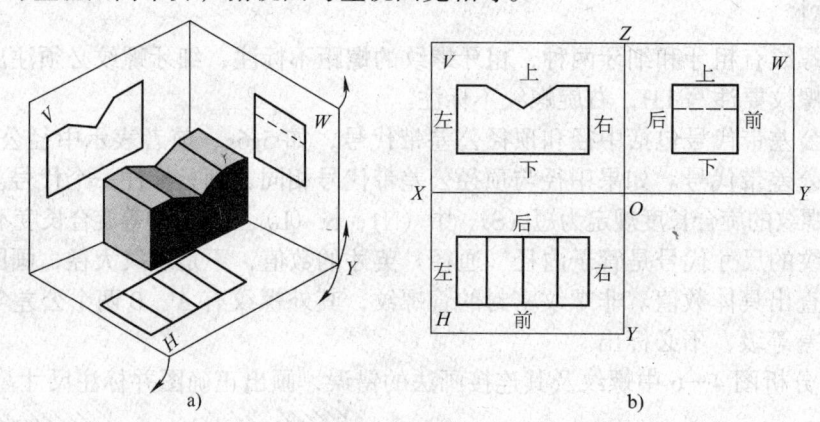

图 4—7 三视图的投影关系和方位关系
a) 投影关系 b) 方位关系

二、三视图与物体方位的对应关系

物体有上、下、左、右、前、后六个方位，其中主视图反映物体的上、下和左、右的相对位置关系；俯视图反映物体的前、后和左、右的相对位置关系；左视图反映物体的前、后和上、下的相对位置关系，如图 4—7b 所示。

三、三视图的绘制

画物体三视图一般要先对所要表达的形体进行分析，明确形体的构成。遵循三视图的基本投影规律，运用形体分析法和线面分析法，逐一完成三视图的绘制。而学会补画漏线和补画第三视图都是培养看图能力和空间想象力的途径之一。

补画第三视图是根据已知两视图想象出立体的大体形体，利用形体分析和线面分析，根据投影规律，补画出第三视图，使视图表达完整、正确。通过补画第三视图的学习，可以检查是否真正看懂图。

作图方法如下：

(1) 对照两个视图，根据投影规律，用形体分析法，想象出空间立体形状，如图 4—8b 所示。

(2) 按照投影规律，补画俯视图，如图 4—8c 所示。

注 意 正垂面 A，B 的正面投影为倾斜的积聚线，其水平投影和侧面投影为类似形；侧垂面 C 的侧面投影为倾斜的积聚线，其水平投影和正面投影为类似形。

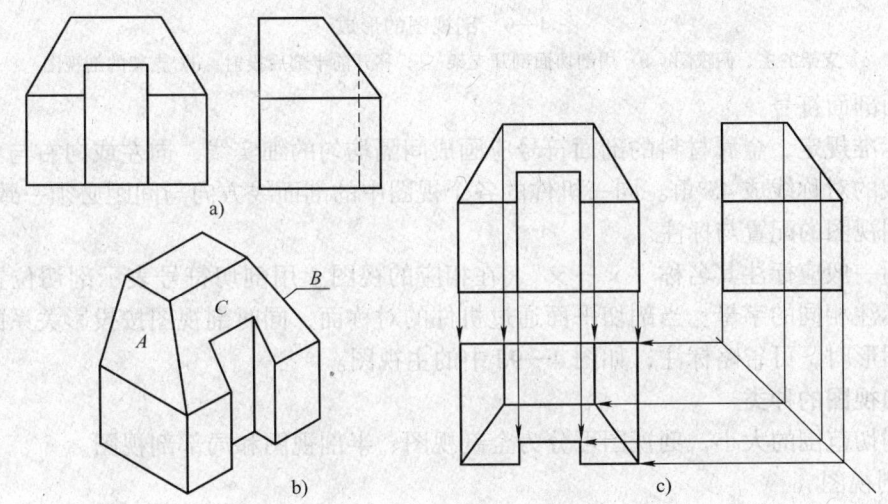

图 4—8 补画第三视图
a) 主视图和左视图　b) 空间立体形状　c) 补画第三视图

第三节　剖　视　图

一、剖视图

1. 剖视图的概念

假想用剖切面剖开机件，将处在观察者和剖切面之间的部分移去，而将其余部分向投影面投射所得到的图形，称为剖视图，如图 4—9 所示。

2. 剖视图的画法

(1) 确定剖切面的位置

如图 4—9b 所示，选取平行于正面的对称平面为剖切面，并应使其尽量通过较多的内部结构（孔、槽等）的轴线或对称平面。

(2) 画剖视图

移开机件的前半部分，将剖切面截切机件所得断面及机件的后半部分向正面投射，如图

4—9c 所示，画出如图 4—9d 所示剖视图。剖切平面之后的所有可见轮廓都应画齐，不得漏线。且当一个视图画成剖视图时，其他视图仍应完整画出。

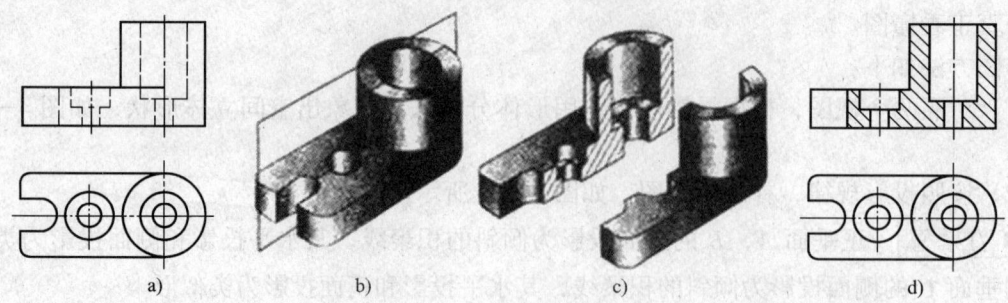

图 4—9　剖视图的形成
a）支架的主、俯视图　b）用剖切面剖开支架　c）移开前半部后投射　d）支架的剖视图

（3）画剖面符号

国家标准规定，金属材料的剖面符号应画成间隔均匀的细实线，向左或向右与主要轮廓或剖面区域的对称线成 45°角。同一机件的各个视图中的剖面线方向与间距必须一致。

（4）剖视图的配置与标注

剖视图一般应标注其名称"×—×"，在相应的视图上用剖切符号表示剖切位置和投射方向，并标注相同的字母。当剖切平面通过机件的对称面，同时剖视图按投影关系配置，中间又没有图形时，可省略标注，如图 4—9d 中的主视图。

二、剖视图的种类

根据剖切范围的大小，剖视图可分为全剖视图、半剖视图和局部剖视图。

1. 全剖视图

用剖切面完全地剖开机件所得的剖视图称为全剖视图。全剖视图一般适用于外形比较简单、内部结构较为复杂的非对称机件，如图 4—9 所示。

2. 半剖视图

当机件具有对称平面时，向垂直于对称平面的投影面上投射所得的图形，允许以对称中心线为界，一半画成剖视图，另一半画成视图，这种剖视图称为半剖视图，如图 4—10 所示。

注　意

（1）半个外形视图与半个剖视图的分界线用细点画线，而不能画成粗实线。

（2）机件内部形状已在半个剖视图中表达清楚，在另一半表达外形的视图中不必再画出虚线。

3. 局部剖视图

用剖切平面局部地剖开机件所得的剖视图，称为局部剖视图。图 4—11a 中所示机件，虽然上下、前后都对称，但由于主视图中的方孔轮廓线与对称中心线重合，所以不宜采用半剖视，应采用局部剖视。这样既可表达中间方孔内部轮廓线，又保留了机件的部分外形。

注　意

（1）局部剖视图可用波浪线分界，波浪线应画在机件的实体上，不能超出实体轮廓或画

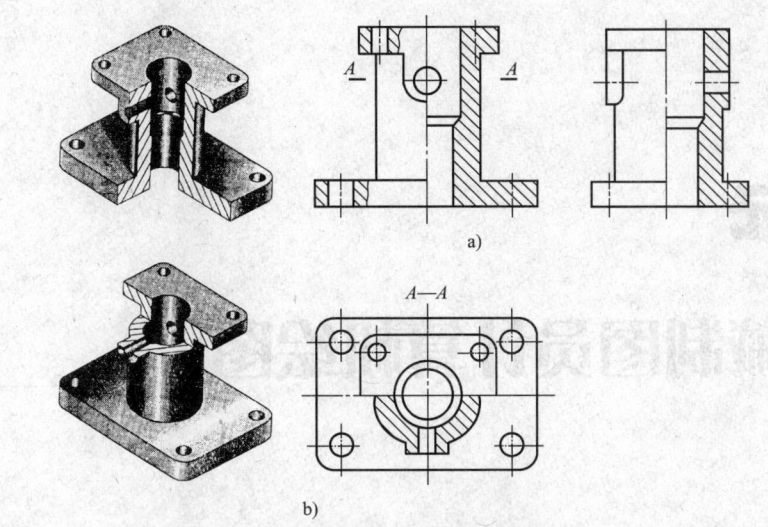

图 4—10 半剖视图
a) 半剖视图 1　b) 半剖视图 2

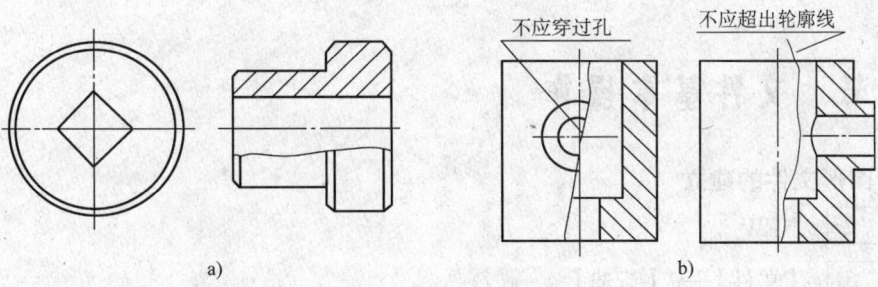

图 4—11 局部剖视图
a) 局部剖视图 1　b) 局部剖视图 2

在机件中空处，如图 4—10b 所示。

（2）一个视图中，局部剖视的数量不宜过多，在不影响外形表达的情况下，可采用大面积的局部剖视，以减少局部剖视的数量。

（3）波浪线不应画在轮廓线的延长线上，也不能用轮廓线代替或与图样上其他图线重合。

第五单元

初级机械制图员计算机绘图

第一节 文件基本操作

一、新图形文件的建立

| 命　令 | NEW
| 菜　单 | 【文件】→【新建】
| 工具栏 | "标准"工具栏中的□按钮
| 功　能 | 创建新的图形文件，并重新设置绘图环境。
| 说　明 |

（1）NEW命令的行为由单击【工具】菜单→【选项】而打开的"选项"对话框的"系统"选项卡上"启动"设置所决定。

选择"显示'启动'对话框"，NEW命令将显示"创建新图形"对话框。

选择"不显示'启动'对话框"，NEW命令将显示"选择样板"对话框（标准文件选择对话框）。

（2）创建的新图形系统默认文件名为"Drawing1.dwg"。

二、打开已有的图形文件

| 命　令 | OPEN
| 菜　单 | 【文件】→【打开】
| 工具栏 | "标准"工具栏中的按钮

▶ 功　能　选择并打开一个已设置并保存过的图形文件。

▶ 说　明　要打开现有的 AutoCAD 图形，可以在"启动"对话框中选择"打开图形"。如果 AutoCAD 已经启动，可从【文件】菜单中选择【打开】。

三、图形文件的存盘

1. 快速存盘

▶ 命　令　QSAVE

▶ 菜　单　【文件】→【保存】

▶ 工具栏　"标准"工具栏中的 ■ 按钮。

▶ 功　能　将修改过的图形文件以原有图名直接存盘。

▶ 说　明　如果图形已被命名，程序将用"选项"对话框的"打开和保存"选项卡上指定的文件格式保存该图形，而不要求用户指定文件名。如果图形未命名（只有"Drawing1.dwg"），将显示"图形另存为"对话框，并以用户指定的名称和格式保存该图形。

2. 赋名存盘

▶ 命　令　SAVEAS

▶ 菜　单　【文件】→【另存为】

▶ 说　明　执行后打开"图形另存为"对话框，输入文件名和选择文件类型保存当前图形。

第二节　命令与数据输入

一、命令的调用方法

有多种方法可以调用 AutoCAD 命令：

1. 在命令行输入命令名。命令字符不分大小写。
2. 在命令行输入命令缩写字，如 L（LINE）、C（CIRCLE）、M（MOVE）等。
3. 单击下拉菜单中的菜单选项。将光标移至命令上，在状态栏中可以看到对应的命令说明及命令名。
4. 单击工具栏中的对应图标。将光标移至工具栏的图标上，在状态栏中也可以看到对应的说明及命令名。
5. 单击右键菜单中的对应选项。

二、命令及系统变量的有关操作

1. 命令的取消

在命令执行的任何时刻都可以按 Esc 键取消和中止命令的执行。

2. 命令的重复使用

在一个命令执行完毕后如需重复执行该命令，可在命令行中的"命令"提示下按 Enter 键。

3. 命令选项

当输入命令后，AutoCAD 会出现对话框或命令行提示，在命令行提示中常带有命令选项，例如：

> 命令：OFFSET ↵
> 指定偏移距离或 ［通过 (T)］ <1.0000>：

方括号外内容为默认选项，可直接输入执行，方括号内选项需先输入标识字符，按系统提示输入数据。尖括号中的数值为默认值。命令行中的 ↵ 表示按 Enter 键，在实际的屏幕中并不显示。

三、数据的输入

1．点的输入

（1）用键盘直接在命令行中输入点的坐标，包括直角坐标（"X，Y［，Z］""@X，Y［，Z］"）、极坐标（"长度<角度"、"@长度<角度"）。

（2）用鼠标等定点设备移动光标单击左键在屏幕上直接取点。

（3）用目标捕捉方式捕捉屏幕上已有图形的特殊点，如端点、中点等。

（4）直接距离输入，先用光标拖拉确定方向，然后用键盘输入距离。

（5）使用过滤法得到点。

2．距离值的输入

（1）用键盘在命令行中直接输入数据。

（2）在屏幕上点取两点，以两点间的距离值定出所需数值。

3．"动态输入"功能

"动态输入"在光标附近提供了一个命令界面，以帮助用户专注于绘图区域。

启用"动态输入"时，工具栏提示将在光标附近显示信息，该信息会随着光标移动而动态更新。当某条命令为活动状态时，工具栏提示将为用户提供输入的位置。其完成命令或使用夹点所需的动作与命令行中的动作类似，区别在于用户的注意力可以保持在光标附近。

动态输入不会取代命令窗口。可以隐藏命令窗口以增加绘图屏幕区域，但是在有些操作中还是需要显示命令窗口。

单击状态栏上的"DYN"可打开和关闭"动态输入"，按住 F12 键可以临时将其关闭。"动态输入"有 3 个组件：指针输入、标注输入和动态提示。在"DYN"上单击鼠标右键，选择"设置"项，可控制启用"动态输入"时每个组件所显示的内容。

第三节　简单二维图形的绘制

一、直线

▶ 命 令　　LINE（缩写名：L）

⇘ 菜　单　【绘图】→【直线】

⇘ 工具栏　"绘图"工具栏中 ╱

⇘ 功　能　绘制直线段、折线段或闭合多边形，其中每一线段均是一个单独的对象。

例 5—1　绘制如图 5—1 所示的五角星。

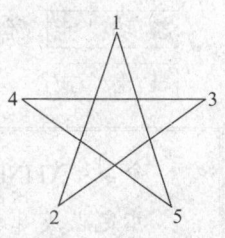

图 5—1　五角星

```
命令：LINE ↵
指定第一点：120，120 ↵    //用绝对直角坐标指定点 1
指定下一点或 [放弃 (U)]：@80<252 ↵    //用对点 1 的相对极坐标指定点 2
指定下一点或 [放弃 (U)]：#159.091，90.870 ↵    //指定点 3，使用动态输入时
可使用"#"前缀指定绝对坐标，如在命令行中输入可以不使用前缀
指定下一点或 [闭合 (C) /放弃 (U)]：@80，0 ↵    //输入一个错误的点 4
指定下一点或 [闭合 (C) /放弃 (U)]：U ↵    //取消对点 4 的输入
指定下一点或 [闭合 (C) /放弃 (U)]：@-80，0 ↵    //重新输入点 4
指定下一点或 [闭合 (C) /放弃 (U)]：#144.721，43.916 ↵    //指定点 5
指定下一点或 [闭合 (C) /放弃 (U)]：C ↵    //封闭五角星并结束画直线命令
```

二、射线

⇘ 命　令　RAY

⇘ 菜　单　【绘图】→【射线】

⇘ 功　能　通过指定点，画单向无限长直线，通常用于绘制辅助绘图线。

⇘ 格　式

```
命令：RAY ↵
指定起点：        //给出起点
指定通过点：      //给出通过点，画出射线
指定通过点：      //过起点画出另一射线，按 Enter 键结束命令
```

射线的绘制实例如图 5—2 所示。

三、构造线

⇘ 命　令　XLINE（缩写：XL）

⇘ 菜　单　【绘图】→【构造线】

⇘ 工具栏　"绘图"工具栏中 ╱

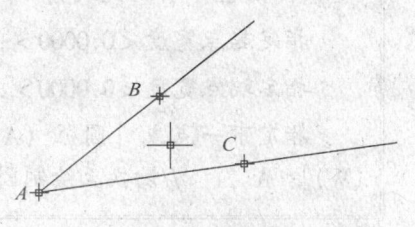

图 5—2　射线

▶ 功　能　创建过指定点的双向无限长直线，通常用于绘制辅助绘图线。
▶ 格　式

```
命令：XLINE ↵
指定点或 [水平 (H)/垂直 (V)/角度 (A)/二等分 (B)/偏移 (O)]：  //指定点1
指定通过点：  //给定通过点2，画出直线
指定通过点：  //继续给点，过点1画出另一直线，按Enter键结束命令
```

构造线绘制实例如图5—3所示。

四、多段线

▶ 命　令　PLINE（缩写：PL）
▶ 菜　单　【绘图】→【多段线】
▶ 工具栏　"绘图"工具栏中
▶ 功　能　创建二维多段线，它可由直线段、圆弧段组成，为组合对象。

例5—2　绘制如图5—4所示的多段线。

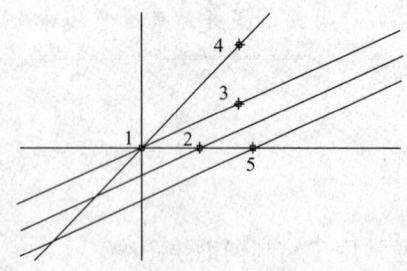

图5—3　构造线

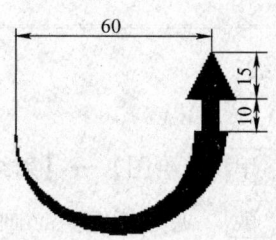

图5—4　多段线

```
命令：PLINE ↵
指定起点：60，50 ↵  //选取起点
当前线宽为0.0000  //提示当前线宽
指定下一点或 [圆弧 (A)/闭合 (C)/半宽 (H)/长度 (L)/放弃 (U)/宽度 (W)]：W ↵  //改变线宽
指定起点宽度 <0.0000>：0 ↵  //起始线宽
指定端点宽度 <0.0000>：10 ↵  //终止线宽
指定下一点或 [圆弧 (A)/闭合 (C)/半宽 (H)/长度 (L)/放弃 (U)/宽度 (W)]：A ↵  //切换至绘制圆弧模式
```

指定圆弧的端点或［角度（A）/圆心（CE）/方向（D）/半宽（H）/直线（L）/半径（R）/第二点（S）/放弃（U）/宽度（W）］：CE ↵　//选取圆心选项

指定圆弧的圆心：@30，0 ↵　　//输入圆心

指定圆弧的端点或［角度（A）/长度（L）］：180 ↵　　//输入圆弧包角

指定圆弧的端点或［角度（A）/圆心（CE）/闭合（CL）/方向（D）/半宽（H）/直线（L）/半径（R）/第二点（S）/放弃（U）/宽度（W）］：W ↵

指定起点宽度<10.0000>：5 ↵

指定端点宽度<5.0000>：↵

指定圆弧的端点或［角度（A）/圆心（CE）/闭合（CL）/方向（D）/半宽（H）/直线（L）/半径（R）/第二点（S）/放弃（U）/宽度（W）］：L ↵　　//切换至直线

指定下一点或［圆弧（A）/闭合（C）/半宽（H）/长度（L）/放弃（U）/宽度（W）］：@10<90 ↵

指定下一点或［圆弧（A）/闭合（C）/半宽（H）/长度（L）/放弃（U）/宽度（W）］：W ↵

指定起点宽度<5.0000>：15 ↵

指定端点宽度<15.0000>：0 ↵

指定下一点或［圆弧（A）/闭合（C）/半宽（H）/长度（L）/放弃（U）/宽度（W）］：@15<90 ↵　　//画箭头

指定下一点或［圆弧（A）/闭合（C）/半宽（H）/长度（L）/放弃（U）/宽度（W）］：↵　//按 Enter 键退出

五、点

- **命　令**　POINT（缩写：PO）
- **菜　单**　【绘图】→【点】→【单点】或【多点】
- **工具栏**　"绘图"工具栏中·
- **功　能**　创建点对象。
- **格　式**

命令：POINT ↵

当前点模式：PDMODE=0　PDSIZE=0.0000　//系统提示信息

指定点：　//选取点位置

➤ 说　明　创建点之前可先修改点样式，命令为：DDPTYPE（或单击【格式】菜单→【点样式】），打开的对话框如图 5—5 所示。

六、简单二维图形绘制综合实例

以下通过一个综合实例对前面介绍的绘图命令进行练习。

例 5—3　绘制如图 5—6 所示的平面图形。

```
命令：PLINE ↵
指定起点：100，120 ↵
当前线宽为 0.0000
```

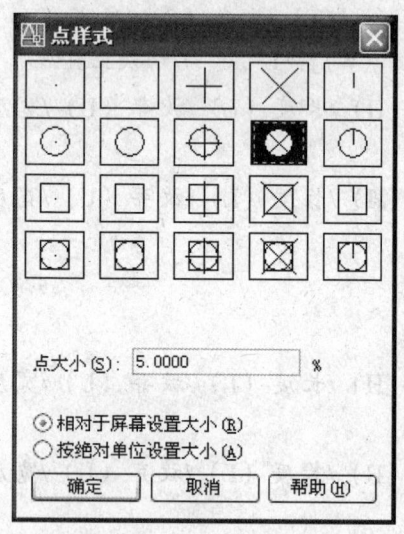

图 5—5　"点样式"对话框

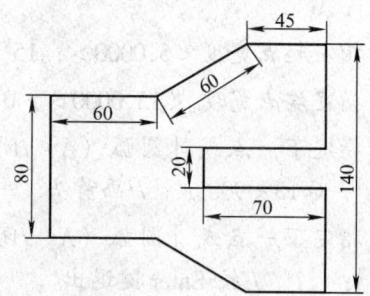

图 5—6　绘制平面图

```
指定下一点或 [圆弧（A）/闭合（C）/半宽（H）/长度（L）/放弃（U）/宽度（W）]：@0，80 ↵
指定下一点或 [圆弧（A）/闭合（C）/半宽（H）/长度（L）/放弃（U）/宽度（W）]：@60，0 ↵
指定下一点或 [圆弧（A）/闭合（C）/半宽（H）/长度（L）/放弃（U）/宽度（W）]：@60<30 ↵
指定下一点或 [圆弧（A）/闭合（C）/半宽（H）/长度（L）/放弃（U）/宽度（W）]：@45，0 ↵
指定下一点或 [圆弧（A）/闭合（C）/半宽（H）/长度（L）/放弃（U）/宽度（W）]：@0，-60 ↵
```

指定下一点或 [圆弧 (A) /闭合 (C) /半宽 (H) /长度 (L) /放弃 (U) /宽度 (W)]: @-70, 0 ↵

指定下一点或 [圆弧 (A) /闭合 (C) /半宽 (H) /长度 (L) /放弃 (U) /宽度 (W)]: @0, -20 ↵

指定下一点或 [圆弧 (A) /闭合 (C) /半宽 (H) /长度 (L) /放弃 (U) /宽度 (W)]: @70, 0 ↵

指定下一点或 [圆弧 (A) /闭合 (C) /半宽 (H) /长度 (L) /放弃 (U) /宽度 (W)]: @0, -60 ↵

指定下一点或 [圆弧 (A) /闭合 (C) /半宽 (H) /长度 (L) /放弃 (U) /宽度 (W)]: @45<180 ↵

指定下一点或 [圆弧 (A) /闭合 (C) /半宽 (H) /长度 (L) /放弃 (U) /宽度 (W)]: @60<150 ↵

指定下一点或 [圆弧 (A) /闭合 (C) /半宽 (H) /长度 (L) /放弃 (U) /宽度 (W)]: @-60, 0 ↵

指定下一点或 [圆弧 (A) /闭合 (C) /半宽 (H) /长度 (L) /放弃 (U) /宽度 (W)]: ↵

第四节 打 印 输 出

图形的输出是绘图的最后环节。绘制好的图形通常打印到图纸上，用于生产和图形交换。常用的图形输出设备有绘图仪和打印机，AutoCAD 2006 还具有网上图形输出和传输方式——电子出图（ePLOT）。

▶ 命　令　PLOT

▶ 菜　单　【文件】→【打印】

▶ 工具栏　"标准"工具栏中 🖨

▶ 功　能　图形绘图输出或电子输出（DWF 格式文件）。

▶ 说　明　执行输出命令后弹出如图 5—7 所示"打印—模型"对话框，可对其进行打印设备的配置和绘图输出的打印设置。

单击对话框左下角的"预览"按钮，可以预览图形的输出效果，如图 5—8 所示，若不满意，可对打印参数进行调整。最后，单击"确定"按钮即可将图形绘图输出。

图 5—7 "打印"对话框

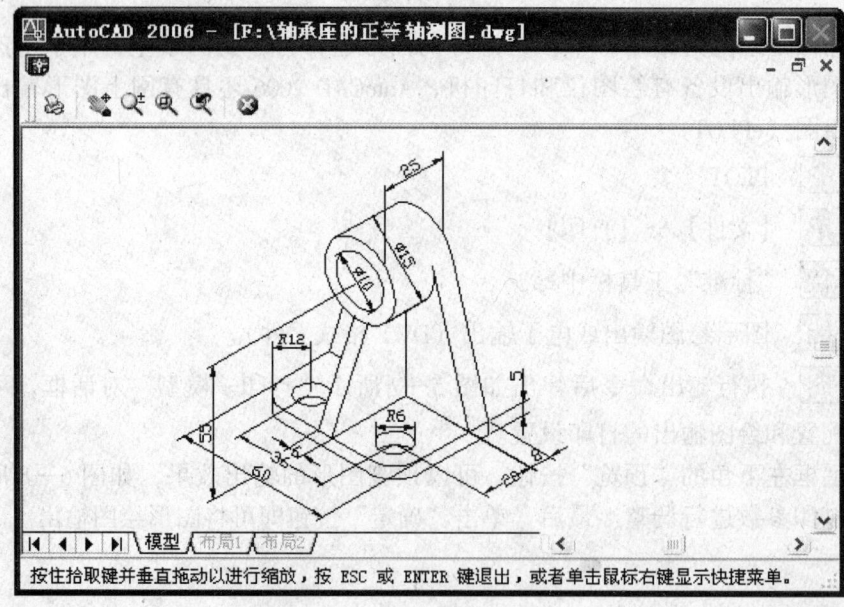

图 5—8 图形输出预览

第三部分

中级机械制图员

第六单元 中级机械制图员手工绘图

第一节 立体表面的交线

一、截交线

1. 截交线基本性质与求法

用平面切割立体,则平面与立体表面的交线称为截交线。截交线有多种,且具有两个特性:

(1) 截交线为封闭的平面图形。

(2) 截交线既在截平面上,又在立体表面上,是截平面与立体表面的共有线,截交线上的点均为截平面与立体表面的共有点。因此,求作截交线就是求截平面与立体表面的共有点和共有线。

2. 截交线求法举例

例 6—1 补全千斤顶顶块的侧面投影(见图 6—1a)。

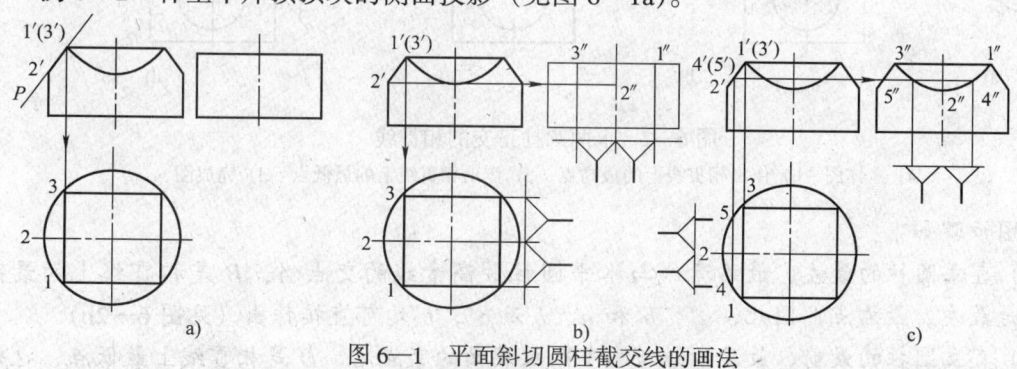

图 6—1 平面斜切圆柱截交线的画法
a) 曲线123为截交线的水平投影 b) 按投影关系作出各点的侧面投影
c) 在最高点与最低点间作出适当数量的点

作图步骤如下：

（1）由于截平面 P 是正垂面，所以截交线的正面投影积聚成一直线。截交线的水平投影积聚在圆柱面的水平投影上，曲线 $\widehat{123}$ 即为 P 平面与圆柱面交线（椭圆弧）的水平投影，直线 13 为 P 平面与圆柱顶面的交线（正垂线）的水平投影。

（2）如图 6—1b 所示，圆柱被正垂面切割后的侧面投影是椭圆的一部分，或按投影关系作出 1，2，3 各点的侧面投影 1″，2″，3″。从主视图可看出，1″，3″是椭圆曲线的最高点，2″是最低点。

（3）为了准确作图，在最高点与最低点之间作出适当数量的点，如图 6—1c 中的 4，5 两点。可先作出它们的正面投影 4′（5′），然后根据 4′（5′）和 4，5 作出侧面投影 4″，5″。光滑连接 1″，4″，2″，5″，3″，描深，完成截交线投影的作图。

二、相贯线

1．相贯线的基本性质与求法

两曲面立体相交，表面形成的交线称为相贯线。相贯线具有以下两个基本特性：

（1）相贯线是相交两曲面立体表面的共有线，是一系列共有点的集合。

（2）一般情况下，相贯线是一条封闭的空间曲线。

根据相贯线的性质，求相贯线的实质就是求出两曲面立体表面上的一系列共有点。求作相贯线的常用方法有表面取点法及辅助平面法。本节主要介绍用表面取点法求两圆柱正交时的相贯线。

2．表面取点法求相贯线

例 6—2　如图 6—2 所示，求两圆柱体正交的相贯线。

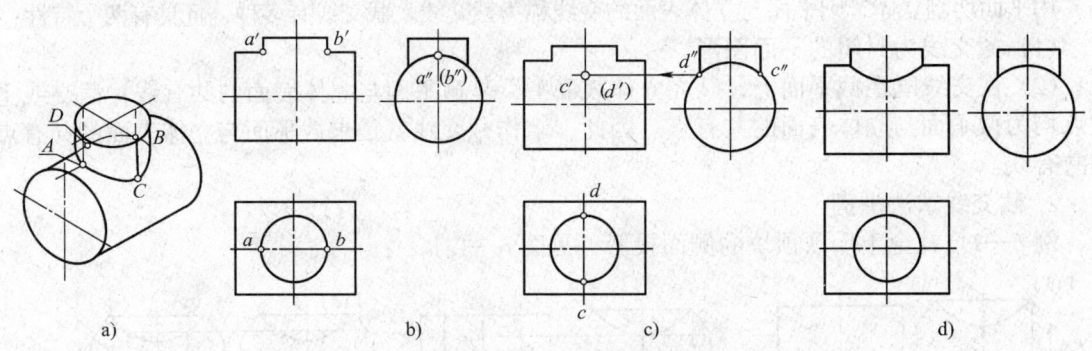

图 6—2　求两圆柱正交的相贯线

a）立体图　b）作出相贯线上的最高点　c）作出相贯线上的最低点　d）完成图

作图步骤如下：

（1）直立圆柱的最左、最右素线与水平圆柱最高素线的交点 A，B 是相贯线上的最高点，也是最左、最右点，因此，a′，b′和 a，b 及 a″，b″均可直接作出（见图 6—2b）

（2）直立圆柱的最前、最后素线与水平圆柱表面的交点 C，D 是相贯线上最低点，也是最前、最后点，因此，c″，d″及 c，d 也可直接作出，并由此得 c′和（d′）（见图 6—2c）。

(3) 光滑连接 a'，c'，b' 即为相贯线的正面投影。作图结果如图 6—2d 所示。

3. 相贯线的简化画法

两圆柱体（或圆孔）轴线垂直相交且两圆柱（或圆孔）的直径不等时，相贯线画法可用圆弧简化画出。如图 6—3 所示，图中代替相贯线投影的圆弧半径等于大圆柱的半径，另外，圆弧的弯曲方向总是凸向大圆柱的轴线。

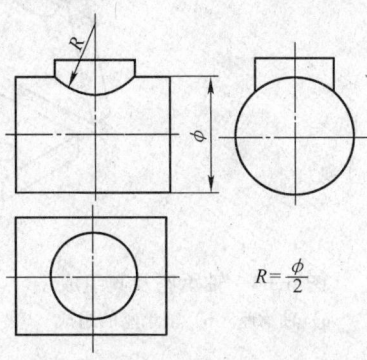

图 6—3　相贯线的简化画法

第二节　组　合　体

一、组合体的概念

由两个或两个以上的基本几何体构成的物体称为组合体。组合体是基本几何体通过叠加或切割形成的，但常见的是这两种基本方式的综合。

二、画组合体视图（以画轴承座的三视图为例）

1. 形体分析

形体分析就是假想把物体分解为几个较简单的基本几何体，并确定它们的组合形式和相对位置。

图 6—4a 所示轴承座，可以看成是由底板、圆筒、支撑板和肋板几部分叠加而成，如图 6—4b 所示。支撑板的左右侧面和圆筒外表面相切，与底板左右侧面相交形成棱线；底板背面与支撑板背面平齐，底板和肋板之间的组合形式为相交，且底板上钻出两个圆孔；肋板与圆筒、底板及支撑板相交。

2. 选择视图

在分析组合体的组成后，再确定主视图投影方向。通常要求主视图尽量将组成部分的形状和相对位置关系的特征表示出来。如图 6—4a 所示的轴承座，以箭头方向作主视图最为理想。

3. 确定比例，选择图幅

4. 画图

轴承座三视图的作图步骤如图 6—5 所示。

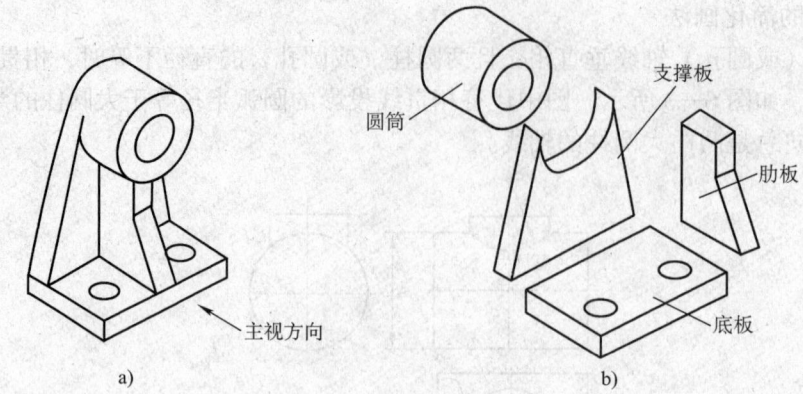

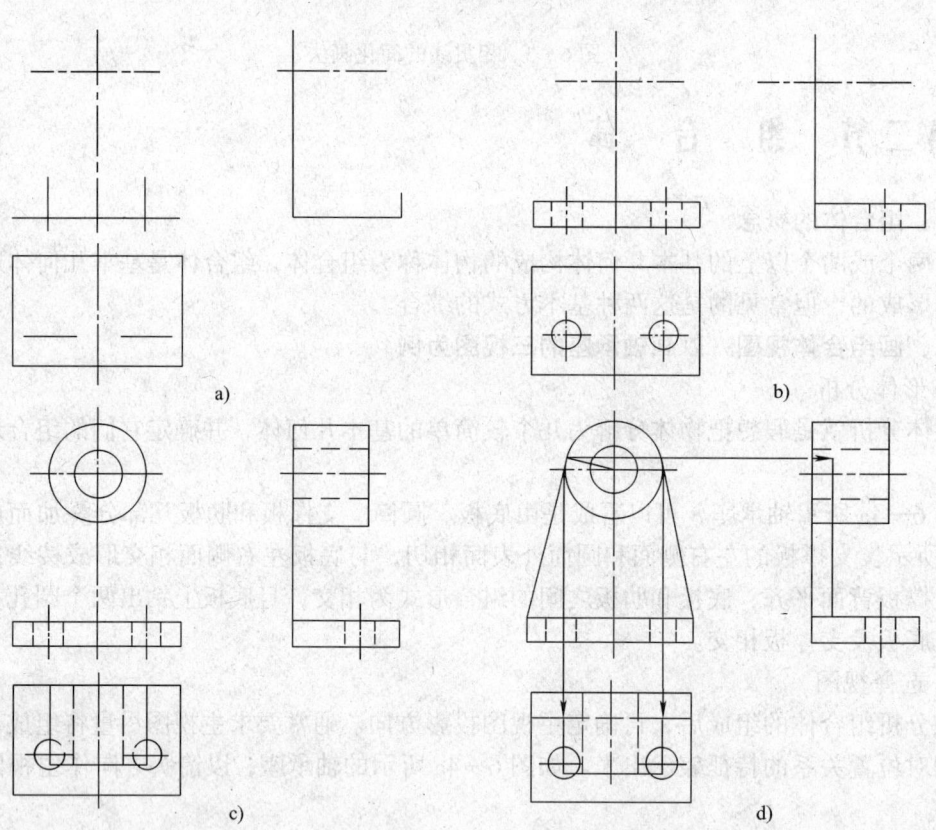

图6—4 轴承座及其组成
a) 轴承座 b) 轴承座的组成

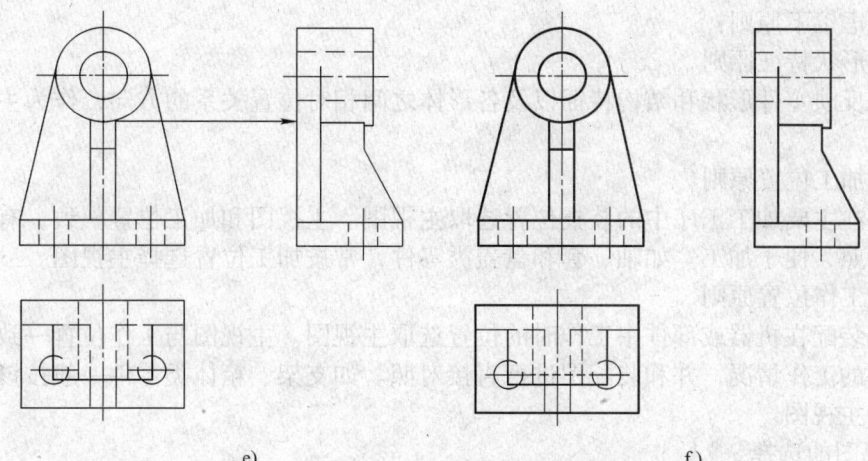

图6—5 轴承座三视图的作图步骤
a) 布置视图,先画基准 b) 画底板三视图 c) 画圆筒三视图 d) 画支撑板三视图
(作图过程见作图线) e) 画肋板三视图(作图过程见作图线) f) 画细部,检查修改,加深

第三节 零 件 图

一、概述

1. 零件图的作用

零件图是制造和检查零件的依据,是指导生产零件的重要技术文件之一,也是进行技术交流的重要资料。

2. 零件图的内容

(1) 一组视图

绘制零件图时应选定一组视图,综合运用各种表达方法,完整、清晰地表达出零件的内、外结构形状。

(2) 尺寸

零件图上应标注出制造和检查零件所必需的全部尺寸。

(3) 技术要求

零件图上应标注或说明制造、检查零件所要达到的技术要求,如表面粗糙度、尺寸公差和形位公差等。

(4) 标题栏

图纸的右下角应有标题栏,填写零件的名称、数量、材料、比例及设计人、绘图人、日期等内容。

二、零件图视图选择的一般原则

1. 主视图的选择

主视图在表达零件结构形状、画图和看图中起主导作用,是一组图形的核心,在选择主

视图时,应考虑以下原则:

(1) 表达形状特征原则

选择最能反映零件形状和结构特征以及各形体之间相对位置关系的方向,作为主视图的投射方向。

(2) 符合加工位置原则

按照零件在主要加工工序中的装夹位置选取主视图。主视图和加工位置一致,有利于加工者图、物对照,便于加工。如轴、套和盘盖类零件,常按加工位置选择主视图。

(3) 符合工作位置原则

按照零件装配在机器或部件中工作时的位置选取主视图。主视图与工作位置一致,有利于了解该零件的工作情况,并和装配图进行直接对照。如支架、箱体类零件一般按该零件的工作位置选择主视图。

2. 其他视图的选择

对于结构形状较为复杂的零件,在主视图不能完全地反映其结构形状时,必须选择其他视图。表达方式包括剖视、断面、局部放大图和简化画法等。选择其他视图的原则是:在完整、清晰地表达零件内、外结构形状的前提下,优先选用基本视图,尽量减少图形个数,以方便画图。此外,应使每一个视图有明确的表达重点。

三、轴、套类零件表达分析(见表 6—1 和图 6—6)

表 6—1　　　　　　　　轴、套类零件的结构特点和表达方法

结构特点	零件各组成部分多为同轴线的回转体,它们常具有轴肩、圆角、倒角、键槽、销孔、螺纹、退刀槽、砂轮越程槽、中心孔等结构。套类零件是中空的。这类零件常见的有各种转轴、衬套、轴套等
加工方法	工件一般用棒料或成型管材,主要在车床上加工
主视图选择	按加工位置将轴线水平放置,并反映零件的形状特征
视图表达方法	一般常用主视图表达零件的主体结构,用断面、局部剖视图、局部放大图来表达零件的某些局部结构。对于常用的套类零件,其主视图一般取剖视

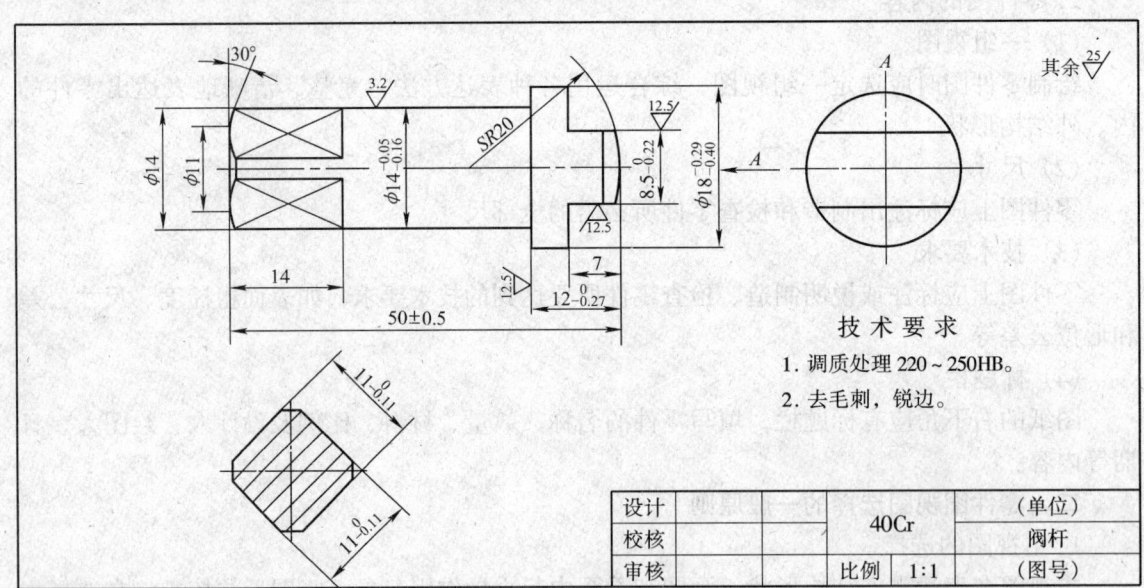

图 6—6 阀杆零件图

四、轮、盘、盖类零件表达分析（见表 6—2 和图 6—7）

表 6—2　　　　　　　　　　轮、盘、盖类零件的结构特点和表达方法

结构特点	零件的主体部分常由回转体组成，其上常有键槽、轮辐、均布孔等结构，往往有一个端面与其他零件接触。这类零件常见的有各种齿轮、带轮、手轮、法兰盘、端盖、压盖等
加工方法	毛坯多为铸件，主要在车床上加工，平盖板类用刨削或铣削加工
主视图选择	以车削加工为主的零件，轴线水平放置；不以车削为主的零件，按工作位置放置
视图表达方法	一般采用两个基本视图来表达，主视图常采用剖视图以表达内部结构；另一个视图则表达外形轮廓和各组成部分，如孔、肋、轮辐等的相对位置，并常采用简化画法

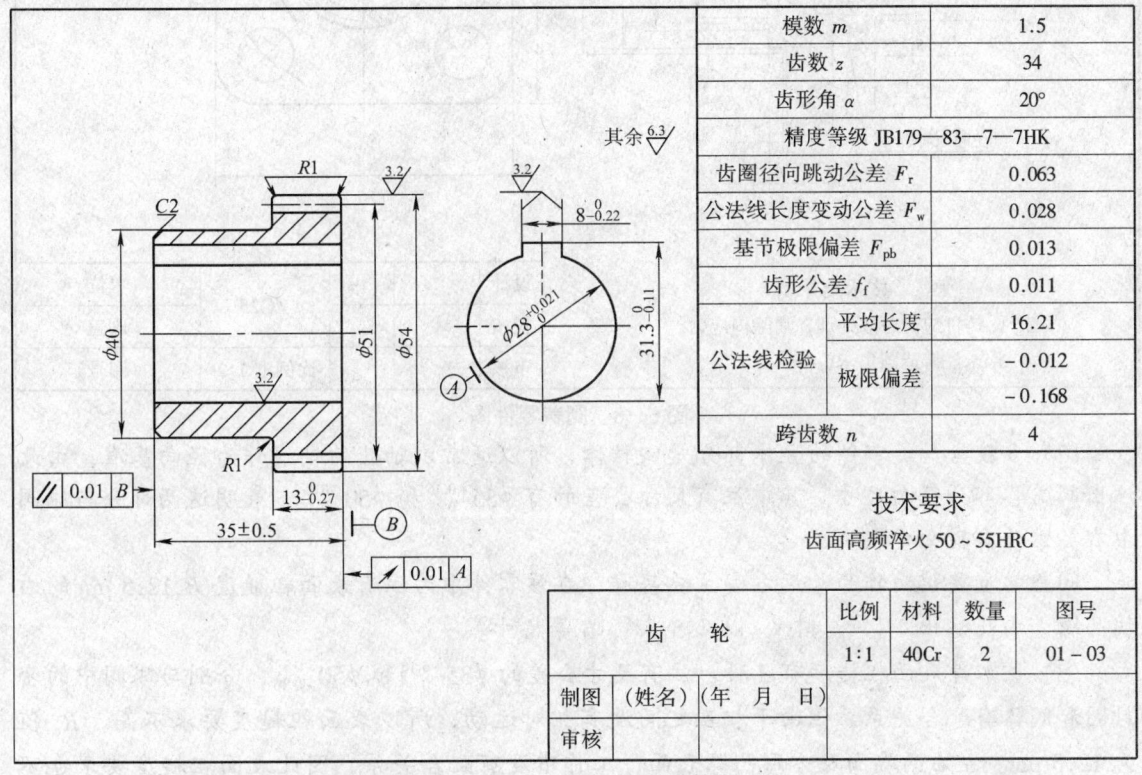

图 6—7　轮、盘、盖类零件图

例 6—3　识读阀盖零件图（见图 6—8）并回答问题：

(1) 该零件主视图采用了什么方法来表达零件中什么位置？主视图的选择原则是什么？左视图的目的是什么？

(2) 指出阀盖的主要基准。

(3) 该零件表面粗糙度有几种？分别是多少？

答：(1) 该零件的主视图采用了全剖视图，表达了右端阶梯孔与中间通孔的形状与其相对位置，以及左端的外螺纹。主视图的选择既符合主要加工位置，也符合阀盖在部件中的工作位置。左视图主要表达出带圆角的方形凸缘和 4 个均布的通孔。

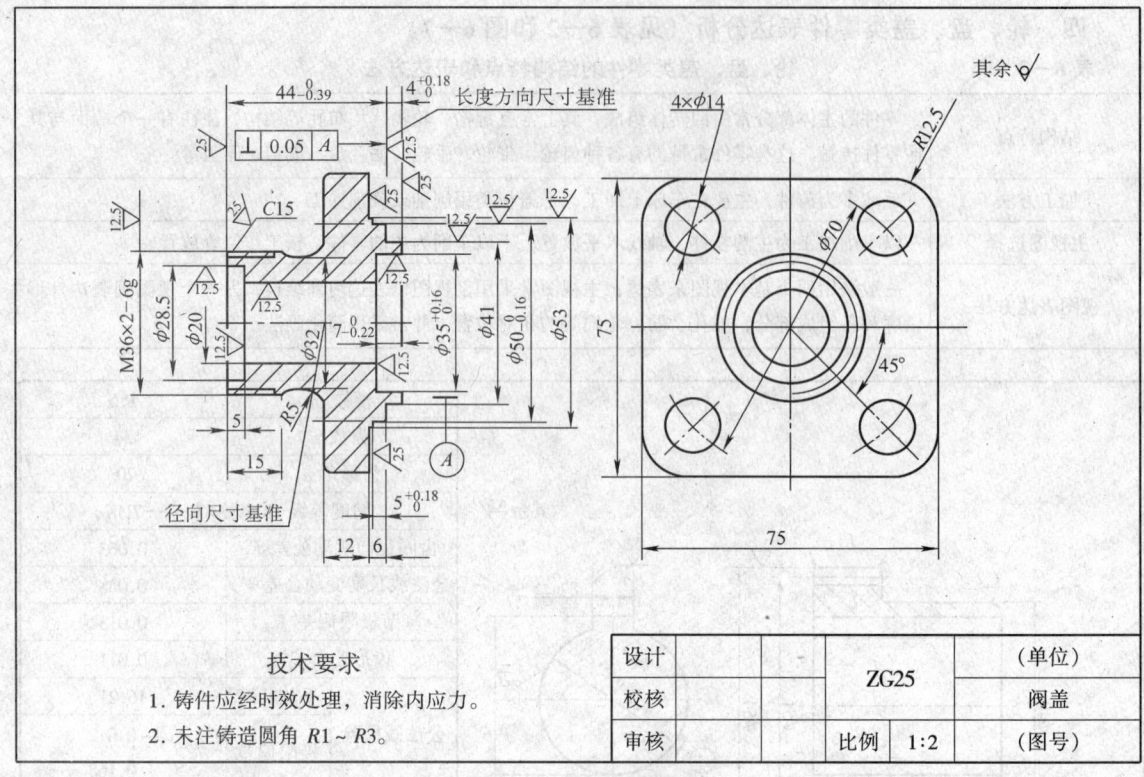

图 6—8 阀盖零件图

(2) 多数盘盖类零件的主体部分是回转体，所以通常以轴孔的轴线作为径向基准，由此注出阀盖各部分径向尺寸。其中注有尺寸公差的有 $\phi 35^{+0.16}_{\ \ 0}$ 和 $\phi 50^{\ \ 0}_{-0.16}$，表明这两部分与球阀中有关零件有配合要求。

阀盖的重要端面作为长度方向主要基准，在该零件中为注有表面粗糙度 $R_a 12.5\ \mu m$ 的右端凸缘，由此注出 $4^{+0.18}_{\ \ 0}$，$44^{\ \ 0}_{-0.39}$ 以及 $5^{+0.18}_{\ \ 0}$，6 等尺寸。

(3) 该零件表面粗糙度有 3 种。注有尺寸公差的 $\phi 35^{+0.16}_{\ \ 0}$ 和 $\phi 50^{\ \ 0}_{-0.16}$，分别与球阀中的密封圈和阀体有配合关系，但由于相互之间没有相对运动，所以表面粗糙度要求不高，R_a 值为 $12.5\ \mu m$。左右两端面及方形凸缘表面，工作中没有配合关系，因此表面粗糙度要求也不高，R_a 值为 $25\ \mu m$。其他表面为毛坯不加工表面。

五、叉、架类零件表达分析（见表 6—3 和图 6—9）

表 6—3　　　　　　　　叉、架类零件的结构特点和表达方法

结构特点	叉、架类零件通常由工作部分、支撑（或安装）部分及连接部分组成，其上常有光孔、螺纹孔、肋、槽等结构。这类零件常见的有各种拨叉、连杆、支架、支座等
加工方法	毛坯多为铸件或锻件，然后进行多种工序的加工
主视图选择	主要按形状特征及工作位置来选择
视图表达方法	一般需要两个以上的基本视图来表达，零件的倾斜部分用斜视图或斜剖视表达，常采用局部剖视图表达内部结构，对于薄壁和肋板的断面形状常采用断面来表达

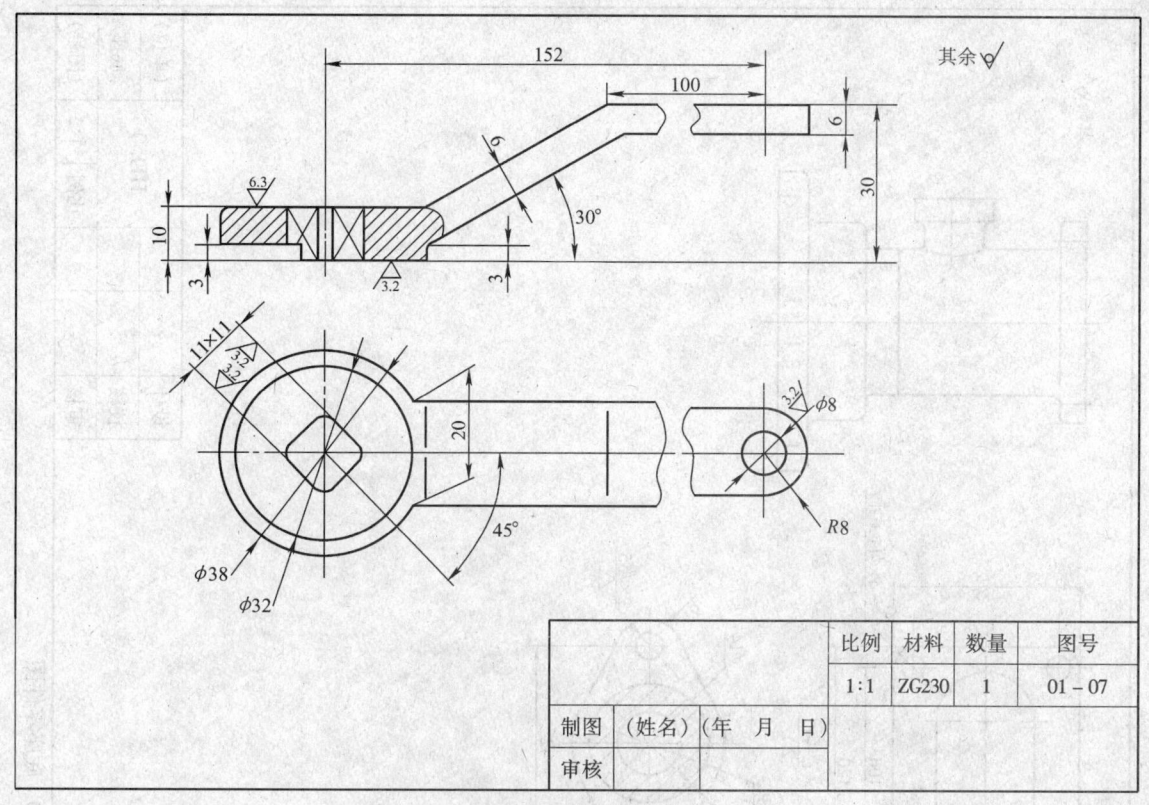

图 6—9 拨叉零件图

六、箱体类零件表达分析（见表 6—4 和图 6—10）

表 6—4　　　　　　　　　　　箱体类零件的结构特点和表达方法

结构特点	箱体类零件主要起包容、支撑其他零件的作用，常有内腔、轴承孔、凸台、肋板、安装板、光孔、螺纹孔等结构。这类零件常见的有各种箱体、壳体、阀体、泵体等
加工方法	毛坯一般为铸件或焊接件，然后进行各种机械加工
主视图选择	主要按形状特征和工作位置来选择
视图表达方法	一般都需要两个以上的基本视图来表达，采用通过主要支撑孔轴线的剖视图表示其内部形状结构，一些局部结构常用局部视图、局部剖视图、断面图等表达

例 6—4　读图 6—10 所示底座零件图，并回答以下问题。
(1) 在指定位置画出左视图外形图。
(2) 用 ▲ 符号标出长、宽、高三个方向的主要尺寸基准，并补全图中所缺的定位尺寸。
(3) 指出该零件表面粗糙度有几种要求，R_a 值分别是多少？
答：(1) 补画底座的左视图，先要对给出的视图进行仔细分析，想象出底座的结构形状。

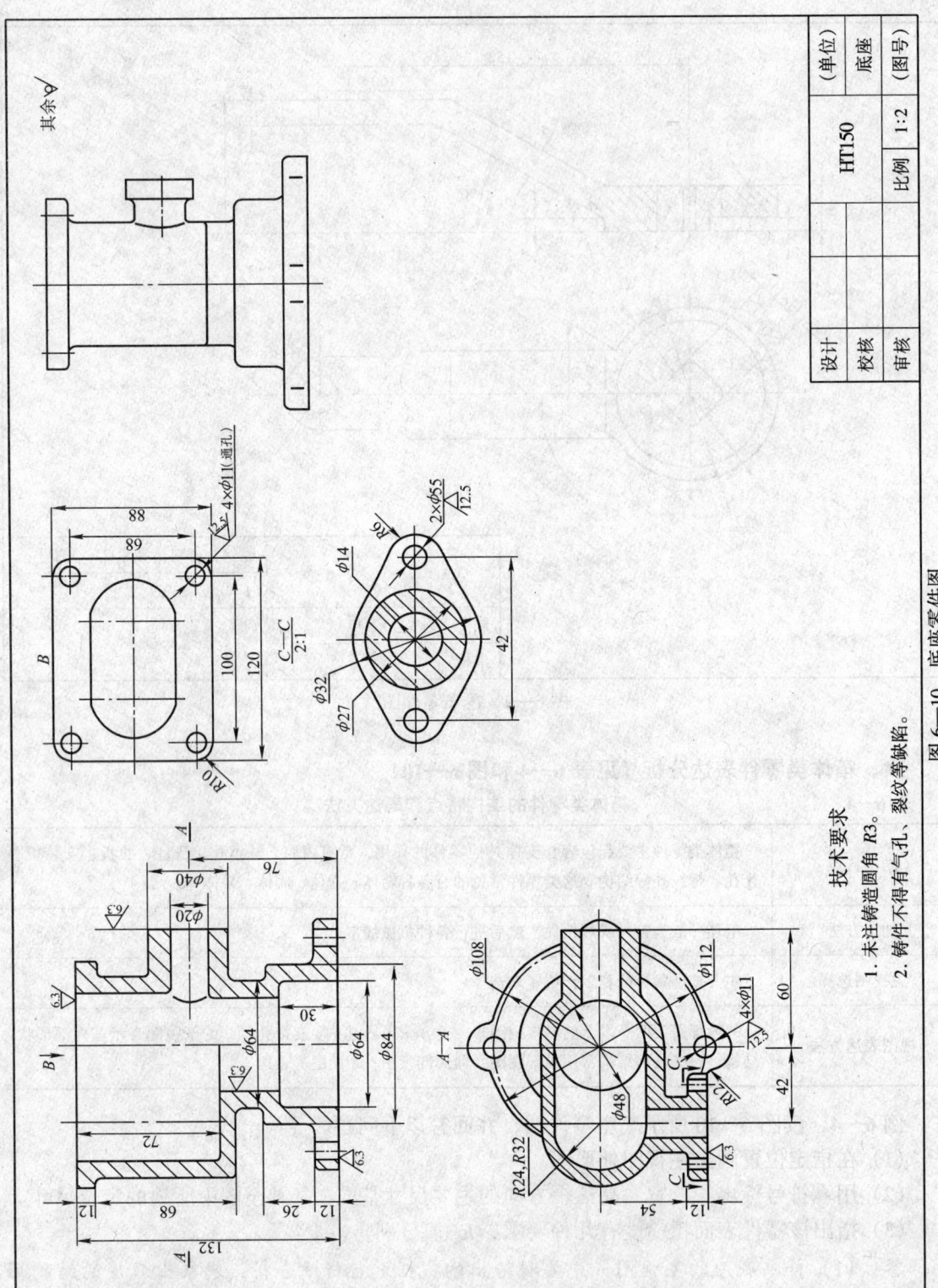

图 6—10 底座零件图

从主视图对照俯视图可看出，底座由上、下两部分组成。上部是壁厚为 8 mm 的长圆形空腔，上端是如 B 向局部视图所示的矩形板，四角有四个 $\phi11$ 的通孔。右端为 $\phi40$ 的圆柱形凸台，并有 $\phi20$ 的圆柱孔与空腔相通。前端有一个如 C—C 断面图所示的凸缘，并有 $\phi14$ 圆柱形通孔与空腔相通。

下部为圆形底盘，前后、左右也有四个 $\phi11$ 的通孔。底盘中间有 $\phi64$ 和 $\phi84$ 阶梯孔与空腔相通。

经过上述分析，对底座的内外结构形状有了完整的了解，在指定位置补画左视图外形图。

(2) 以底座的圆形底盘轴线为长度方向主要尺寸基准，补注空腔左方 R24 的定位尺寸 42，以及右端凸台定位尺寸 60。

以底盘水平中心线为宽度方向主要尺寸基准，标注前端凸缘的定位尺寸 54。

以底座的底面为高度方向主要尺寸基准，注出右端凸台的定位尺寸 76。

(3) 底座是铸件，加工面的表面粗糙度只有两种，R_a 值分别为 6.3 μm 和 12.5 μm。其余均为不加工铸造表面。

第四节　正等轴测图的画法

一、正等轴测图的形成

当直角坐标系的三个坐标轴与轴测投影面倾斜的角度相同时，用正投影法得到的投影图称为正等轴测图。

二、轴间角和轴向伸缩系数

相邻两轴测轴之间的夹角称为轴间角。由于三个坐标轴与轴测投影面倾斜角度相同，故三个轴间角均为 120°，绘图时一般使 OZ 轴处于垂直位置，如图 6—11 所示。

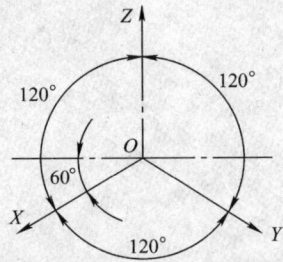

图 6—11　正等轴测图的轴间角

正等轴测图的三个轴轴向伸缩系数约为 0.82。为作图简便，通常取轴向伸缩系数为 1。

例 6—5　画出轴承座的正等轴测图。

作图步骤如下：

首先分析出该轴承座是由四棱柱底板和一个拱形的柱体前后平齐叠加而成，在底板底部中心处有方槽，底板上左右对称地垂直挖去两个圆柱形的通孔，且四个角为圆角，在拱形柱体上也开有前后贯通的圆柱孔。由于轴承座的整个宽度相等，可以先画其前面的轴测投影，然后按宽度作出其后部的轮廓；最后作出圆孔、方槽和四分之一圆角等结构，检查整理后加深即可得到轴承座的正等轴测图，如图6—12所示。

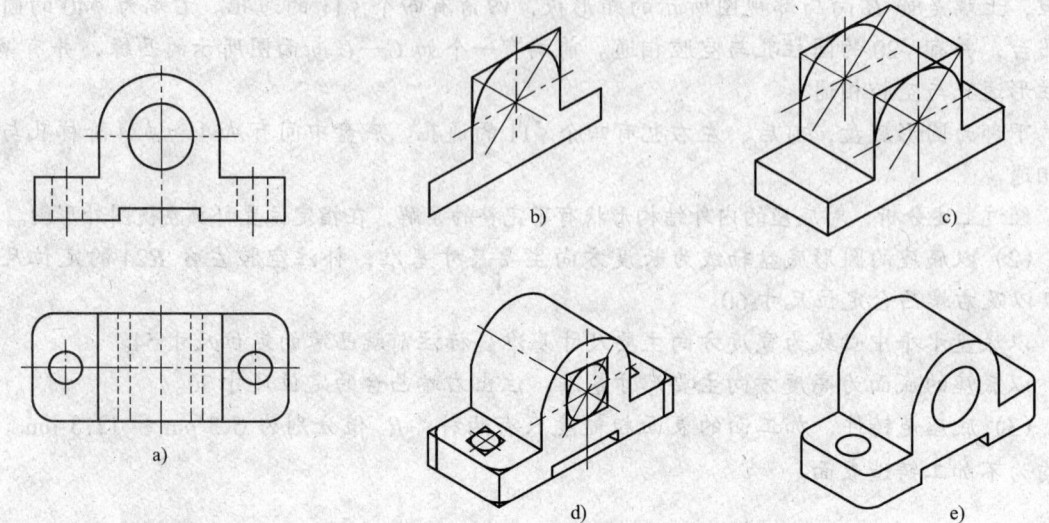

图6—12 轴承座正等轴测图的画法
a) 轴承座主视图和俯视图 b) 画前面的轴测投影 c) 按宽度作出后部轮廓
d) 作出圆孔方槽和圆角等结构 e) 完成图

第七单元

中级机械制图员计算机绘图

第一节 辅助绘图命令

一、绘图单位和精度

命　令	DDUNITS
菜　单	【格式】→【单位】
功　能	调用"图形单位"对话框,如图7—1所示,指定记数单位和精度。

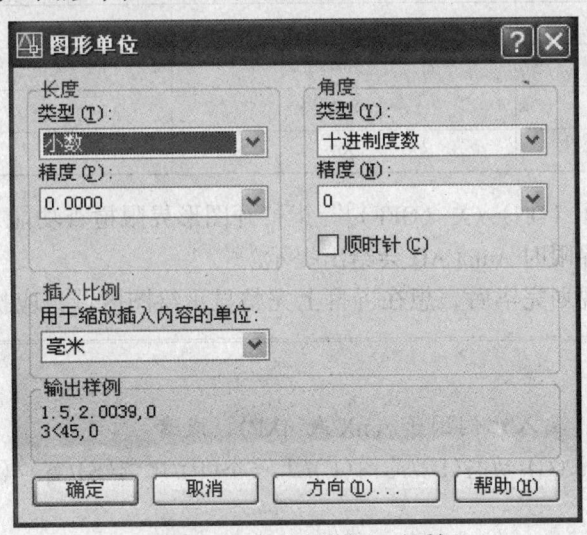

图7—1 "图形单位"对话框

> 说 明

(1) 长度单位默认设置为十进制，小数位数为4。

(2) 角度单位默认设置为度，小数位数为0。

(3) 单击"方向"按钮，弹出角度"方向控制"对话框，默认设置为0°，方向为正东，逆时针方向为正。

二、图形界限

> 命 令　LIMITS

> 菜 单　【格式】→【图形界限】

> 功 能　设置图纸范围。

> 格 式

```
命令：LIMITS ↵
重新设置模型空间界限：
指定左下角点或[开(ON)/关(OFF)]<0.0000,0.0000>：↵    //输入左下角坐标
指定右上角点 <420.0000,297.0000>：↵    //输入右上角坐标
```

> 说 明

(1) 常用图纸范围规格见表7—1。

表7—1　　　　　　　　常用图纸范围规格

规格	X	Y
A0	1 189	841
A1	841	594
A2	594	420
A3	420	297
A4	297	210

(2) 提示中的"[开（ON）/关（OFF）]"指打开图形界限检查功能，设置为ON时，检查功能打开，图形超出界限时AutoCAD会给出提示。

(3) 当图形界限规划完毕后，想在屏幕上完整显示绘图区域，应执行下列命令：

```
命令：ZOOM
指定窗口角点，输入比例因子（nX 或 nXP），或者
[全部(A)/中心点(C)/动态(D)/范围(E)/上一个(P)/比例(S)/窗口(W)]<实时>：A ↵
//输入 A
```

三、辅助绘图工具

1. 捕捉和栅格

命 令　DSETTINGS 的"捕捉与栅格"选项卡（见图7—2）

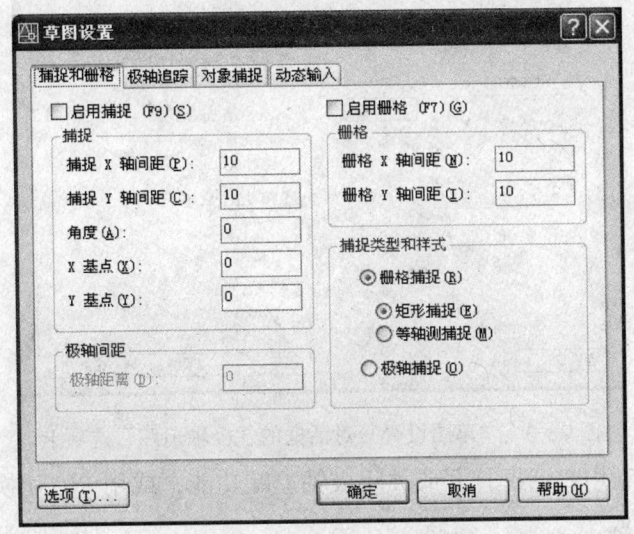

图7—2　"草图设置"对话框的"捕捉和栅格"选项卡

菜 单　【工具】→【草图设置】→【捕捉与栅格】

快捷菜单　在状态栏中找到"捕捉"或"栅格"，按鼠标右键选取"设置"

功 能　利用对话框打开或关闭捕捉和栅格功能，并对其模式进行设置。

要提高绘图的速度和效率，可以显示并捕捉栅格点的矩阵，并控制其间距。栅格是点的矩阵，遍布指定为图形栅格界限的整个区域。使用栅格类似于在图形下放置一张坐标纸。利用栅格可以对齐对象并直观显示对象之间的距离。如果放大或缩小图形，可能需要调整栅格间距，使其更适合新的放大比例。

捕捉模式用于限制十字光标，使其按照用户定义的间距移动。当捕捉模式打开时，光标似乎附着或捕捉到不可见的栅格。捕捉模式有助于使用箭头键或定点设备来精确地定位点。

说 明　F7控制栅格（GRID）开关，F9控制捕捉（SNAP）开关。

2. 自动追踪

自动追踪功能包括：极轴追踪和对象捕捉追踪。

（1）极轴追踪

命 令　DSETTINGS 的"极轴追踪"选项卡（见图7—3）

菜 单　【工具】→【草图设置】→【极轴追踪】

快捷菜单　在状态栏中找到"极轴"，单击鼠标右键选取"设置"

功 能　启用极轴追踪功能可以在指定的极轴角度方向上显示临时辅助线。

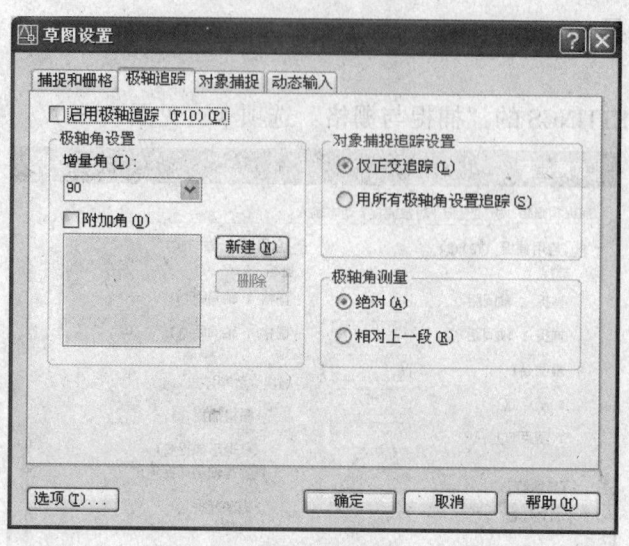

图7—3 "草图设置"对话框的"极轴追踪"选项卡

▶ 说 明 可利用对话框打开或关闭极轴追踪功能,或用F10切换。

(2) 对象捕捉追踪

▶ 命 令 TRACKING

▶ 功 能 用于二维作图,可以先后提取捕捉点的 X,Y 坐标值,从而综合确定一个新点,经常与其他捕捉方式配合使用。

▶ 说 明 打开追踪后,系统自动打开正交功能,拾取第一点后,靶框如水平移动,则提取该点的 Y 坐标,如垂直移动则提取该点的 X 坐标,然后由第二点补充另一坐标。

▶ 格 式

```
命令: LINE ↵
指定第一点: TRACKING ↵   //指定直线第一点,拾取追踪捕捉,自动打开正交模式
第一个追踪点:    //拾取点1
下一点 (按 ENTER 键结束追踪):    //拾取点2
下一点 (按 ENTER 键结束追踪): ↵   //按 Enter 键结束追踪,AutoCAD 提取拾取的点1的 X 坐标和点2的 Y 坐标,形成点3并定位于点3
指定下一点或 [放弃 (U)]:    //指定所绘制直线的第二点
```

3. "正交"模式

▶ 命 令 ORTHO

▶ 功 能 控制是否以"正交"模式画图。

创建或移动对象时,使用"正交"模式可以将光标限制在水平或垂直方向上移动,以便于精确地创建和修改对象。移动光标时,水平轴或垂直轴哪个离光标最近,拖引线将沿着该轴移动。使用"正交"模式可更快地绘图。

◢ 格　式

命令:ORTHO ↵

输入模式 [开(ON)/关(OFF)] <ON>:

◢ 说　明

(1) 可按 F8 键在打开和关闭"正交"模式之间进行切换。
(2) "正交"模式和极轴追踪不能同时打开。打开"正交"模式将关闭极轴追踪。

四、对象捕捉

◢ 命　令　DSETTINGS 或 OSNAP 的"对象捕捉"选项卡(见图 7—4)

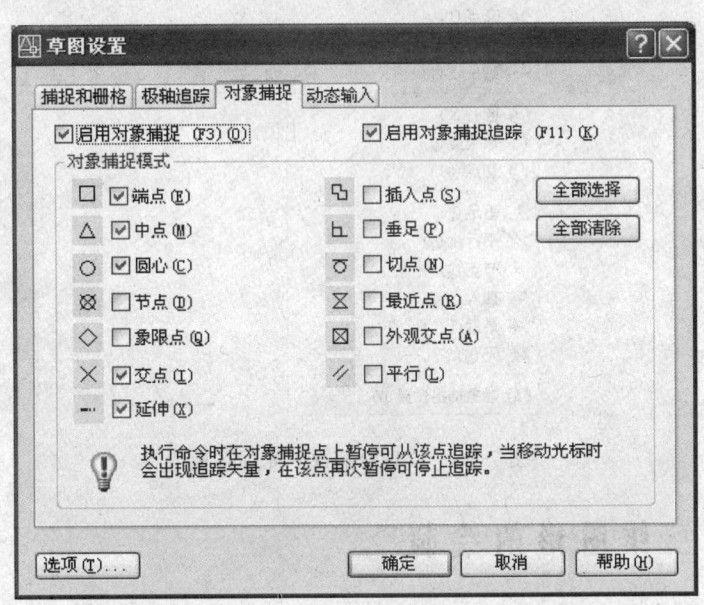

图 7—4　"草图设置"对话框的"对象捕捉"选项卡

◢ 菜　单　【工具】→【草图设置】→【对象捕捉】

◢ 快捷菜单　在状态栏中找到"对象捕捉",单击鼠标右键选取"设置"

◢ 工具栏　【视图】→【工具栏】→【对象捕捉】(见图 7—5)

图 7—5　"对象捕捉"工具栏

> 功 能　对象捕捉可用于精确定位至对象上某点，如端点、中点、圆心和交点等。

> 说 明

（1）可通过对话框打开或关闭对象捕捉追踪，同时选择捕捉模式，此种方式进行的捕捉设置长期有效，若需修改，可再次启动"草图设置"对话框。

（2）可在命令要求输入点时，采用"对象捕捉"工具栏或者 Shift + 鼠标右键的"对象捕捉"光标菜单（见图7—6），临时调用对象捕捉功能，此方式优先于"对象捕捉"选项卡的设置，但只对当前点有效。

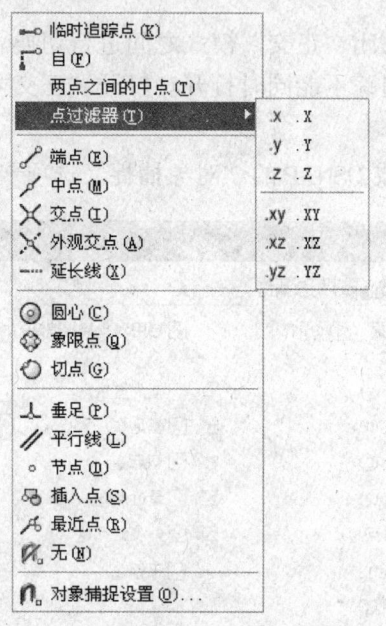

图7—6　"对象捕捉"光标菜单

第二节　二维图形的绘制

一、圆

> 命 令　CIRCLE（缩写：C）

> 菜 单　【绘图】→【圆】

在单击"绘图"下拉菜单中"圆"选项后，级联菜单中将列出6种画圆的方法（见图7—7），选择其中的一种，可按该选项说明的顺序与条件画圆。

> 工具栏　"绘图"工具栏中 ⊙

> 功 能　绘制圆。

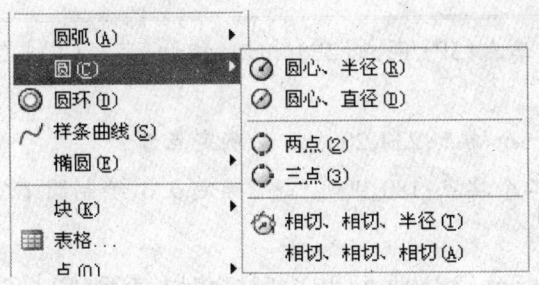

图 7—7 "圆"选项的级联菜单选项

► 格 式

命令：CIRCLE ↵
指定圆的圆心或[三点(3P)/两点(2P)/相切、相切、半径(T)]： //给出圆心或其他选项参数
指定圆的半径或[直径(D)]<108.0697>： //输入半径值

例 7—1 绘制如图 7—8 所示的由圆组成的图形。

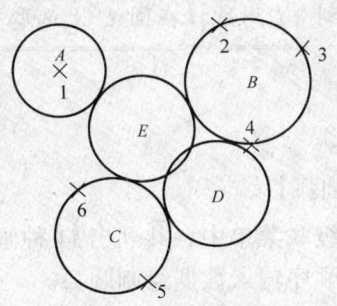

图 7—8 圆的绘制

命令：CIRCLE ↵
指定圆的圆心或[三点(3P)/两点(2P)/相切、相切、半径(T)]:170,180 ↵ //确定点 1
指定圆的半径或[直径(D)]<46.0977>:35 ↵   //输入半径值，绘制圆 A
命令:CIRCLE ↵
指定圆的圆心或[三点(3P)/两点(2P)/相切、相切、半径(T)]:3P ↵   //三点画圆方式
指定圆上的第一点:290,210 ↵ //确定点 2
指定圆上的第二点:350,190 ↵ //确定点 3
指定圆上的第三点:310,120 ↵ //确定点 4，绘制圆 B
命令:CIRCLE ↵

指定圆的圆心或[三点(3P)/两点(2P)/相切、相切、半径(T)]:2P ↵　　//两点画圆方式

　　指定圆直径的第一个端点:230,20 ↵　　//确定点5

　　指定圆直径的第二个端点:180,90 ↵　　//确定点6,绘制圆 C

　　命令:CIRCLE ↵

　　指定圆的圆心或[三点(3P)/两点(2P)/相切、相切、半径(T)]:T ↵　　//相切、相切、半径画圆方式

　　在对象上指定一点作圆的第一条切线：　　//在点5附近选中圆 C

　　在对象上指定一点作圆的第二条切线：　　//在点4附近选中圆 B

　　指定圆的半径<50.0000>:40 ↵　　//输入半径,绘制圆 D

　　(单击【绘图】菜单→【圆】→【相切、相切、相切】)

　　命令:_ circle 指定圆的圆心或 [三点(3P)/两点(2P)/相切、相切、半径(T)]:_ 3p

　　指定圆上的第一点:_ tan 到　　//用鼠标在圆 A 上选取一点

　　指定圆上的第二点:_ tan 到　　//用鼠标在圆 B 上选取一点

　　指定圆上的第三点:_ tan 到　　//用鼠标在圆 C 上选取一点,绘制圆 E

二、圆弧

命　令　ARC（缩写：A）

菜　单　【绘图】→【圆弧】

在下拉菜单"圆弧"选项的级联菜单中，共列出11种画圆弧的方法（见图7—9），选择其中的一种，可按该选项说明的顺序输入数据绘制圆弧。

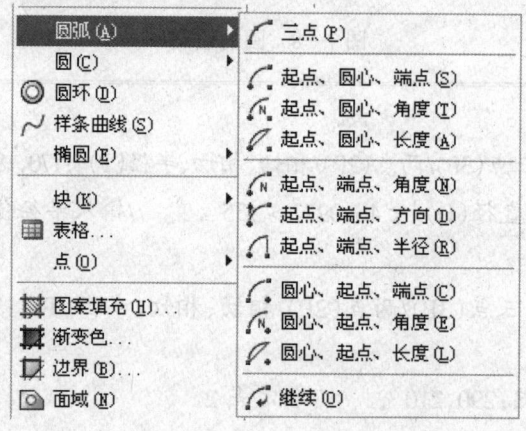

图7—9　"圆弧"选项的级联菜单选项

工具栏　"绘图"工具栏中

功　能　绘制圆弧。

> **格 式**

```
命令：ARC ↵
指定圆弧的起点或 [圆心 (C)]：   //指定起点
指定圆弧的第二个点或 [圆心 (C)/端点 (E)]：   //指定第二点
指定圆弧的端点：   //指定端点
```

例 7—2 绘制如图 7—10 所示的由圆弧组成的图形。

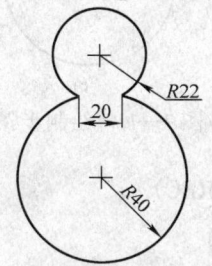

图 7—10 圆弧的绘制

```
命令：LINE ↵
指定第一点：100,150 ↵
指定下一点或[放弃(U)]：@20,0 ↵
指定下一点或[放弃(U)]：↵   //绘制长度为 20 的水平线
命令：ARC ↵
指定圆弧的起点或[圆心(C)]：   //用鼠标选取端点 B，如图 7—11 所示
指定圆弧的第二个点或[圆心(C)/端点(E)]：E ↵   //选取端点选项 E
指定圆弧的端点：   //用鼠标选取端点 A
指定圆弧的圆心或[角度(A)/方向(D)/半径(R)]：R ↵   //选取半径选项 R
指定圆弧半径：-22 ↵   //输入半径 -22
命令：ARC ↵
指定圆弧的起点或[圆心(C)]：   //用鼠标选取端点 A
指定圆弧的第二个点或 [圆心(C)/端点(E)]：E ↵   //选取端点选项 E
指定圆弧的端点：   //用鼠标选取端点 B
指定圆弧的圆心或[角度(A)/方向(D)/半径(R)]：R ↵   //选取半径选项 R
指定圆弧半径：-40 ↵   //输入半径 -40
命令：ERASE ↵
```

```
选择对象:找到 1 个    //选中线段 C
选择对象: ↵   //按 Enter 键退出,删除线段 C
```

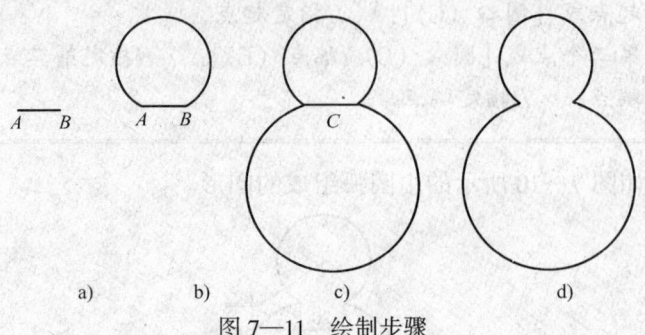

图 7—11 绘制步骤

三、矩形

- **命　令**　RECTANG（缩写：REC）
- **菜　单**　【绘图】→【矩形】
- **工具栏**　"绘图"工具栏中▭
- **功　能**　绘制矩形，可带倒角、圆角，改变线宽等。
- **格　式**

```
命令:RECTANG ↵
指定第一个角点或[倒角(C)/标高(E)/圆角(F)/厚度(T)/宽度(W)]:    //选取起点1
指定另一个角点:    //选取对角点2
```

- **说　明**　选项中的"标高"指当前用户坐标系 XY 平面上方或下方的默认 Z 值，"厚度"指拉伸对象使其具有三维外观时的拉伸距离。此两选项仅对于三维绘图有效。

例 7—3　绘制如图 7—12 所示的各种矩形。

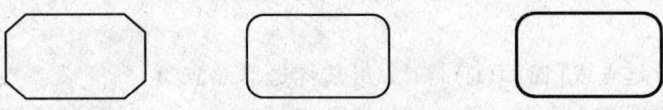

图 7—12 绘制矩形

```
命令:RECTANG ↵    //绘制倒角矩形
指定第一个角点或[倒角(C)/标高(E)/圆角(F)/厚度(T)/宽度(W)]:C ↵    //选取倒角设置选项
```

指定矩形的第一个倒角距离<0.0000>:5 ↵   //输入倒角距离值,值为0时绘制直角矩形

指定矩形的第二个倒角距离<0.0000>:5 ↵

指定第一个角点或[倒角(C)/标高(E)/圆角(F)/厚度(T)/宽度(W)]://用鼠标选取第一个角点

指定另一个角点或[面积(A)/尺寸(D)/旋转(R)]: //用鼠标选取第二个对角点

命令: ↵ //重复执行上一条命令,绘制圆角矩形

RECTANG

指定第一个角点或[倒角(C)/标高(E)/圆角(F)/厚度(T)/宽度(W)]:F ↵   //选取圆角设置选项

指定矩形的圆角半径<0.0000>:5 ↵   //输入圆角半径值,绘制圆角矩形

指定第一个角点或[倒角(C)/标高(E)/圆角(F)/厚度(T)/宽度(W)]://用鼠标选取第一个角点

指定另一个角点或[面积(A)/尺寸(D)/旋转(R)]: //用鼠标选取第二个对角点

命令: ↵ //重复执行上一条命令,绘制带有线宽的矩形

RECTANG

指定第一个角点或[倒角(C)/标高(E)/圆角(F)/厚度(T)/宽度(W)]:W ↵

指定矩形的线宽<0.0000>:5 ↵

指定第一个角点或[倒角(C)/标高(E)/圆角(F)/厚度(T)/宽度(W)]://用鼠标选取第一个角点

指定另一个角点或[面积(A)/尺寸(D)/旋转(R)]://用鼠标选取第二个对角点

四、正多边形

- 命　令　POLYGON（缩写：POL）
- 菜　单　【绘图】→【正多边形】
- 工具栏　"绘图"工具栏中 ⬠
- 功　能　绘制正多边形,可采用已知相切圆的方式或者已知边长的方式创建。
- 格　式

命令:POLYGON ↵

输入边的数目<4>:5 ↵   //给出边数

指定多边形的中心点或[边(E)]: //给出中心点

输入选项[内接于圆(I)/外切于圆(C)]<I>: ↵   //选择与圆相切方式

指定圆的半径: //给出相切圆的半径

例7—4 绘制如图7—13所示的正多边形。已知第一个圆半径为45,绘制其内接正五边形;第二个圆半径为35,绘制其外切正五边形;已知一条线段,以其作为边绘制正五边形。

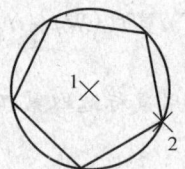 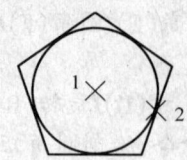 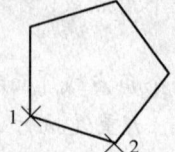

图7—13 绘制正多边形

```
命令:POLYGON ↵    //绘制第一个正五边形
输入边的数目<4>:5 ↵    //给出边数
指定正多边形的中心点或[边(E)]:↵    //用鼠标捕捉圆心1作为中心点
输入选项[内接于圆(I)/外切于圆(C)]<I>:I ↵    //选择内接于圆方式
指定圆的半径:45 ↵    //输入相切圆半径
命令:POLYGON ↵    //绘制第二个正五边形
输入边的数目<4>:5 ↵
指定正多边形的中心点或[边(E)]:    //用鼠标捕捉圆心作为中心点
输入选项[内接于圆(I)/外切于圆(C)]<I>:C ↵    //选择外切于圆方式
指定圆的半径:35 ↵    //输入相切圆半径
命令:POLYGON ↵    //绘制第三个正五边形
输入边的数目<4>:5 ↵
指定正多边形的中心点或[边(E)]:E ↵    //选择指定边的方式绘制
指定边的第一个端点:    //用鼠标选取点1
指定边的第二个端点:    //用鼠标选取点2
```

五、圆环

- **命　令**　DONUT(缩写:DO)
- **菜　单**　【绘图】→【圆环】
- **功　能**　绘制填充环或实体填充圆(见图7—14)。
- **格　式**

```
命令:DONUT ↵
    指定圆环的内径<10.0000>：    //输入圆环内径或按 Enter 键，内径为零时为实体填充圆
    指定圆环的外径<20.0000>：    //输入圆环外径或按 Enter 键
    指定圆环的中心点或<退出>：    //可连续绘制，按 Enter 键结束命令
```

六、椭圆

> **命令** ELLIPSE（缩写：EL）
> **菜单** 【绘图】→【椭圆】（见图 7—15）

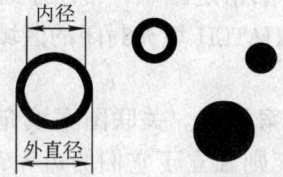

图 7—14 圆环的绘制

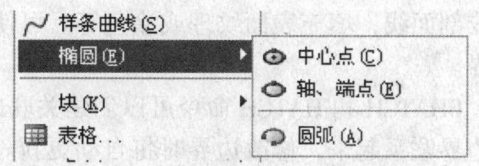

图 7—15 "椭圆"选项及其级联菜单选项

> **工具栏** "绘图"工具栏中 ◯（椭圆）或 ⌒（椭圆弧）

> **功 能** 绘制椭圆及椭圆弧（见图 7—16）。当系统变量 PELLIPSE 为 1 时，画由多线段拟合成的近似椭圆；当系统变量 PELLIPSE 为 0（默认值）时，创建真正的椭圆，并可画椭圆弧。

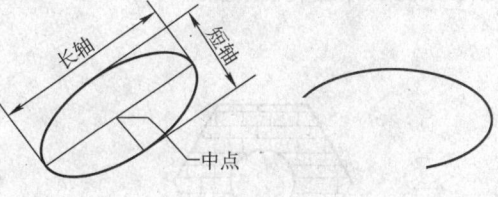

图 7—16 椭圆的绘制

例 7—5 绘制椭圆形及椭圆弧。

```
命令:ELLIPSE ↵
    指定椭圆的轴端点或[圆弧(A)/中心点(C)]：  //选取轴的始端
    指定轴的另一个端点： //选取轴的末端
    指定另一条半轴长度或[旋转(R)]： //选取另一轴的一端点,确定椭圆形状
命令:ELLIPSE ↵
    指定椭圆的轴端点或[圆弧(A)/中心点(C)]:C ↵  //选择中心点方式绘制椭圆
    指定椭圆的中心点： //点选确定椭圆中心点
    指定轴的端点： //选取长轴一端点
    指定另一条半轴长度或[旋转(R)]： //选取短轴一端点
命令:ELLIPSE ↵
```

指定椭圆的轴端点或[圆弧(A)/中心点(C)]:A ↵　//选择绘制椭圆弧

指定椭圆弧的轴端点或[中心点(C)]：　//确定椭圆形状

指定轴的另一个端点：

指定另一条半轴长度或[旋转(R)]：↵

指定起始角度或[参数(P)]：　//选取椭圆弧始端

指定终止角度或[参数(P)/包含角度(I)]：　//选取椭圆弧末端

七、图案填充

AutoCAD 的图案填充功能是指用预定义图案充满图形中的指定区域，常用于绘制剖面符号或剖面线，填充表面纹理或涂色等。可使用 BHATCH 和 HATCH 填充封闭的区域或指定的边界。

BHATCH 和 HATCH 命令可以创建关联的或非关联的图案填充。关联图案填充将与它们的边界联系起来，修改边界时将自动更新。非关联图案填充则独立于它们的边界，如图 7—17 所示，在 AutoCAD 2006 中，BHATCH 命令已重命名为 HATCH，具有相同的效果。HATCH 命令只能在命令行上使用。

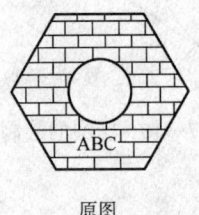 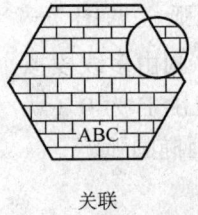 

　　原图　　　　　　　　　关联　　　　　　　　不关联

图 7—17　图案填充的关联性

创建图案填充之后，可以用 HATCHEDIT 进行编辑，或用 EXPLODE 命令将其分解为线条的组合。

下面以 BHATCH（边界图案填充）为例说明图案填充的方法。

　▶ 命　令　　BHATCH（缩写：H 或 BH）

　▶ 菜　单　　【绘图】→【图案填充】

　▶ 工具栏　　"绘图"工具栏中▨

　▶ 功　能　　用填充图案或渐变填充来填充封闭区域或选定对象，可以选择图案类型、选定填充区、选择填充样式、控制关联性等。

　▶ 说　明　　运行 BHATCH 命令后，出现"图案填充和渐变色"对话框，包含"图案填充"和"渐变色"两个选项卡，默认打开"图案填充"选项卡，如图 7—18 所示。

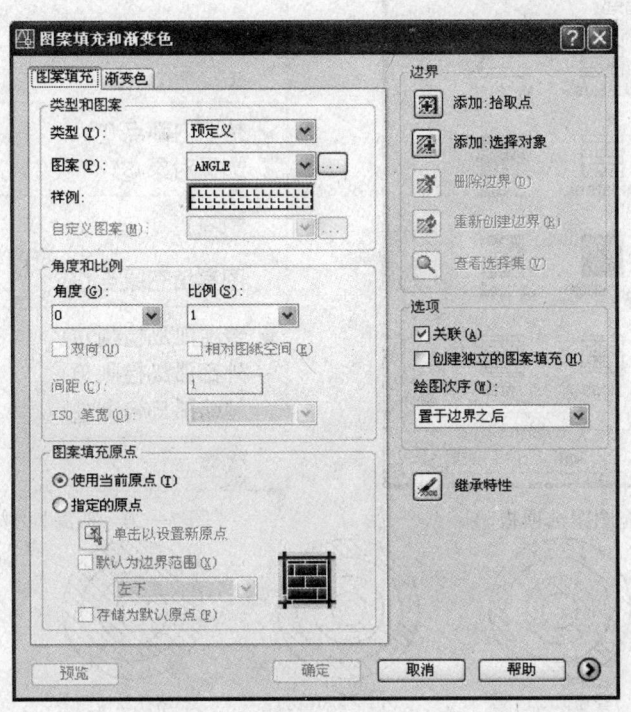

图 7—18 "图案填充和渐变色"对话框中的"图案填充"选项卡

在 AutoCAD 中，将填充图案类型分为"预定义""用户定义"和"自定义"三种。填充对象时，可以先将"类型"切换至"预定义"，单击"图案"下拉菜单显现图案名称菜单，或者单击填充样例，打开"填充图案选项板"（见图 7—19），直接选取"acadiso.pat"所定义的图案。也可选用"用户定义"中的自定义图案。在"图案填充"选项卡中，还可设置填充面的各种性质，如填充图案的"比例""角度"，是否"双向"，是否"关联"等。

填充时，可采用"拾取点"与"选择对象"两种方式。"拾取点"提示用户在要填充的区域内任选一点，系统自动搜索定义封闭边界。任何完整或部分对象，如果不是边界的一部分，都将被忽略且与图案填充无关。边界可能具有突出边或孤岛（填充区域内的封闭区域）。"选择对象"则通过选取封闭图形的方法确定填充边界。

对于孤岛，可进行填充或不进行填充。可在鼠标右键快捷菜单中通过"删除边界"对封闭边界内检测到的孤岛予以忽略，或改变孤岛检测方式以及其他系统默认设置（见图 7—20）。各种孤岛检测方式的效果如图 7—21 所示。

AutoCAD 还提供渐变色填充（见图 7—22），用于在一种颜色的不同灰度之间或两种颜色之间平滑过渡填充。渐变填充能够体现光照在平面上而产生的过渡颜色效果，可用于增强演示图形效果。

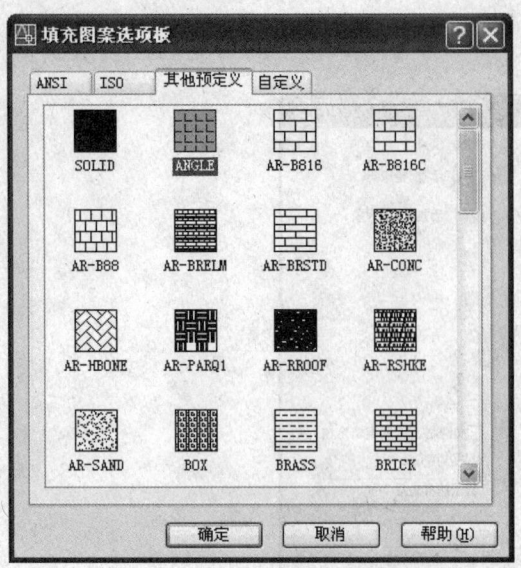

图7—19 填充图案选项板

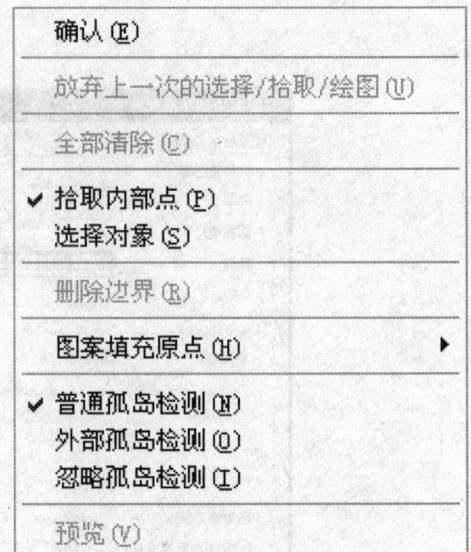

图7—20 孤岛检测方式设置

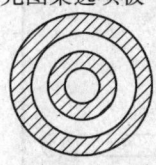 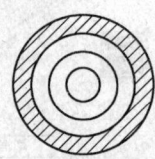 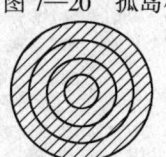

普通孤岛检测　　外部孤岛检测　　忽略孤岛检测

图7—21 各种孤岛检测方式的效果

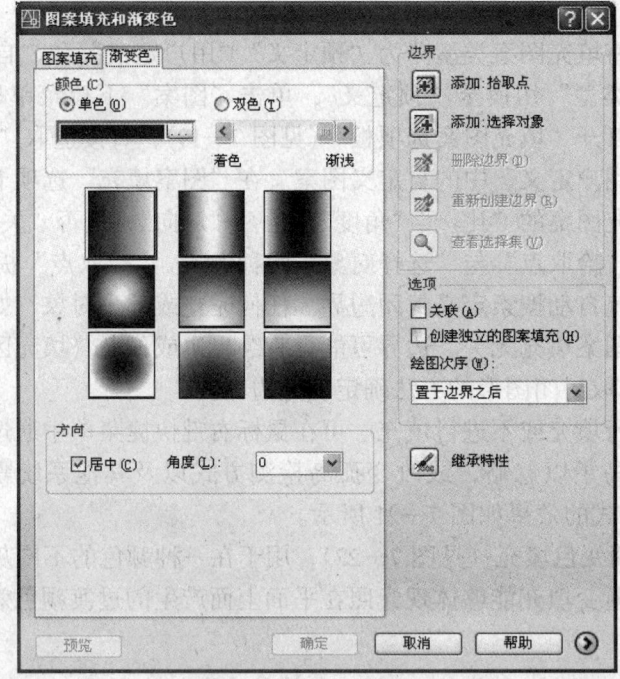

图7—22 "图案填充和渐变色"对话框中的"渐变色"选项卡

第三节　二维图形的编辑

一、删除与恢复

1. 删除

- 命　令　　ERASE（缩写：E）
- 菜　单　　【修改】→【删除】
- 工具栏　　"修改"工具栏中 ✎
- 功　能　　删除对象，可选择多个对象一次删除。
- 格　式

```
命令：ERASE ↵
选择对象：    //选择对象1
选择对象：    //选择对象2,或按 Enter 键结束选择
```

2. 恢复

- 命　令　　OOPS
- 功　能　　恢复上一个被 ERASE 命令所删除的对象。仅对上一个 ERASE 命令有效，不影响其他绘图命令。

二、修剪与打断

1. 修剪

- 命　令　　TRIM（缩写：TR）
- 菜　单　　【修改】→【修剪】
- 工具栏　　"修改"工具栏中 ⊢
- 功　能　　修剪对象。在指定剪切边后，可连续选择被切边进行修剪。
- 说　明

（1）剪切边可以是直线、圆弧、圆、多段线、椭圆、样条曲线、构造线、射线和图纸空间中的视口。对于宽多段线，剪切是沿着中心线进行的。

（2）同一对象既可以作为剪切边，也可以是正在被修剪的对象。

（3）修剪可分为投影模式和剪切边的模式。投影模式用于三维空间中的修剪，剪切边的模式可分延伸有效和不延伸两种模式。

例 7—6　通过修剪实现如图 7—23 所示的效果。

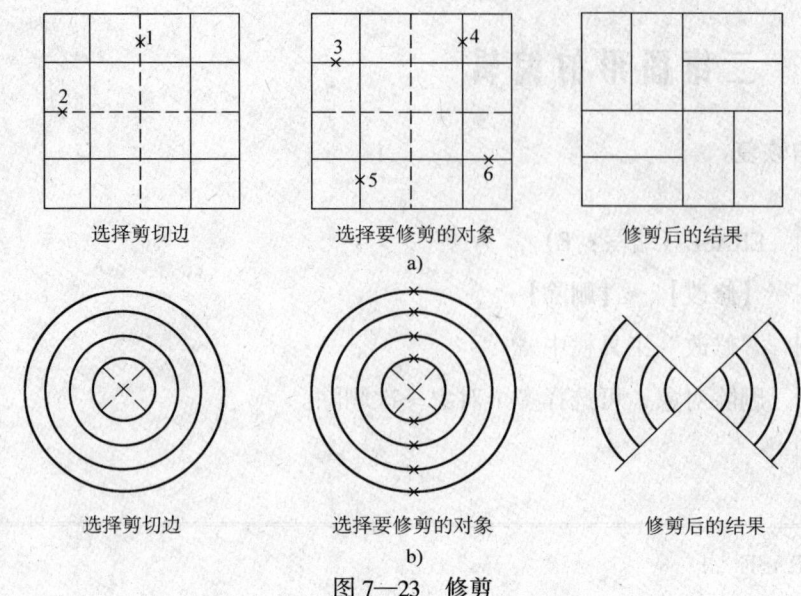

选择剪切边　　　　选择要修剪的对象　　　　修剪后的结果
a)

选择剪切边　　　　选择要修剪的对象　　　　修剪后的结果
b)

图 7—23　修剪

a）普通模式下的修剪　　b）延伸模式下的修剪

图 7—23a 的绘制步骤如下：

```
命令:TRIM ↵
当前设置:投影=UCS,边=延伸
选择剪切边…
选择对象或<全部选择>:找到 1 个    //选择线段 1 作为剪切边
选择对象:找到 1 个,总计 2 个    //选择线段 2 作为剪切边
选择对象: ↵    //按 Enter 键结束选择
选择要修剪的对象,或按住 Shift 键选择要延伸的对象,或
[栏选(F)/窗交(C)/投影(P)/边(E)/删除(R)/放弃(U)]:    //选择线段 3 作为修剪对象,将其剪除
选择要修剪的对象,或按住 Shift 键选择要延伸的对象,或
[栏选(F)/窗交(C)/投影(P)/边(E)/删除(R)/放弃(U)]:    //重复执行,分别选择线段 4,5,6 作为修剪对象,按 Enter 键退出修剪状态
```

图 7—23b 的绘制步骤如下：

```
命令:TRIM ↵
当前设置:投影=UCS,边=延伸
选择剪切边…
选择对象或<全部选择>:找到 1 个    //选择圆中心交叉线作为剪切边
```

选择对象:找到 1 个,总计 2 个

选择对象:↵

选择要修剪的对象,或按住 Shift 键选择要延伸的对象,或

[栏选(F)/窗交(C)/投影(P)/边(E)/删除(R)/放弃(U)]:E ↵

输入隐含边延伸模式[延伸(E)/不延伸(N)]<延伸>:E ↵　　//设置修剪为延伸模式

选择要修剪的对象,或按住 Shift 键选择要延伸的对象,或

[栏选(F)/窗交(C)/投影(P)/边(E)/删除(R)/放弃(U)]:　　//选择要修剪的对象,可重复执行

2. 打断

- 命　令　BREAK（缩写：BR）
- 菜　单　【修改】→【打断】
- 工具栏　"修改"工具栏中 □ 或 □
- 功　能　切掉对象的一部分或切断成两个对象。
- 说　明

（1）可利用 BREAK 命令删除对象的一部分。可以打断直线、圆、圆弧、多段线、椭圆、样条曲线、参照线和射线。打断对象时,既可以先在第一个打断点选择对象,然后指定第二个打断点,也可以先选择整个对象,然后指定两个打断点。

（2）可利用 BREAK 命令将对象一分为二。可以拾取重合的两点,也可在"指定第二个打断点"提示下输入"@"。

（3）程序将按逆时针方向删除圆上第一个打断点到第二个打断点之间的部分,从而将圆转换为圆弧。

例 7—7　如图 7—24 所示对图形做打断处理。

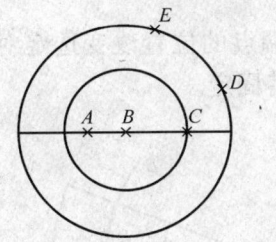 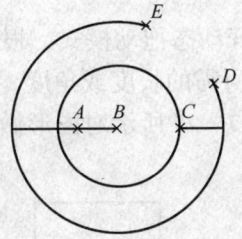

图 7—24　打断

命令:BREAK ↵

选择对象:　　//选取点 A 作为打断点

指定第二个打断点或[第一点(F)]:@ ↵　　//将直线段从 A 点处切断成两个对象

```
命令：BREAK ↵
选择对象： //选取点 B 作为打断点
指定第二个打断点或[第一点(F)]： //选取点 C,BC 之间线段被删除
命令：BREAK ↵
选择对象： //选择点 D 作为打断点
指定第二个打断点或[第一点(F)]： //选取点 E,DE 之间圆弧段被删除
```

三、拉长、拉伸与延伸

1. 拉长

➤ 命　令　　LENGTHEN（缩写：LEN）

➤ 菜　单　　【修改】→【拉长】

➤ 功　能　　修改对象的长度和圆弧的包含角，其中圆弧段用圆心角控制。拉长不影响闭合的对象。

➤ 格　式

```
命令：LENGTHEN ↵
选择对象或[增量(DE)/百分数(P)/全部(T)/动态(DY)]： //选择对象或输入选项
```

➤ 说　明

（1）增量：通过输入增量调整对象的长度或圆弧的角度。正值扩展对象，负值修剪对象。

（2）百分数：通过指定对象总长度（或圆弧总包含角）的百分比设置对象长度（或圆弧角度）。必须以正数输入，100 为原值大小。

（3）全部：通过指定固定端点间总长度的绝对值或圆弧段的总包含角设置选定对象的长度或总角度。

（4）动态：打开动态拖动模式。根据被拖动的端点的位置改变选定对象的长度。AutoCAD 将端点移动到所需的长度或角度，而另一端保持固定。

例 7—8 如图 7—25 所示对图形做拉长处理。

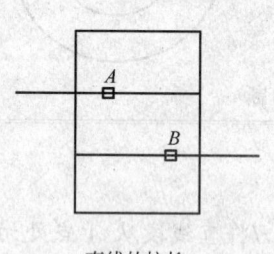
直线的拉长

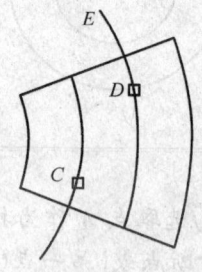
圆弧的拉长

图 7—25　拉长

命令:LENGTHEN ↵

选择对象或[增量(DE)/百分数(P)/全部(T)/动态(DY)]:DE ↵　　//选择增量方式拉长

输入长度增量或[角度(A)]<0.0000>:10 ↵　　//输入增量大小

选择要修改的对象或[放弃(U)]:　　//选取 A 点确定拉长方向

选择要修改的对象或[放弃(U)]:↵　　//按 Enter 键退出拉长状态

命令:LENGTHEN ↵

选择对象或[增量(DE)/百分数(P)/全部(T)/动态(DY)]:P ↵　　//选择百分数方式拉长

输入长度百分数<100.0000>:150 ↵　　//输入拉长后百分数大小

选择要修改的对象或[放弃(U)]:　　//选取 B 点确定拉长方向

选择要修改的对象或[放弃(U)]:↵

命令:↵　　//重复执行拉长命令

LENGTHEN

选择对象或[增量(DE)/百分数(P)/全部(T)/动态(DY)]:T ↵　　//选择指定总量方式拉长

指定总长度或[角度(A)]<1.0000>:A ↵　　//对圆弧采用指定总角度的方式

指定总角度<90>:60 ↵　　//指定圆弧的总角度大小

选择要修改的对象或[放弃(U)]:　　//选取 C 点确定拉长方向

选择要修改的对象或[放弃(U)]:↵

命令:↵

LENGTHEN

选择对象或[增量(DE)/百分数(P)/全部(T)/动态(DY)]:DY ↵　　//选择动态方式拉长

选择要修改的对象或[放弃(U)]:　　//选取 D 点

指定新端点:　　//选取 E 点作为拉长后的端点

2. 拉伸

➥ **命　令**　STRETCH（缩写：S）

➥ **菜　单**　【修改】→【拉伸】

➥ **工具栏**　"修改"工具栏中 ▱

➥ **功　能**　拉伸或移动选定的对象。

➥ **格　式**

```
命令:STRETCH ↵
以交叉窗口或交叉多边形选择要拉伸的对象...
选择对象：    //以窗交或圈交方式框选对象
选择对象：↵   //按 Enter 键退出选择
指定基点或位移：  //选取基点
指定位移的第二点：  //选取位移点
```

▶ **说　明**

(1) 以交叉窗口或交叉多边形选取要拉伸的对象，完全位于选取区内的对象将发生移动，与边界相交的对象窗口外的端点不动，窗口内的端点移动，将产生拉伸或压缩变化。

窗交方式下，可选择由两点确定的区域内部或与之相交的所有对象。圈交方式下，可选择多边形（通过在待选对象周围指定点来定义）内部或与之相交的所有对象，该多边形可以为任意形状，但不能与自身相交或相切。

(2) 对于圆或文本，如圆心或文本基准点在拉伸区域窗口之外，则拉伸后圆或文本保持原位不动；如在窗口之内，则拉伸后圆或文本将发生移动。

例 7—9　对图 7—26 中的图形做拉伸处理，同时观察图形的变化。

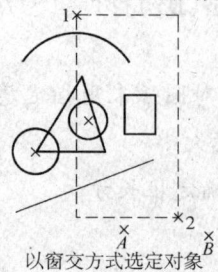

以窗交方式选定对象　　　　　　　拉伸结果

图 7—26　拉伸

```
命令:STRETCH ↵
以交叉窗口或交叉多边形选择要拉伸的对象...
选择对象:SELECT ↵    //设置选择集
需要点或窗口(W)/上一个(L)/窗交(C)/框(BOX)/全部(ALL)/栏选(F)/圈围(WP)/圈交(CP)/编组(G)/添加(A)/删除(R)/多个(M)/前一个(P)/放弃(U)/自动(AU)/单个(SI)
选择对象:C ↵    //选择窗交方式
指定第一个角点:指定对角点:找到 8 个   //指定角点 1,2 之间范围作为选择区域，选定其内部及与之相交的对象
选择对象:↵
指定基点或[位移(D)]<位移>：//选择点 A
指定第二个点或<使用第一个点作为位移>：//选择点 B,完成拉伸
```

3. 延伸

- 命　令　EXTEND（缩写：EX）
- 菜　单　【修改】→【延伸】
- 工具栏　"修改"工具栏中-/
- 功　能　将对象精确地延伸至由其他对象定义的边界或隐含边界。在指定边界后，可连续选择延伸边，延伸到与边界边相交。
- 格　式

```
命令：EXTEND ↵
当前设置：投影＝UCS 边＝延伸  //提示当前状态
选择边界的边 ...
选择对象：  //选择边界对象
选择对象：↵  //按 Enter 键退出选择
选择要延伸的对象，或按住 Shift 键选择要修剪的对象，或
[栏选(F)/窗交(C)/投影(P)/边(E)/放弃(U)]://选择延伸端、改变延伸模式或取消当前操作
选择要延伸的对象或，或按住 Shift 键选择要修剪的对象，或
[栏选(F)/窗交(C)/投影(P)/边(E)/放弃(U)]：↵    //按 Enter 键退出选择
```

例 7—10　以圆为边界，对图 7—27 中的线条进行延伸。

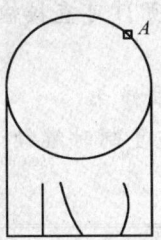
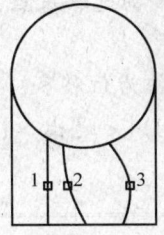
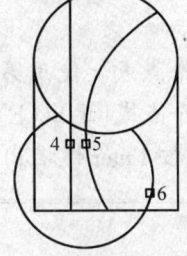

选定圆为边界对象　　　延伸至圆边界　　　延伸至圆另一侧边界

图 7—27　延伸

```
命令：EXTEND ↵
当前设置：投影＝UCS,边＝延伸
选择边界的边 ...  //选择圆 A 作为边界对象
选择对象或＜全部选择＞：找到 1 个
选择对象：↵
```

选择要延伸的对象,或按住 Shift 键选择要修剪的对象,或

[栏选(F)/窗交(C)/投影(P)/边(E)/放弃(U)]： //依次选择1,2,3点延伸至圆边界

选择要延伸的对象,或按住 Shift 键选择要修剪的对象,或

[栏选(F)/窗交(C)/投影(P)/边(E)/放弃(U)]： //依次选择4,5,6点延伸至圆另一侧边界

四、复制与镜像

1. 复制

- 命　令　　COPY（缩写：CO，CP）
- 菜　单　　【修改】→【复制】
- 工具栏　　"修改"工具栏中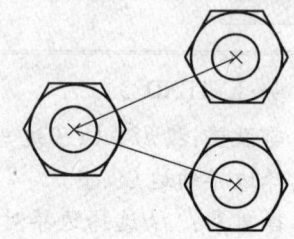
- 功　能　　复制选定对象,可做多重复制。　　　选取基点　选取位移点
- 格　式

图 7—28　多重复制

```
命令:COPY ↵
选择对象： //选择对象
……
选择对象：↵ //按 Enter 键,结束选择
指定基点或[位移(D)]<位移>： //选取基点,选取选项 D 可直接输入坐标值指定相对距离和方向
指定第二个点或<使用第一个点作为位移>： //选取位移点
指定第二个点或[退出(E)/放弃(U)]<退出>： //多重复制时继续选取位移点,如图 7—28 所示,按 Enter 键退出
```

2. 镜像

- 命　令　　MIRROR（缩写：MI）
- 菜　单　　【修改】→【镜像】
- 工具栏　　"修改"工具栏中
- 功　能　　用轴对称方式对指定对象创建镜像,创建镜像时可删去原图形,也可保留原图形。
- 格　式

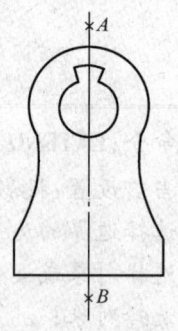

图 7—29　镜像

```
命令:MIRROR ↵
选择对象:       //框选对象
选择对象:↵      //按 Enter 键,结束选择
指定镜像线的第一点:   //指定镜像线上一点 A
指定镜像线的第二点:   //指定镜像线上另一点 B
是否删除源对象?[是(Y)/否(N)]＜N＞:   //按 Enter 键,不删除原图形,如图 7—29
所示
```

说 明 镜像线是一条临时参照线,创建镜像后不保留。系统变量 MIRRTEXT = 0 时,关闭文字镜像,只做文本框镜像;MIRRTEXT = 1 时,打开文字镜像,文本反写、倒排。

五、阵列与偏移

1. 阵列

命 令 ARRAY(缩写:AR)

菜 单 【修改】→【阵列】

工具栏 "修改"工具栏中

功 能 创建按指定方式排列的多个对象副本。

说 明 执行 ARRAY 命令后会出现"阵列"对话框,可选择"矩形阵列"选项(见图 7—30)或"环形阵列"选项(见图 7—31)。对于矩形阵列,可以控制行和列的数目以及它们之间的距离。对于环形阵列,可以控制对象副本的数目并决定是否旋转副本。

可以单独操作阵列中的每个对象。如果选择多个对象,则在进行复制和阵列操作过程中,这些对象将被视为一个整体进行处理。

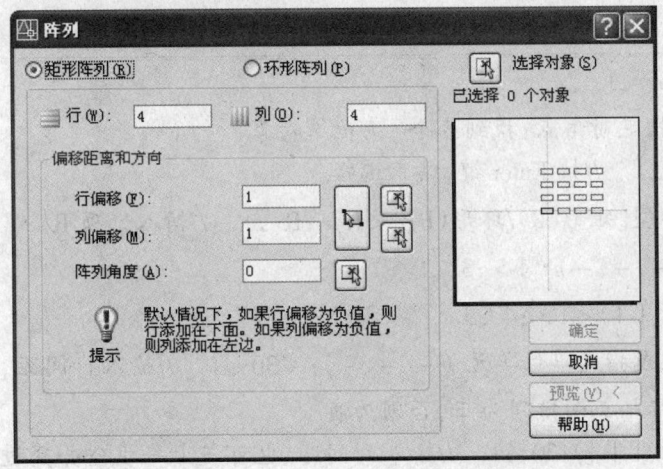

图 7—30 选择"阵列"对话框中的"矩形阵列"选项

在命令提示下输入 – array，将显示命令行提示。

例 7—11 采用命令行提示方式进行操作，完成如图 7—32 所示图形排列。

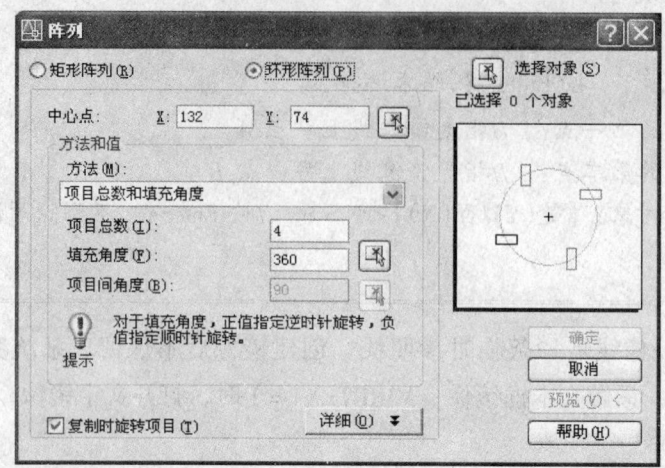

图 7—31 选择"阵列"对话框中的"环形阵列"选项

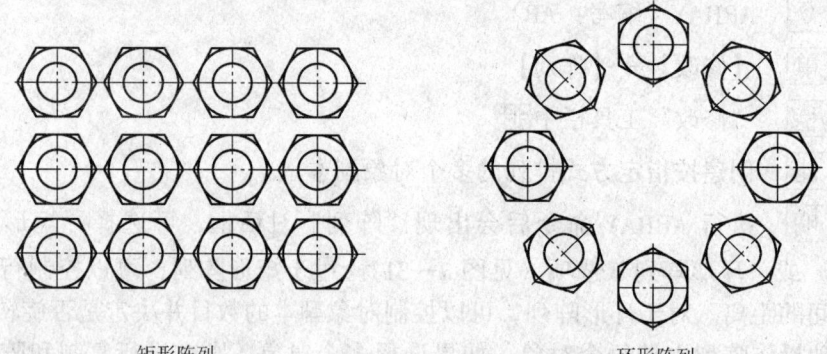

矩形阵列　　　　　　　　　　　环形阵列

图 7—32 阵列

(1) 矩形阵列

```
命令: – array ↵
选择对象:指定对角点:找到 5 个    //框选对象
选择对象: ↵    //按 Enter 键,结束选择
输入阵列类型[矩形(R)/环形(P)]<R>:R ↵    //输入选项 R
输入行数(– – –)<1>:3 ↵
输入列数(| | |)<1>:4 ↵
输入行间距或指定单位单元(– – –):-30 ↵    //输入行间距,正负决定阵列图形的方向,沿坐标轴正向排列为正,否则为负
指定列间距(| | |):30 ↵    //输入列间距,也可与上一步合并通过拖动鼠标选取角点确定间距
```

(2) 环形阵列

```
命令: - array ↵
选择对象:      //框选对象
选择对象: ↵   //按 Enter 键,结束选择
输入阵列类型[矩形(R)/环形(P)]<R>:P ↵   //输入选项 P
指定阵列中心点:   //输入或点选中心点
输入阵列中项目的数目:8 ↵   //输入阵列的个数,包括原图
指定填充角度( + = 逆时针, _ = 顺时针) < 360 >: ↵   //输入阵列对象填充角度
是否旋转阵列中的对象? [是(Y)/否(N)]< Y >:Y ↵   //对象随阵列旋转或平移复制
```

2. 偏移

▶ 命　令　　OFFSET（缩写：O）

▶ 菜　单　　【修改】→【偏移】

▶ 工具栏　　"修改"工具栏中 ⌂

▶ 功　能　　用于创建造型与选定对象造型平行的新对象。可在距现有对象指定的距离处创建，或创建通过指定点的新对象。可以偏移直线、圆弧、圆、二维多段线、椭圆、椭圆弧、参照线、射线和平面样条曲线。

▶ 格　式

```
命令:OFFSET ↵
当前设置:删除源 = 否   图层 = 源   OFFSETGAPTYPE = 0
指定偏移距离或[通过(T)/删除(E)/图层(L)]<1.0000>:   //输入偏移距离或指定通过点
选择要偏移的对象,或[退出(E)/放弃(U)]<退出>:   //选择对象
指定要偏移的那一侧上的点,或[退出(E)/多个(M)/放弃(U)]<退出>:   //选择复制方向点,选择选项 M 可进行多次复制
选择要偏移的对象,或[退出(E)/放弃(U)]<退出>: ↵   //按 Enter 键退出
```

▶ 说　明

（1）用指定偏移距离和指定通过点两种方法确定等距线位置。直线、圆弧等距线分别为平行等长线段和同心圆弧，多段线的等距线仍为多段线，其组成线段能自动调整，进行延伸或修剪，如图 7—33 所示。

（2）在"选择要偏移的对象，或 [退出（E）/放弃（W）] <退出>:"命令提示下可以连续创建多个偏移对象。

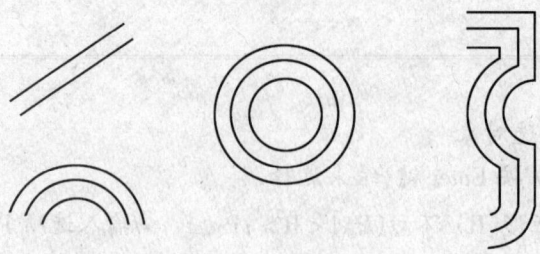

图 7—33 偏移

（3）通过"图层"选项可确定将偏移对象创建在当前图层上还是源对象所在的图层上。

六、移动与旋转

1. 移动

- 命　令　MOVE（缩写：M）
- 菜　单　【修改】→【移动】
- 工具栏　"修改"工具栏中✥
- 功　能　在指定方向上按指定距离移动对象。
- 格　式

```
命令：MOVE ↵
选择对象：    //选择对象
选择对象：↵  //按 Enter 键，结束选择
指定基点或[位移(D)]<位移>：
指定第二个点或<使用第一个点作为位移>：   //移动后图形与位移点间将保持原位置与基点之间的相对位置关系
```

2. 旋转

- 命　令　ROTATE（缩写：RO）
- 菜　单　【修改】→【旋转】
- 工具栏　"修改"工具栏中⟳
- 功　能　绕基点按指定角度移动对象。
- 格　式

```
命令：ROTATE ↵
UCS 当前的正角方向：ANGDIR = 逆时针    ANGBASE = 0
选择对象：  //选择对象
选择对象：↵  //按 Enter 键，结束选择
```

```
指定基点：
指定旋转角度,或[复制(C)/参照(R)]<0>：  //指定旋转角度
```

> **说　明**

(1) 基点可以是图形上任一点，当对象方向改变，基点部分仍保持在基点上。
(2) 选项"复制"可保留原图形，创建要旋转的选定对象的副本。
(3) 如果要将对象从指定的角度旋转到新的绝对角度，可以用"参照"选项将指定的角度作为参考角或通过指定旋转的直线的两个端点确定参考角，指定新的方向，如图7—34所示。

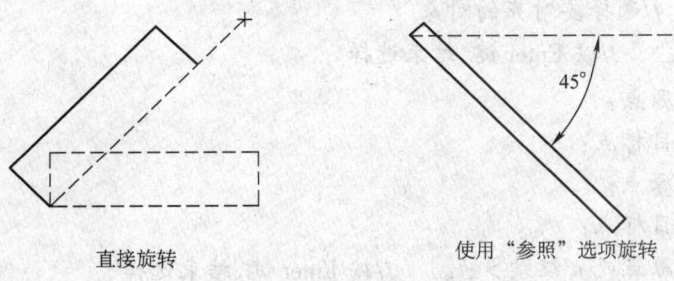

直接旋转　　　　　　　使用"参照"选项旋转

图 7—34　旋转

七、比例、对齐、分解

1. 比例

> **命　令**　　SCALE（缩写：SC）

> **菜　单**　　【修改】→【缩放】

> **工具栏**　　"修改"工具栏中 ▭

> **功　能**　　在 X，Y 和 Z 方向等比例放大或缩小对象。

> **格　式**

```
命令:SCALE ↵
选择对象：  //选择对象
选择对象：↵  //按 Enter 键,结束选择
指定基点：
指定比例因子或[复制(C)/参照(R)]<1.0000>：
```

> **说　明**　　可直接输入比例因子，大于1的比例因子使对象放大，介于0和1之间的比例因子使对象缩小。也可使用"参照"选项确定实际比例因子，如果新长度大于参照长度，对象将放大。使用"复制"选项可创建选定对象的副本。

2. 对齐

- 命　　令　ALIGN（缩写：AL）
- 菜　　单　【修改】→【三维操作】→【对齐】
- 功　　能　在二维和三维空间中通过移动、旋转和按比例缩放对象使其与其他对象对齐。
- 格　　式

```
命令：ALIGN ↵
选择对象：    //选择要对齐的对象
选择对象：↵    //按 Enter 键，结束选择
指定第一个源点：
指定第一个目标点：
指定第二个源点：
指定第二个目标点：
指定第三个源点或＜继续＞：↵    //按 Enter 键，结束选择
是否基于对齐点缩放对象？[是(Y)/否(N)]＜否＞：    //确定是否进行缩放
```

- 说　　明

（1）只选择一对源点和目标点可使对象平移。选择两对点时可以控制选定的对象在二维或三维空间中移动、转动和按比例缩放以便与其他对象对齐，第一对控制对象的平移，第二对控制旋转。当选择三对点时，对象可在三维空间中移动和旋转以便与其他对象对齐。如果要对齐某个对象，最多可以给对象加上三对源点和目标点。

（2）在输入第二对点后，AutoCAD 会给出缩放对象提示。AutoCAD 将以第一目标点和第二目标点之间的距离作为按比例缩放对象的参考长度。只有使用两对点对齐对象时才能使用缩放。

例 7—12　按照图 7—35 所示将两图形对齐，注意调整比例与不调整比例的差别。

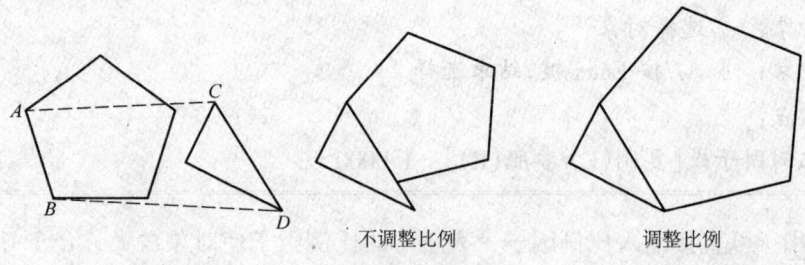

不调整比例　　　　调整比例

图 7—35　对齐

```
命令：ALIGN ↵
选择对象:找到 1 个    //用鼠标选定三角形对象
选择对象：↵    //按 Enter 键,结束选择
指定第一个源点：   //选取 C 点
指定第一个目标点：  //选取 A 点
指定第二个源点://选取 D 点
指定第二个目标点://选取 B 点
指定第三个源点或＜继续＞：↵
是否基于对齐点缩放对象？[是(Y)/否(N)]＜否＞:N   //此处若输入 Y,则在对齐
的同时会对三角形以 A,B 点为参照进行缩放
```

3．分解

- 命　令　EXPLODE（缩写：X）
- 菜　单　【修改】→【分解】
- 工具栏　"修改"工具栏中
- 功　能　将组合对象如多段线、块等拆开为单个的组成元素。
- 说　明　分解操作分层次进行，对不同的对象具有不同的分解后的效果。

八、圆角与倒角

1．圆角

- 命　令　FILLET（缩写：F）
- 菜　单　【修改】→【圆角】
- 工具栏　"修改"工具栏中
- 功　能　以指定半径用圆弧将两条直线、圆弧、圆、构造线等相连（圆弧过渡）。
- 说　明

（1）倒圆角的对象可以是两个圆弧、圆、椭圆弧、直线、射线、多段线、样条曲线或参照线。

（2）在圆角半径为零时，FILLET 命令将使两边相交。

（3）在可能产生多解的情况下，AutoCAD 按拾取点位置与切点相近的原则来判别倒圆角位置与结果。

（4）选项"多段线"可在多段线的直线段间倒圆角，忽略圆弧段。

（5）FILLET 命令不修剪圆，对平行直线、射线则忽略当前圆角半径的设置，自动计算两平行线距离确定圆角半径，从第一线段端点制作半圆为圆角。

（6）如果正在被倒圆角的两个对象都在同一图层，则倒圆角线将位于该图层。否则，倒圆角线将位于当前图层。此规则同样适用于倒圆角的颜色、线型和线宽。

（7）系统变量 FILLETRAD 存放圆角半径值，系统变量 TRIMMODE 存放修剪模式。

例7—13　实现如图7—36所示的各种倒圆角操作。

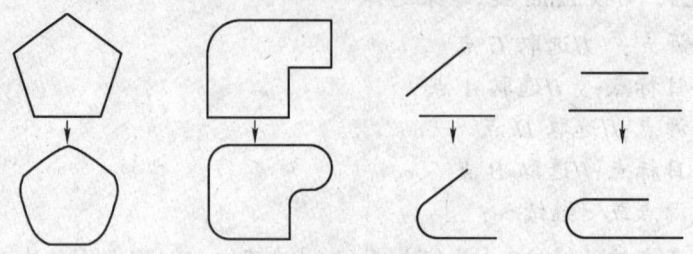

图7—36　倒圆角

命令：FILLET ↵

当前设置：模式 = 修剪，半径 = 0.0000

选择第一个对象或[放弃(U)/多段线(P)/半径(R)/修剪(T)/多个(M)]：R ↵　　//设置圆角半径

指定圆角半径 < 0.0000 > : 10 ↵　　//输入圆角半径值

选择第一个对象或[放弃(U)/多段线(P)/半径(R)/修剪(T)/多个(M)]：T ↵　　//设置修剪模式

输入修剪模式选项[修剪(T)/不修剪(N)] < 修剪 > : ↵　　//确定是否修剪

选择第一个对象或[放弃(U)/多段线(P)/半径(R)/修剪(T)/多个(M)]：　　//选择对象

选择第二个对象，或按住 Shift 键选择要应用角点的对象：↵　　//选择对象，完成操作

---

2. 倒角

■ 命　令　　CHAMFER（缩写：CHA）

■ 菜　单　　【修改】→【倒角】

■ 工具栏　　"修改"工具栏中

■ 功　能　　通过延伸或修剪使两个非平行的对象相交，或利用斜线将它们连接。

■ 说　明

（1）倒角的对象可以为直线、多段线、参照线和射线。

（2）可通过指定距离进行倒角，若两个倒角距离都为零，则倒角操作将修剪或延伸这两个对象直至它们相接，但不绘制倒角线。

(3) 可通过指定倒角的长度和它与第一条直线形成的角度进行倒角。

(4) 可以使对象保持被倒角前的形状，或者将对象修剪或延伸到倒角线。

(5) 如果正在被倒角的两个对象都在同一图层，则倒角线将位于该图层。否则，倒角线将位于当前图层。此规则同样适用于倒角的颜色、线型和线宽。

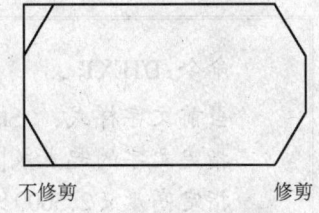

不修剪　　　　　　修剪

图 7—37　倒棱角

例 7—14　对图 7—37 中的矩形进行倒角操作。

命令：CHAMFER ↵

(｜修剪｜模式) 当前倒角距离 1 = 0.0000, 距离 2 = 0.0000

选择第一条直线或[放弃(U)/多段线(P)/距离(D)/角度(A)/修剪(T)/方式(E)/多个(M)]：D ↵　　//设置倒角距离

指定第一个倒角距离 < 0.0000 >：10 ↵　　//输入倒角距离值

指定第二个倒角距离 < 10.0000 >：20 ↵

选择第一条直线或[放弃(U)/多段线(P)/距离(D)/角度(A)/修剪(T)/方式(E)/多个(M)]：T ↵　　//设置修剪模式

输入修剪模式选项[修剪(T)/不修剪(N)] < 修剪 >：N ↵　　//确定是否修剪

选择第一条直线或[放弃(U)/多段线(P)/距离(D)/角度(A)/修剪(T)/方式(E)/多个(M)]：　//选择倒角对象

选择第二条直线，或按住 Shift 键选择要应用角点的直线：　//选择对象，完成倒角

第四节　文字标注与尺寸标注

一、文字标注

工程设计中，图形中的文字表达了重要的信息。AutoCAD 提供了多种创建文字的方法，对简短的输入项使用单行文字，对带有内部格式的较长的输入项使用多行文字。

1. 单行文字

▶ 命　令　　DTEXT（缩写：DT）

▶ 菜　单　　【绘图】→【文字】→【单行文字】

▶ 功　能　　创建单行文字对象。

▶ 格　式

```
命令:DTEXT ↵
当前文字样式： Standard   当前文字高度： 2.5000
指定文字的起点或[对正(J)/样式(S)]： //指定文字起点位置
指定高度<2.5000>： //指定文字高度
指定文字的旋转角度<0>： //指定文字倾斜方向
```

➥ **说 明**　书写时可直接在作图屏幕上点取一点作为输入文字的起始点，同时可指定文字的样式及对正方式（见图7—38）。

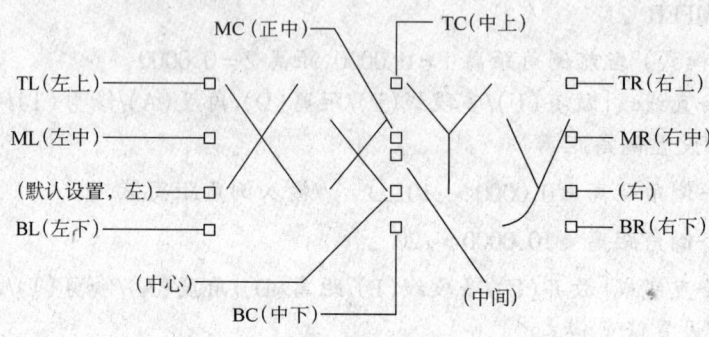

图7—38　文字的对正方式

2. 多行文字

➥ **命　令**　MTEXT（缩写：MT）

➥ **菜　单**　【绘图】→【文字】→【多行文字】

➥ **工具栏**　"绘图"工具栏中 **A**

➥ **功　能**　将文字段落创建为单个多线（多行文字）文字对象。

➥ **格　式**

```
命令:MTEXT ↵
当前文字样式:"Standard"当前文字高度:2.5
指定第一角点： //指定对角点,确定输入范围
指定对角点或[高度(H)/对正(J)/行距(L)/旋转(R)/样式(S)/宽度(W)]：
```

➥ **说 明**　书写时可以控制段落文字的宽度、对正方式、旋转、行距，允许段落内文字采用不同字样、不同字高、不同颜色和排列方式，整个多行文字是一个对象。

指定对角点之后，将显示"在位文字编辑器"（见图7—39）。"在位文字编辑器"包含

"文字格式"工具栏和选项菜单。

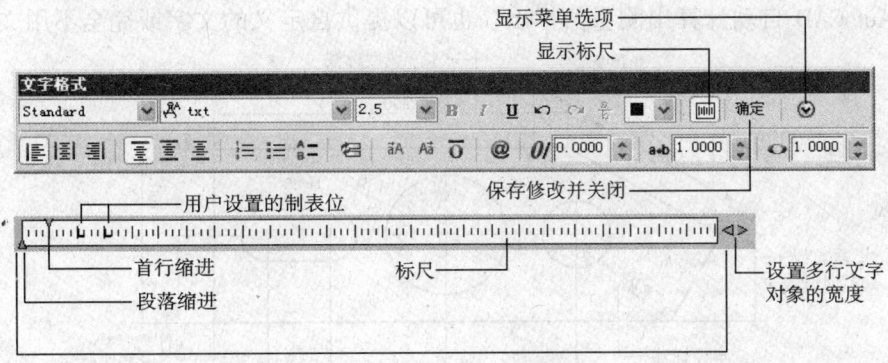

图 7—39　在位文字编辑器

例 7—15　运用多行文字命令完成图 7—40 中文本的输入。

图 7—40　多行文字的输入

```
命令:MTEXT ↵
当前文字样式:"Standard"当前文字高度:2.5　//系统提示
指定第一角点：　//鼠标指定多行文字位置
指定对角点或[高度(H)/对正(J)/行距(L)/旋转(R)/样式(S)/宽度(W)]：　//鼠标指定另一角点
```

此时，屏幕上出现"在位文字编辑器"，输入如图 7—40 所示的文字后，用鼠标选中相应的文字，并利用"在位文字编辑器"的工具按钮，设置不同的字体、大小和下划线等。

二、尺寸标注

尺寸标注是一种通用的图形注释，可以显示对象的测量值，例如手柄的长度、轴的直径或零件的截面积等。AutoCAD 提供了多种尺寸标注样式和多种设置尺寸标注格式的方法，可以指定所有图形对象的测量值，可以测量垂直和水平距离、角度、直径和半径，创建一系列从公共基准线引出的尺寸线等。AutoCAD 中可创建的尺寸标注示例如图 7—41 所示。

尺寸标注命令和尺寸标注编辑命令集中在"标注"下拉菜单和"标注"工具栏中（见图 7—42）。

一个完整的尺寸标注由 4 部分组成：标注文字、尺寸线、尺寸界线和箭头，其中标注文字可以由 AutoCAD 自动计算出测量值标出，也可以提供自定义的文字或完全不用文字。

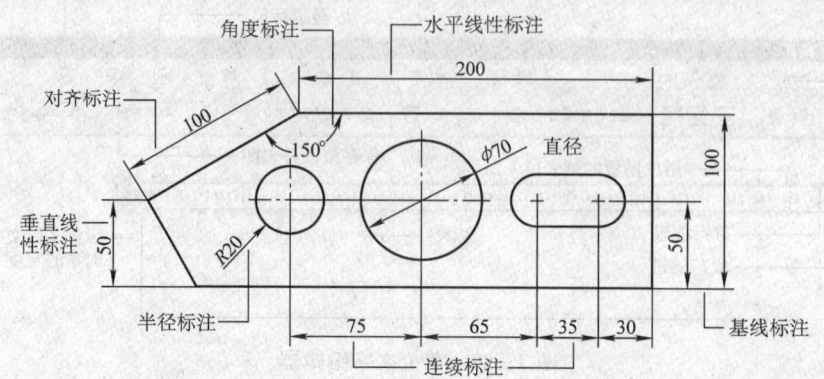

图 7—41　AutoCAD 中可创建的尺寸标注示例

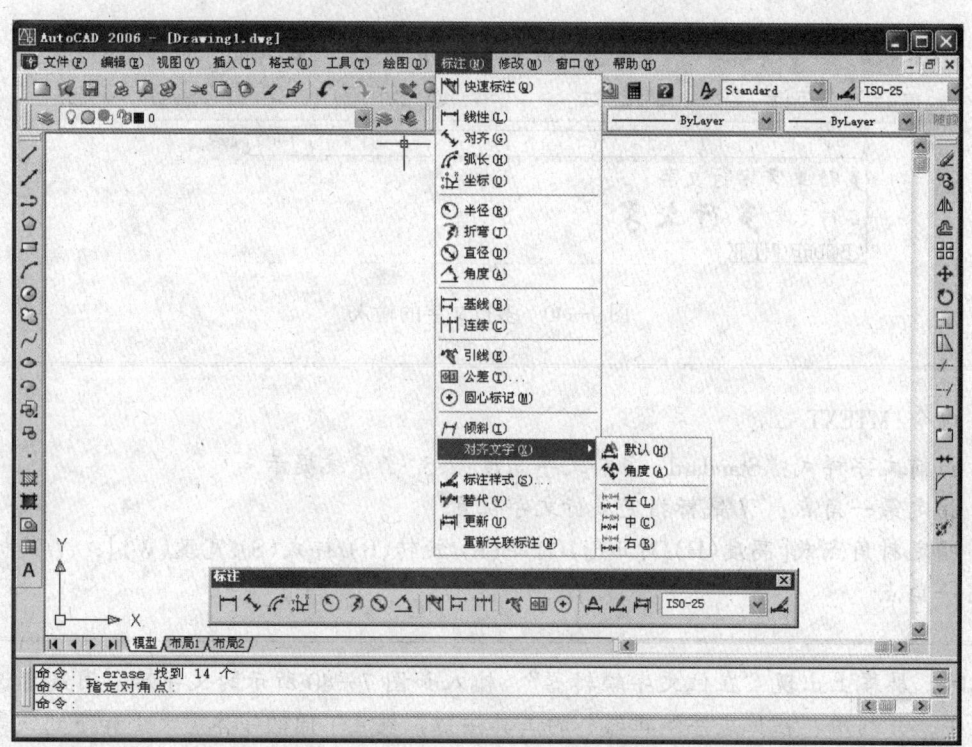

图 7—42　"标注"下拉菜单和"标注"工具栏

1. 尺寸标注命令
（1）线性尺寸标注

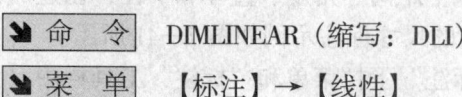　DIMLINEAR（缩写：DLI）

📎 菜　　单　　【标注】→【线性】

▶ 工具栏　"标注"工具栏中 ⊟

▶ 功　能　测量两点间的直线距离。包含的选项可以创建水平、垂直或旋转线性标注。

▶ 格　式

命令：DIMLINEAR ↵
指定第一条尺寸界线原点或 <选择对象>：　//选取第一条尺寸界线起点
指定第二条尺寸界线原点：　//选取第二条尺寸界线起点
指定尺寸线位置或
[多行文字(M)/文字(T)/角度(A)/水平(H)/垂直(V)/旋转(R)]：

▶ 说　明

1）在"指定第一条尺寸界线起点或 <选择对象>："提示下，若按 Enter 键，则光标变为拾取框，系统要求拾取对象，并自动取其两端为两条尺寸界线的起点，光标上下移动为水平标注，左右移动为垂直标注。

2）运用选项可得到不同的标注效果。选项 M 使用"多行文字编辑器"输入复杂的标注文字，选项 T 可在命令行上编辑标注文字，选项 A 可使尺寸文字旋转获得倾斜标注，选项 R 可使尺寸线按用户输入的倾斜角标注斜向尺寸。

3）使用"多行文字编辑器"，文本框中表示计算出来的测量值。要想替换或编辑标注文字，可删除文字，输入新文字，然后单击"确定"。

(2) 对齐尺寸标注

▶ 命　令　DIMALIGNED（缩写：DAN）

▶ 菜　单　【标注】→【对齐】

▶ 工具栏　"标注"工具栏中 ⌇

▶ 功　能　创建尺寸线平行于尺寸界线原点连线的线性标注。此标注创建对象的真实长度测量值。

▶ 格　式

命令：DIMALIGNED ↵
指定第一条尺寸界线原点或 <选择对象>：　//选取第一条尺寸界线起点
指定第二条尺寸界线原点：　//选取第二条尺寸界线起点
指定尺寸线位置或
[多行文字(M)/文字(T)/角度(A)]：
---

(3) 基线标注

　　🔽 命　令　　DIMBASELINE（缩写：DBA）

　　🔽 菜　单　　【标注】→【基线】

　　🔽 工具栏　　"标注"工具栏中 ⊟

　　🔽 功　能　　创建一组具有共同基线的线性尺寸或角度尺寸标注，都从相同原点测量尺寸。标注前必须先创建（或选择）一个线性、对齐或角度标注作为基准标注，如图7—43a所示。

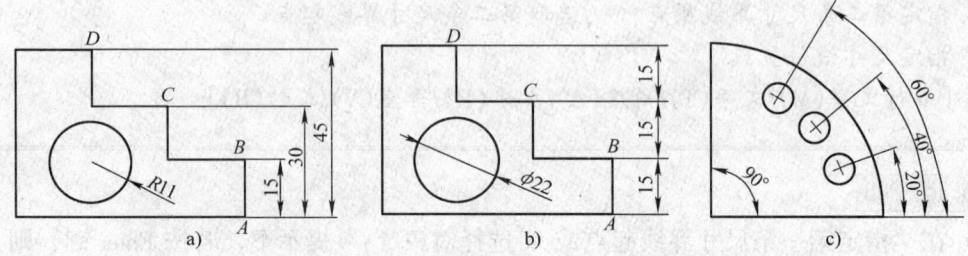

图7—43　基线标注和半径标注、连续标注和直径标注、角度标注
a) 基线标注和半径标注　b) 连续标注和直径标注　c) 角度标注

　　🔽 格　式

```
命令：DIMBASELINE ↵
选择基准标注：  //选取尺寸标注参考边 A
指定第二条尺寸界线原点或[放弃(U)/选择(S)]<选择>：  //选取点 C
指定第二条尺寸界线原点或[放弃(U)/选择(S)]<选择>：  //选取点 D
指定第二条尺寸界线原点或[放弃(U)/选择(S)]<选择>：↵  //按 Enter 键,退出选择
选择基准标注：↵  //按 Enter 键,退出选择
```

(4) 连续标注

　　🔽 命　令　　DIMCONTINUE（缩写：DCO）

　　🔽 菜　单　　【标注】→【连续】

　　🔽 工具栏　　"标注"工具栏中 ⊞

　　🔽 功　能　　创建一系列连续的线性、对齐、角度或坐标标注。每个标注都从前一个或最后一个选定的标注的第二个尺寸界线处创建，共享公共的尺寸线，如图7—43b所示。

　　🔽 格　式

```
命令：DIMCONTINUE ↵
```

```
选择连续标注：  //选择尺寸标注为基准标注
指定第二条尺寸界线原点或[放弃(U)/选择(S)]<选择>：  //选取点 C
指定第二条尺寸界线原点或[放弃(U)/选择(S)]<选择>：  //选取点 D
指定第二条尺寸界线原点或[放弃(U)/选择(S)]<选择>：  ↵//按 Enter 键,退出选择
选择连续标注：  ↵//按 Enter 键退出选择
```

(5) 半径标注

- **命　令**　DIMRADIUS（缩写：DRA）
- **菜　单**　【标注】→【半径】
- **工具栏**　"标注"工具栏中 ⊙
- **功　能**　创建圆或圆弧的半径标注。自动测量圆或圆弧的半径，并在测量值前加半径符号"R"，如图 7—43a 所示。
- **格　式**

```
命令:DIMRADIUS ↵
选择圆弧或圆：  //单击圆弧或圆
标注文字 = 20
指定尺寸线位置或[多行文字(M)/文字(T)/角度(A)]：  //选取尺寸标注位置点
```

(6) 直径标注

- **命　令**　DIMDIAMETER（缩写：DDI）
- **菜　单**　【标注】→【直径】
- **工具栏**　"标注"工具栏中 ⊘
- **功　能**　创建圆或圆弧的直径标注。自动测量圆或圆弧的直径，并在测量值前加直径符号"ϕ"，如图 7—43b 所示。
- **格　式**

```
命令:DIMDIAMETER ↵
选择圆弧或圆：  //单击圆弧或圆
标注文字 = 45
指定尺寸线位置或[多行文字(M)/文字(T)/角度(A)]：  //选取尺寸标注位置点
```

- **说　明**　国家标准规定，对圆及大于半圆的圆弧应标注直径。

(7) 角度标注

　　▶ 命　令　　DIMANGULAR（缩写：DAN）

　　▶ 菜　单　　【标注】→【角度】

　　▶ 工具栏　　"标注"工具栏中△

　　▶ 功　能　　创建角度标注。测量圆和圆弧的角度、两条直线间的角度或者三点间的角度，如图7—43c所示。

　　▶ 格　式

命令：DIMANGULAR ↵
选择圆弧、圆、直线或<指定顶点>：　//选择一条直线
选择第二条直线：　//选择角的第二条边
指定标注弧线位置或[多行文字(M)/文字(T)/角度(A)]：　//确定尺寸弧的位置
标注文字 = 60
---

(8) 引线标注

　　▶ 命　令　　QLEADER（缩写：LE）

　　▶ 菜　单　　【标注】→【引线】

　　▶ 工具栏　　"标注"工具栏中

　　▶ 功　能　　创建引线和引线注释，进行拉引式尺寸标注，标识文字和相关的对象。可设置引线标注格式、文字注释的位置，限制引线上点的数目、引线线段的角度，如图7—44所示。

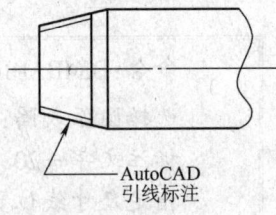

图7—44　引线标注

　　▶ 格　式

命令：QLEADER ↵
　　指定第一条引线点或[设置(S)]<设置>：　//选取引线点，直接按Enter键可打开"引线设置"对话框（见图7—45），进行注释、引线和箭头、附着的设置
　　指定下一点：
　　指定下一点：
　　指定文字宽度<0>：　//输入多行文字宽度或按Enter键不指定
　　输入注释文字的第一行<多行文字(M)>：　//在该提示下按Enter键，则打开"多行文字编辑器"
　　输入注释文字的下一行：
　　……
　　输入注释文字的下一行：　↵ //按Enter键，退出输入

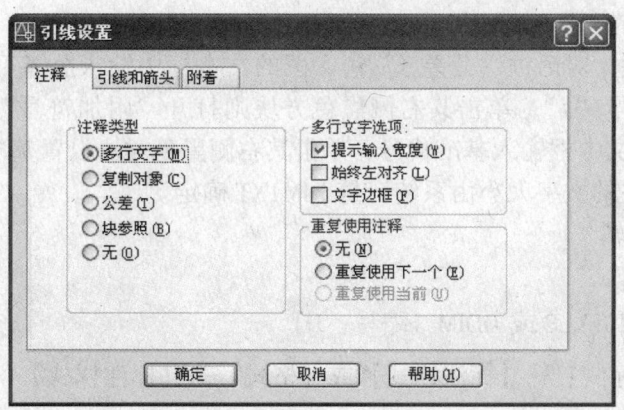

图7—45 "引线设置"对话框

(9) 形位公差标注

■ 命　令　TOLERANCE（缩写：TOL）

■ 菜　单　【标注】→【公差】

■ 工具栏　"标注"工具栏中⊞

■ 功　能　创建形位公差标注（见图7—46）。

■ 说　明

1）形位公差指零件实际形状和位置相对于理想形状和位置存在的误差，它表示零件的形状、轮廓、方向、位置和跳动的偏差，其标注格式如图7—47所示。

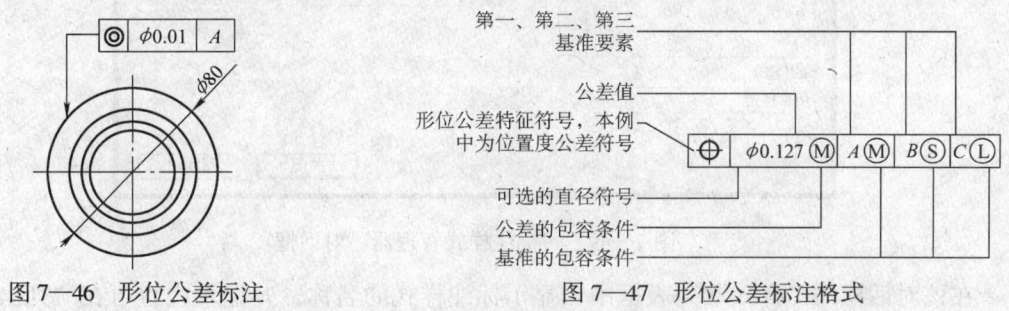

图7—46 形位公差标注　　　　图7—47 形位公差标注格式

2）调用该命令后，打开"形位公差"对话框（见图7—48），单击"符号"下面的黑色

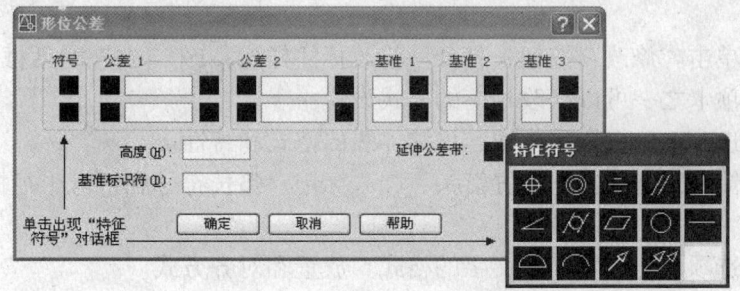

图7—48 "形位公差"对话框和"特征符号"对话框

方块，可打开"特征符号"对话框，在此对话框中选择公差特征符号。

3）在"形位公差"对话框"公差1"输入区的文本框中输入公差数值，单击其左侧黑色方块可设置直径符号"φ"，单击其右侧黑色方块则打开"附加符号"对话框，设置包容条件。在"基准"区文本框输入基准代号，单击其右侧黑色方块设置基准包容条件。

4）形位公差标注的文字大小由系统变量 DIMTXT 确定。

2. 尺寸标注的编辑

（1）修改标注样式

- ⬇ 命　　令　　DIMSTYLE 或 DDIM（缩写：D）
- ⬇ 菜　　单　　【标注】→【标注样式】或【格式】→【标注样式】
- ⬇ 工 具 栏　　"标注"工具栏中 ⬛
- ⬇ 功　　能　　创建和修改标注样式，设置当前标注样式。
- ⬇ 说　　明　　调用 DIMSTYLE 命令后，打开"标注样式管理器"对话框（见图7—49）。

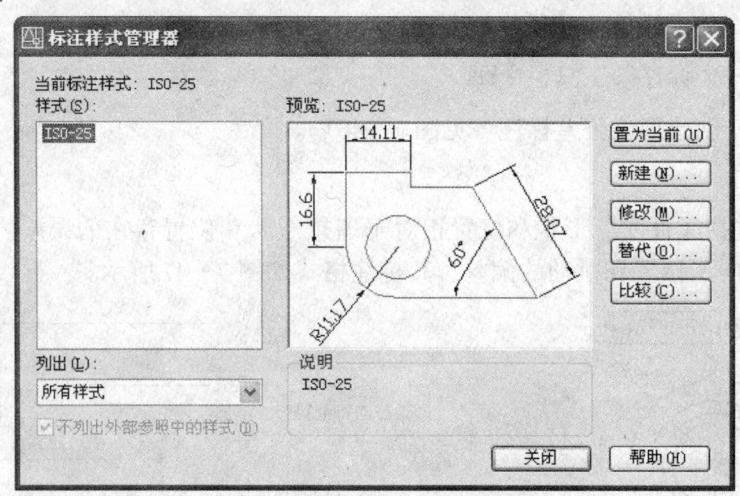

图7—49　"标注样式管理器"对话框

在该对话框的"样式"列表框中，显示标注样式的名称，其显示内容可在"列出"下拉列表框中选择，分为"所有样式"和"正在使用的样式"。AutoCAD 提供的标注样式为 ISO-25。

在该对话框单击"修改"按钮，打开"修改标注样式：ISO-25"对话框（见图7—50），选择下列7个选项卡之一可以修改相应的样式设置：

1）"直线"选项卡。设置尺寸线、尺寸界线的格式和特性。

2）"符号和箭头"选项卡。设置箭头、圆心标记、弧长符号和折弯半径标注的格式和位置。

3）"文字"选项卡。设置标注文字的格式、放置和对齐方式。

4）"调整"选项卡。控制标注文字、箭头、引线和尺寸线的放置并定义全局标注比例。

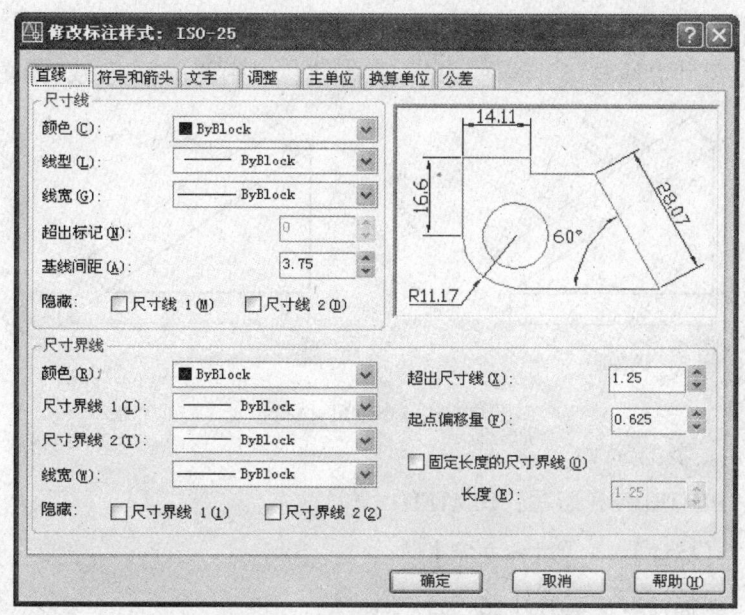

图7—50 "修改标注样式"对话框

5)"主单位"选项卡。设置主标注单位的格式和精度,并设置标注文字的前缀和后缀。

6)"换算单位"选项卡。指定标注测量值中换算单位的显示并设置其格式和精度。

7)"公差"选项卡。控制标注文字中公差的格式及显示。

(2) 修改尺寸标注

- 命　　令　　DIMEDIT（缩写：DED）
- 菜　　单　　【标注】→【对齐文字】
- 工　具　栏　　"标注"工具栏中
- 功　　能　　修改选定标注对象的文字位置、文字内容和尺寸界线。
- 格　　式

命令:DIMEDIT ↙
输入标注编辑类型[默认(H)/新建(N)/旋转(R)/倾斜(O)]＜默认＞：　//输入选项或按 Enter 键

- 说　　明　　各选项作用如下：

1）默认：把选中的标注文字移回到由标注样式指定的默认位置和旋转角。

2）新建：使用"在位文字编辑器"修改标注文字。

3）旋转：旋转标注文字。此选项与 DIMTEDIT 中的"角度"选项相似。输入 0 则把标注文字按默认方向放置。默认方向由"新建标注样式"对话框、"修改标注样式"对话框和"替代当前样式"对话框中的"文字"选项卡上"文字位置"中的"垂直"和"水平"来设置。

4)倾斜：调整线性标注尺寸界线的倾斜角度，对应于"标注"下的"倾斜"命令。AutoCAD 通常创建尺寸界线与尺寸线垂直的线性标注，可用此选项更改，如图 7—51 所示。

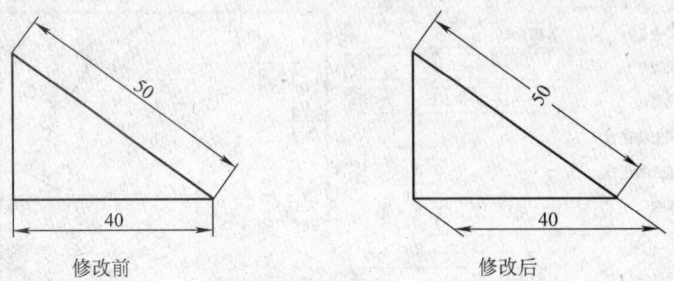

图 7—51　修改尺寸标注

(3) 修改尺寸文字位置

▶ 命　令　DIMTEDIT（缩写：DIMTED）

▶ 菜　单　【标注】→【对齐文字】

▶ 工具栏　"标注"工具栏中

▶ 功　能　移动和旋转标注文字，如图 7—52 所示。

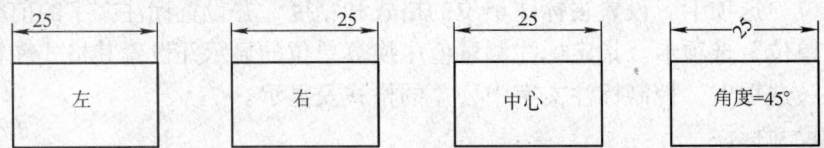

图 7—52　标注文字编辑

▶ 格　式

命令：DIMTEDIT ↵

选择标注：　//选取尺寸线

指定标注文字的新位置或[左(L)/右(R)/中心(C)/默认(H)/角度(A)]：　//输入选项，或鼠标拖动对象到合适位置后按 Enter 键

例 7—16　按照图 7—53 中的格式为图形标注尺寸。

分析：该图中，存在 6 种尺寸标注类型：

(1) 线性尺寸标注，如"60""14""22"，用"线性"尺寸标注命令（DIMLINEAR）标注。

(2) 角度标注，如"45°"，用"角度"标注命令（DIMANGULAR）标注。

(3) 对齐尺寸标注，如"36""15"，用"对齐"

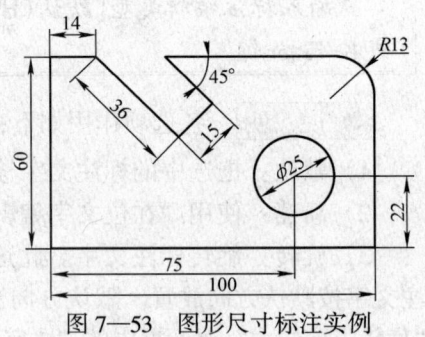

图 7—53　图形尺寸标注实例

尺寸标注命令（DIMALIGNED）标注。

（4）半径标注，如"R13"，用"半径"标注命令（DIMRADIUS）标注。

（5）直径标注，如"φ25"，用"直径"标注命令（DIMDIAMETER）标注。

（6）基线标注，如"75""100"，用"基线"标注命令（DIMBASELINE）标注。

操作步骤：

（1）打开绘制完成的图形，调用"图层"命令（LAYER），建立一个新层用于标注尺寸，设置颜色为"黑色"，线型为"Continuous"，线宽为默认值；

（2）设置尺寸标注样式。系统提供的标注样式有些不符合我国有关国家标准的要求，对图中的标注样式需进行角度、直径、半径标注样式的设置。

调用"标注样式"命令（DIMSTYLE），在"标注样式管理器"对话框中单击"新建"按钮，弹出"创建新标注样式"对话框（见图7—54），单击"用于"后的箭头，从中选择"角度标注"，然后单击"继续"按钮，将弹出"新建标注样式：ISO–25：角度"对话框（见图7—55），在"文字"选项卡中如图设置，完成后单击"确定"回到"标注样式管理器"

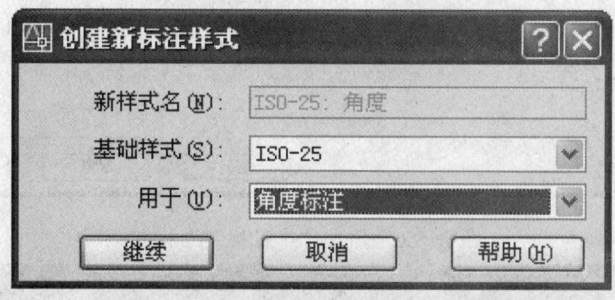

图7—54 "创建新标注样式"对话框

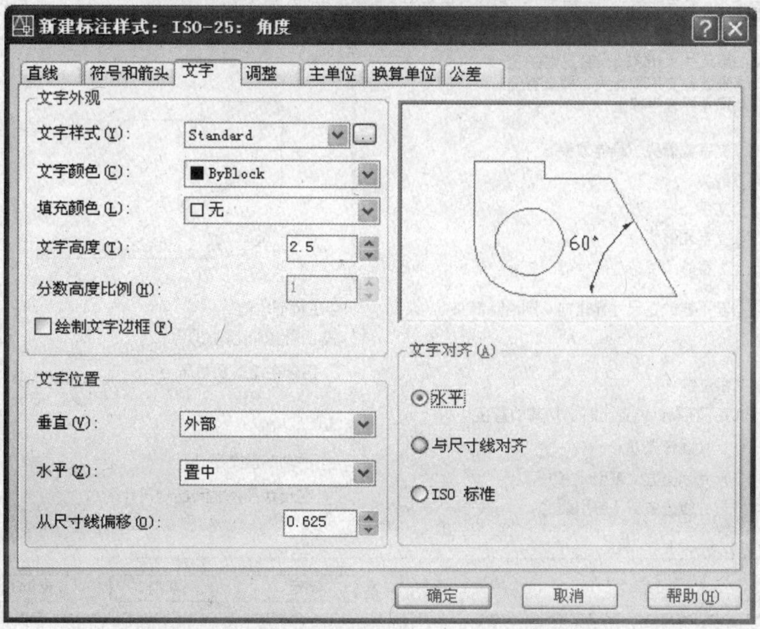

图7—55 "新建标注样式：ISO–25：角度"样式

对话框。同方法新建"半径标注"样式（见图7—56）和"直径标注"样式（见图7—57）。

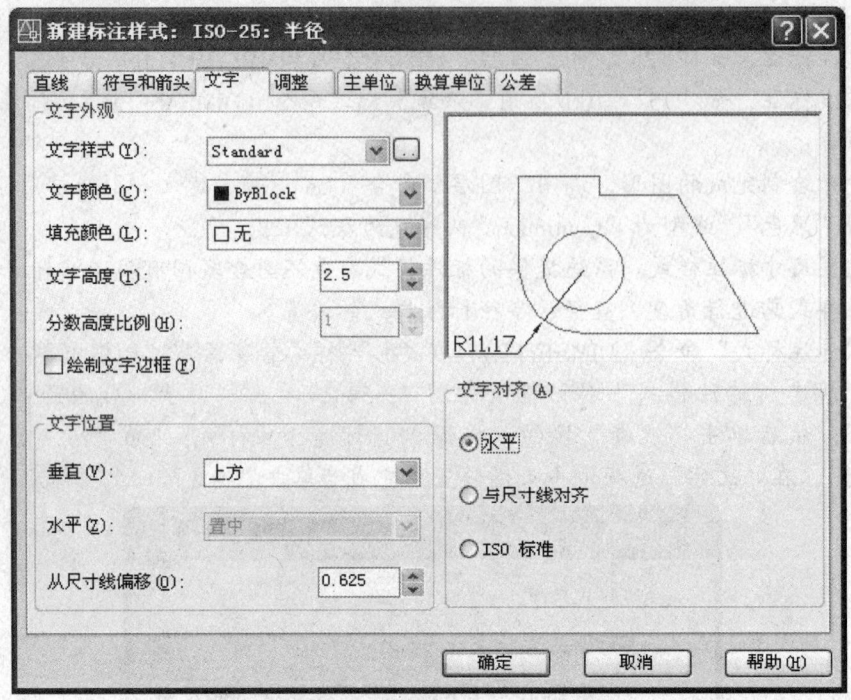

图7—56　新建"半径标注"样式

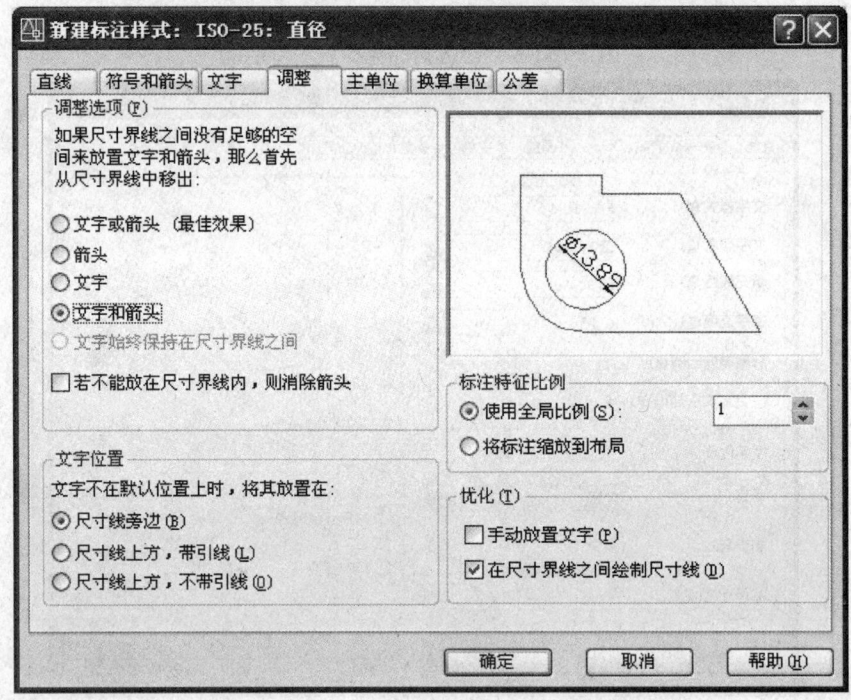

图7—57　新建"直径标注"样式

（3）用 DIMLINEAR 命令标注线性尺寸"60""14""22""75"，用 DIMCENTER 命令标记圆心；用 DIMBASELINE 命令标注基线尺寸"100"，以尺寸标注"75"为基准标注；用 DIMA-LIGNED 命令标注对齐尺寸"36""15"。

（4）用 DIMRADIUS 命令标注半径尺寸"R13"，用 DIMDIAMETER 命令标注直径尺寸"$\phi 25$"，用 DIMANGULAR 命令标注角度尺寸"45°"。

第五节　图层设置与对象特性

一、图层

用 AutoCAD 绘出的对象都具有图层、颜色以及线型 3 个基本特征。AutoCAD 允许用户建立、选用不同的图层来绘图，也允许用户用不同的线型与颜色绘图。

1. 图层的设置

> 命　令　　LAYER（缩写：LA）

> 菜　单　　【格式】→【图层】

> 工具栏　　"图层"工具栏中

> 功　能　　可打开"图层特性管理器"对话框（见图 7—58），对图层进行操作，控制其各项特性。

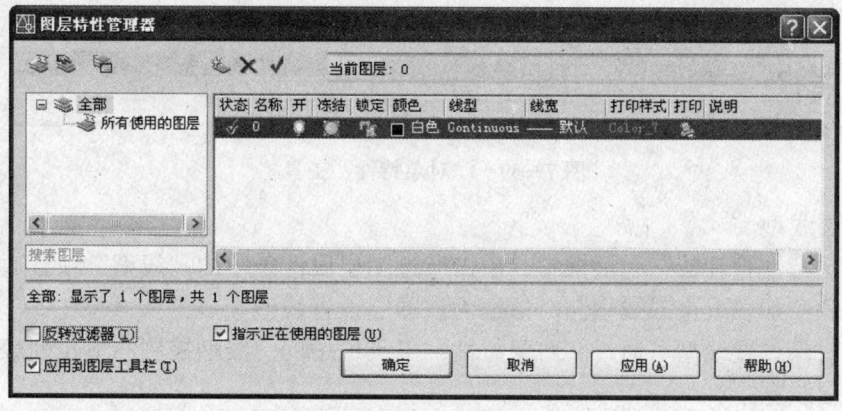

图 7—58　"图层特性管理器"对话框

（1）建立新图层

在"图层特性管理器"对话框中单击""（新建图层）按钮创建新图层，新图层的特性将继续"0"层的特性或当前图层的特性。新图层默认名为"图层 n"，显示在中间的图层列表中，用户可进行更名。可在名称栏中用逗号间隔，一次生成多个图层。

（2）设置为当前图层

单击已有的图层名，然后单击""（置为当前）按钮，该图层即设置为当前图层。AutoCAD 只允许在当前层上绘图。

(3) 设置图层状态

1) 图层的打开 (ON) 与关闭 (OFF)。图层开关状态通过一个灯泡图案表示,灯发光表示图层打开 (ON),灯暗表示图层关闭 (OFF)。打开的图层是可见的,关闭的图层是不可见的,并且不能打印。

2) 图层的冻结 (Freeze) 和解冻 (Thaw)。图层冻结则出现雪花图案,单击该图案变为太阳,图案表示图层解冻,除当前图层外各图层都可冻结。图层冻结后,该图层上的实体不显示和输出,也不能重新生成。

3) 图层的上锁 (Lock) 和解锁 (Unlock)。由锁上和打开的锁图案表示。

4) 图层的打印状态。图层能被打印,图案显示为打印机,不能被打印则打印机图案上出现红色标记。

(4) 删除图层

选择想要删除的图层名,单击"✖"(删除图层)按钮即可完成图层的删除操作。

2. 图层属性设置

(1) 图层颜色

修改图层的颜色可在"图层特性管理器"对话框中,单击所选图层属性条的颜色块,在弹出的"选择颜色"对话框中选择。

为图形对象设置颜色可通过"对象特性"工具栏(见图7—59)的"颜色控制"下拉列表完成。采用"ByLayer"随层方式取所在层的颜色,采用"ByBlock"随块方式,对象随图块插入到图形中时,根据插入层的颜色而改变。

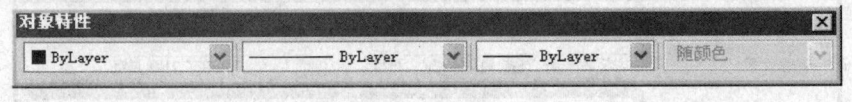

图7—59 "对象特性"工具栏

(2) 图层线型

在"图层特性管理器"对话框中,单击所选图层属性条中的"线型"项,通过"选择线型"对话框和"加载或重载线型"对话框为该图层设置线型。

为图层对象设置线型可通过"对象特性"工具栏中的"线型控制"下拉列表框实现。

(3) 图层线宽

为图层设置线宽可在"图层特性管理器"对话框中,单击所选图层属性条中的"线宽"项,通过"线宽"对话框设置完成。或通过"对象特性"工具栏中的"线宽控制"下拉列表框实现。

例7—17 给一个图形文件新建图层,其各图层的设置如下:

图层名称	颜色	线型	线宽 (mm)
轮廓线	蓝色	Continuous	0.60
虚线	绿色	ACAD_ISO02W100	0.15
点画线	红色	ACAD_ISO08W100	0.15
波浪线	黄色	Continuous	0.15

(1) 单击"图层"工具栏上的"图层特性管理器"按钮,打开"图层特性管理器"对话框。

(2) 单击"新建图层"按钮,新建图层,在"名称"项中输入"轮廓线",单击"颜色"框,在打开的"选择颜色"对话框中选取"蓝色",单击"线宽"所在列上的直线,在打开的"线宽"对话框中选取"0.60毫米"。

(3) 单击"新建图层"按钮,新建图层,在"名称"项中输入"虚线",单击"颜色"框,在打开的"选择颜色"对话框中选取"绿色"。单击"Continuous"线型,打开"选择线型"对话框,单击"加载"按钮,在打开的"加载或重载线型"对话框中选择"ACAD_ISO02W100"线型,单击"确定"按钮,返回"选择线型"对话框,选择"ACAD_ISO02W100"线型,单击"确定"按钮。单击"线宽"所在列上的直线,在打开的"线宽"对话框中选取"0.15毫米"。

(4) 同样方法设置另外的图层,结果如图7—60所示。

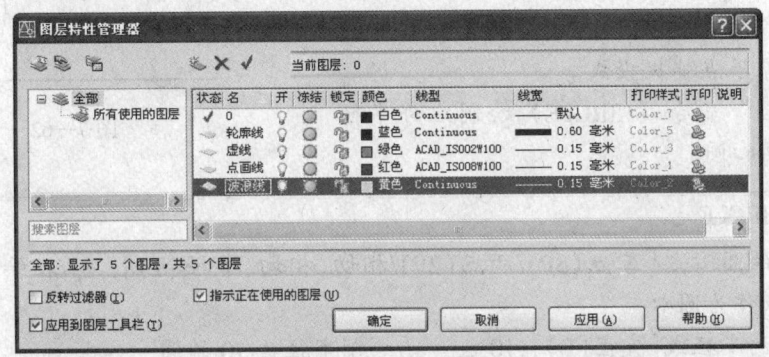

图7—60 新建图层

二、对象特性

命　令　　PROPERTIES（缩写：PROPS）

菜　单　　【修改】→【特性】

工具栏　　"标准"工具栏中

快捷菜单　将鼠标移到对象上,单击鼠标右键弹出菜单的"特性"项

功　能　　执行后弹出"特性"选项板(见图7—61),可修改所选对象的图层、颜色、线型、线型比例、线宽等基本属性及其几何特性。

说　明

(1) 选择要修改特性的对象,可在调用特性修改命令之前用夹点选中对象,调用命令打开"特性"选项板之后用夹点选择对象,或者单击"特性"选项板右上角的"快速选择"按钮,打开"快速选择"对话

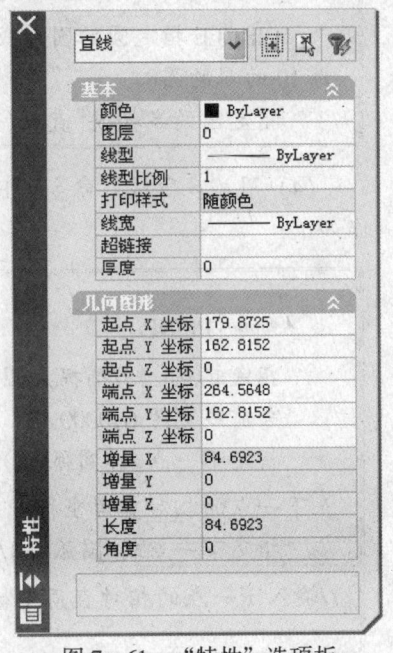

图7—61 "特性"选项板

框，产生一个选择集。

（2）选择的对象不同，对话框中显示的内容也不一样。

（3）选取多个对象，在执行修改特性命令后，选项板中只显示这些对象的图层、颜色等基本特性，可对这些对象的基本特性进行统一修改。

第六节 二维图形绘制综合练习

一、基本二维图形绘制

例 7—18 按照图 7—62 的要求绘制支架。

（1）启动 AutoCAD，在"启动"对话框中选择"公制"默认设置，开始绘制新图。

（2）启用"对象捕捉"方式，设置对象捕捉模式为圆心和象限点捕捉模式。

（3）用"圆"命令（CIRCLE）绘制右部半径为 10 和 15 的同心圆。

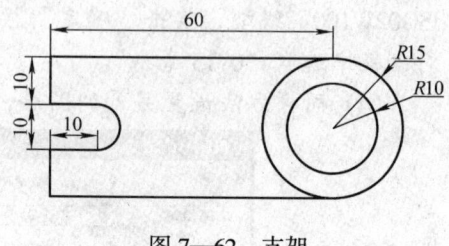

图 7—62 支架

```
命令：CIRCLE ↙
    指定圆的圆心或[三点(3P)/两点(2P)/相切、相切、半径(T)]： //在绘图区单击左键，拾取一点作为圆心
    指定圆的半径或[直径(D)]:10 ↙    //绘制半径为 10 的圆
命令：↙    //按 Enter 键重复执行绘制圆命令
    CIRCLE 指定圆的圆心或［三点(3P)/两点(2P)/相切、相切、半径(T)]：    //捕捉半径为 10 的圆的圆心
    指定圆的半径或[直径(D)]<10.0000>:15 ↙    //绘制半径为 15 的圆
```

（4）用"多段线"命令（PLINE），配合相对坐标输入法绘制支架的其他轮廓线，具体操作如下：

```
命令：PLINE ↙
    指定起点：   //捕捉大圆上象限点作为起点
    当前线宽为 0.0000
    指定下一点或[圆弧(A)/半宽(H)/长度(L)/放弃(U)/宽度(W)]:@-60,0 ↙   //输入下一点的相对直角坐标
    指定下一点或[圆弧(A)/闭合(C)/半宽(H)/长度(L)/放弃(U)/宽度(W)]:@0,-10 ↙
    //输入下一点的相对直角坐标
```

指定下一点或[圆弧(A)/闭合(C)/半宽(H)/长度(L)/放弃(U)/宽度(W)]:@10<0 ↵ //输入下一点的相对极坐标

指定下一点或[圆弧(A)/闭合(C)/半宽(H)/长度(L)/放弃(U)/宽度(W)]:A ↵ //通过选项转为画圆弧模式

指定圆弧的端点或

[角度(A)/圆心(CE)/闭合(CL)/方向(D)/半宽(H)/直线(L)/半径(R)/第二点(S)/放弃(U)/宽度(W)]:@10<-90 ↵ //输入圆弧的端点坐标

指定圆弧的端点或

[角度(A)/圆心(CE)/闭合(CL)/方向(D)/半宽(H)/直线(L)/半径(R)/第二点(S)/放弃(U)/宽度(W)]:L ↵ //转为画直线模式

指定下一点或[圆弧(A)/闭合(C)/半宽(H)/长度(L)/放弃(U)/宽度(W)]:@-10,0 ↵ //输入下一点的相对直角坐标

指定下一点或[圆弧(A)/闭合(C)/半宽(H)/长度(L)/放弃(U)/宽度(W)]:@0,-10 ↵ //输入下一点的相对直角坐标

指定下一点或[圆弧(A)/闭合(C)/半宽(H)/长度(L)/放弃(U)/宽度(W)]: //捕捉大圆的下象限点

指定下一点或[圆弧(A)/闭合(C)/半宽(H)/长度(L)/放弃(U)/宽度(W)]:↵ //按Enter键,结束命令

(5) 将所绘制图形存盘,退出。

例 7—19 按照图 7—63 的要求绘制垫片。

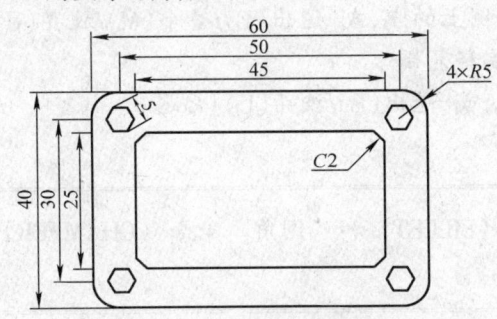

图 7—63 垫片

(1) 使用"新建"命令快速创建一张新图。

(2) 用"矩形"命令(RECTANG),绘制长度为 60,宽度为 40 的矩形外框。

命令:RECTANG ↵

指定第一个角点或[倒角(C)/标高(E)/圆角(F)/厚度(T)/宽度(W)]: //在绘图区

> 单击鼠标左键拾取一点
> 　　指定另一个角点或[面积(A)/尺寸(D)/旋转(R)]:@60,40 ↵　　//输入对角点的相对直角坐标,绘出长度为60、宽度为40的矩形

（3）调用"偏移"命令（OFFSET），对绘制的矩形进行偏移复制，绘出矩形内的六边形中心的连线框及内框。

> 　　命令:OFFSET ↵
> 　　当前设置:删除源＝否　图层＝源　OFFSETGAPTYPE＝0
> 　　指定偏移距离或[通过(T)/删除(E)/图层(L)]<1.0000>:5 ↵　　//将偏移距离设置为5
> 　　选择要偏移的对象,或[退出(E)/放弃(U)]<退出>:　　//选取已绘制的矩形
> 　　指定要偏移的那一侧上的点,或[退出(E)/多个(M)/放弃(U)]<退出>:　　//在矩形内部单击左键,将矩形向内偏移复制
> 　　选择要偏移的对象,或[退出(E)/放弃(U)]<退出>:↵　　//按Enter键,结束命令,绘制完成六边形的中心连线框
> 　　命令:↵　　//按Enter键,重复执行偏移命令
> 　　OFFSET
> 　　指定偏移距离或[通过(T)/删除(E)/图层(L)]<5.0000>:2.5 ↵　　//将偏移距离设置为2.5
> 　　选择要偏移的对象,或[退出(E)/放弃(U)]<退出>:　　//选取刚偏移绘制的小矩形
> 　　指定要偏移的那一侧上的点,或[退出(E)/多个(M)/放弃(U)]<退出>:　　//在小矩形内部单击左键,向内偏移复制
> 　　选择要偏移的对象,或[退出(E)/放弃(U)]<退出>:↵　　//按Enter键,结束命令,绘制完成内框

（4）用"圆角"命令（FILLET）和"倒角"命令（CHAMFER），分别对外框进行圆角处理和对内框进行倒角处理。

> 　　命令:FILLET ↵
> 　　当前模式:模式＝不修剪,半径＝10.0000
> 　　选择第一个对象或[放弃(U)/多段线(P)/半径(R)/修剪(T)/多个(M)]:R ↵　　//调用半径设置选项
> 　　指定圆角半径<10.0000>:5 ↵　　//设置圆角半径为5

选择第一个对象或[放弃(U)/多段线(P)/半径(R)/修剪(T)/多个(M)]:T ↵　　//调用修剪设置选项

输入修剪模式选项[修剪(T)/不修剪(N)]<不修剪>:T ↵　　//设置为修剪模式

选择第一个对象或[放弃(U)/多段线(P)/半径(R)/修剪(T)/多个(M)]:P ↵　　//调用多段线模式

选择二维多段线：　　//选取外框,完成其4条边的圆角处理

4条直线已被圆角

命令:CHAMFER ↵

(|修剪|模式)当前倒角距离1=0.0000,距离2=0.0000

选择第一条直线或[放弃(U)/多段线(P)/距离(D)/角度(A)/修剪(T)/方式(E)/多个(M)]:A ↵　　//调用角度模式

指定第一条直线的倒角长度<0.0000>:2 ↵　　//将倒角长度设置为2

指定第一条直线的倒角角度<0>:45 ↵　　//将倒角角度设置为45°

选择第一条直线或[放弃(U)/多段线(P)/距离(D)/角度(A)/修剪(T)/方式(E)/多个(M)]:P ↵　　//调用多段线模式

选择二维多段线：　　//选取内框,完成其4条边的倒角处理

4条直线已被倒角

(5)用"正多边形"命令（POLYGON）,以中间矩形左下角点为中心点,绘制正六边形螺孔,完成后的结果如图7—64所示。

命令:POLYGON ↵

输入边的数目<4>:6 ↵　　//设置正六边形的边数

指定正多边形的中心点或[边(E)]:　　//捕捉中间矩形的左下角点

输入选项[内接于圆(I)/外切于圆(C)]<I>:↵　　//使用系统默认"内切于圆"设置

指定圆的半径:2.5 ↵　　//指定六边形外圆的半径,完成绘制

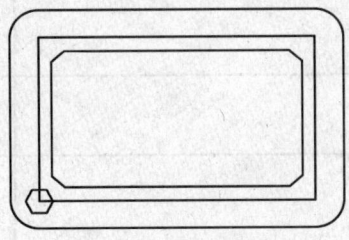

图7—64　螺孔的绘制

(6)用"复制"命令（COPY）对正六边形进行多重复制。

```
命令:COPY ↵
选择对象:找到 1 个    //选择正六边形
选择对象:↵    //按 Enter 键,结束选择
指定基点或[位移(D)]<位移>:    //捕捉矩形的左下角点作为基点
指定第二个点或<使用第一个点作为位移>:    //捕捉矩形的左上角点作为目标点
……
指定第二个点或[退出(E)/放弃(U)]<退出>:↵    //依次捕捉其他各角点作为目标点,按 Enter 键结束命令,完成复制
```

(7) 用"删除"命令（ERASE）删除中间的辅助矩形,对完成后的图形进行存盘。

例 7—20 按照图 7—65 中的要求绘制手柄。

(1) 使用"新建"命令快速创建一张新图。

(2) 用"构造线"命令（XLINE）在绘图区中部绘制一条水平辅助线,在左侧绘制一条垂直辅助线。

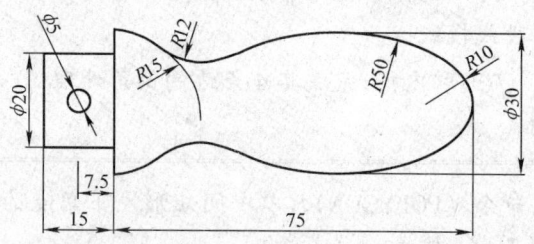

图 7—65　手柄

(3) 用"偏移"命令（OFFSET）将垂直辅助线分别以偏移距离 7.5,15,90 向右侧偏移复制。

(4) 用"直线"命令（LINE）以交点 A 为起点,绘制手柄左侧的轮廓线 AEF。

(5) 再次执行"偏移"命令将右侧构造线向左偏移 10 个绘图单位,将水平构造线向上偏移 15 个绘图单位,绘制结果如图 7—66 所示。

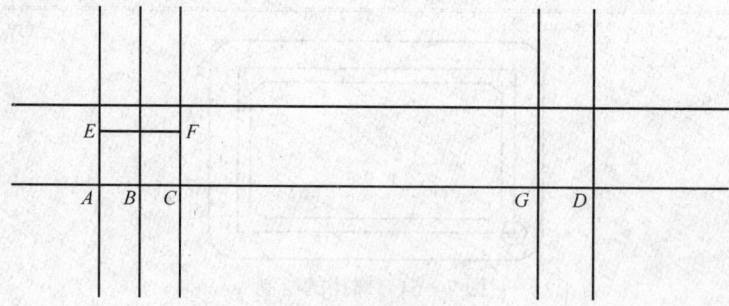

图 7—66　绘制辅助线

(6) 用"圆"命令（CIRCLE）分别以 B 点、C 点和 G 点为圆心绘制半径为 2.5, 15 和 10 的圆；以半径为 10 的圆和上端水平构造线为相切对象，用"相切、相切、半径"方式绘制半径为 50 的相切圆；再以半径为 15 和 50 的两个圆为相切对象，同样用"相切、相切、半径"方式绘制半径为 12 的相切圆，绘制结果如图 7—67 所示。

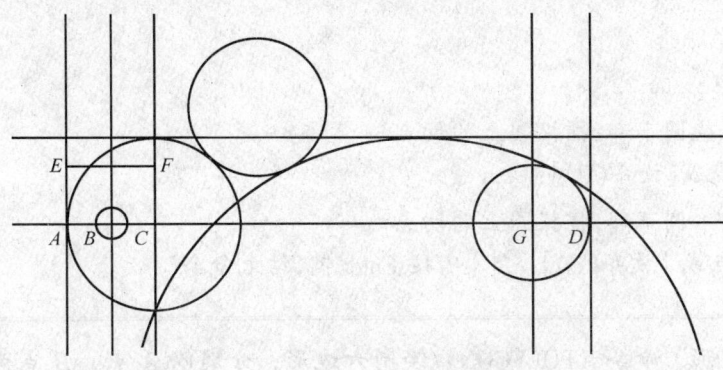

图 7—67 绘制圆

(7) 除水平构造线和过 C 点的垂直构造线外，用删除命令清除其他多余的辅助线，用"修剪"命令（TRIM）对余下的图形进行修剪整理。首先以半径为 50 和 15 的两个圆作为剪切边，修剪掉位于边界上部的构造线和圆弧；再以半径为 10 的圆和前一步骤修剪后产生的圆弧作为剪切边，修剪半径为 50 的大圆；然后以半径为 50 的圆弧和水平构造线作为剪切边，修剪半径为 10 和垂直构造线；最后以半径为 12 的圆弧和垂直构造线作为剪切边，修剪半径为 15 的圆，修剪后的结果如图 7—68 所示。

(8) 用"镜像"命令（MIRROR），以水平构造线为镜像线，捕捉线上任意两点，对位于水平构造线上侧的手柄轮廓线进行镜像复制，如图 7—69 所示。

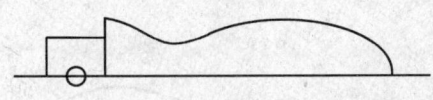

图 7—68 修剪操作

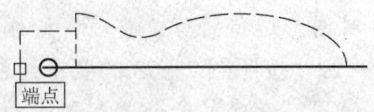

图 7—69 镜像操作

(9) 删除水平构造线，手柄绘制完成，存盘后退出。

例 7—21 按照图 7—70 的要求绘制异形扳手。

(1) 使用"新建"快速创建一张新图，定义作图边界。

(2) 打开正交模式，用"构造线"命令（XLINE）在绘图区中部绘制一条水平辅助线，在左侧绘制一条垂直辅助线。并用"偏移"命令（OFFSET）将垂直辅助线以偏移距离 44 向右侧偏移复制。将辅助线线型设置为 ACAD_ISO4W100，其余设置不变。

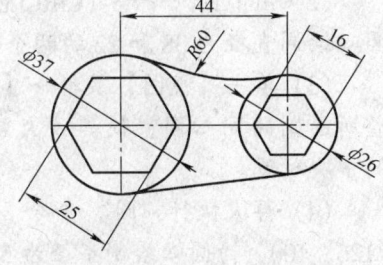

图 7—70 异形扳手

(3) 用"圆"命令（CIRCLE）分别以 A 点、B 点为圆心绘制直径为 37, 26 的圆。

(4) 用"圆"命令（CIRCLE），以两圆为相切对象，用"相切、相切、半径"方式绘制半径为60的相切圆。

(5) 用"直线"命令 (LINE) 绘制同时与两圆相切的直线段, 结果如图7—71所示, 命令格式如下:

```
命令:LINE ↵
指定第一点:_ tan ↵
到     //单击左圆下部,捕捉圆上的切点
指定下一点或[放弃(U)]:_ tan ↵
到     //单击右圆下部,捕捉圆上的切点
指定下一点或[放弃(U)]: ↵   //按Enter键,结束命令
```

(6) 用"多边形"命令 (POLYGON) 绘制六边形, 分别以 A 点、B 点为中心点, 外切于半径为12.5, 8 的圆绘制, 结果如图7—72所示。

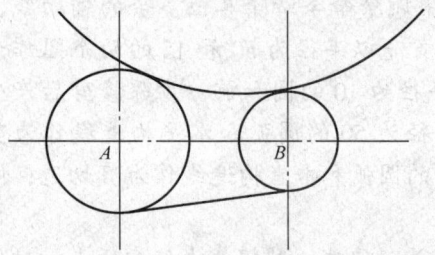

图7—71 绘制扳手头部

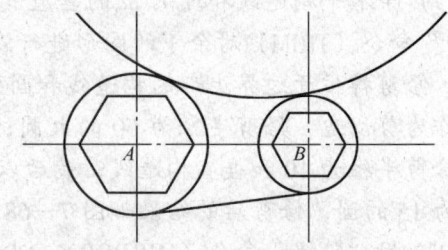

图7—72 绘制扳手多边形孔

(7) 对图形进行修剪、整理, 绘制完成。

例7—22 按照图7—73的要求绘制椭圆形压盖。

(1) 使用"新建"命令, 在弹出的对话框中打开"Acadiso.dwt"样板文件, 创建一张新图。

(2) 用"圆"命令 (CIRCLE) 以"100, 100"为圆心绘制直径为38和22的两个同心圆。

(3) 单击【视图】菜单→【缩放】中的命令, 调整所绘制的同心圆, 使其放大显示在当前绘制窗口的中央位置。

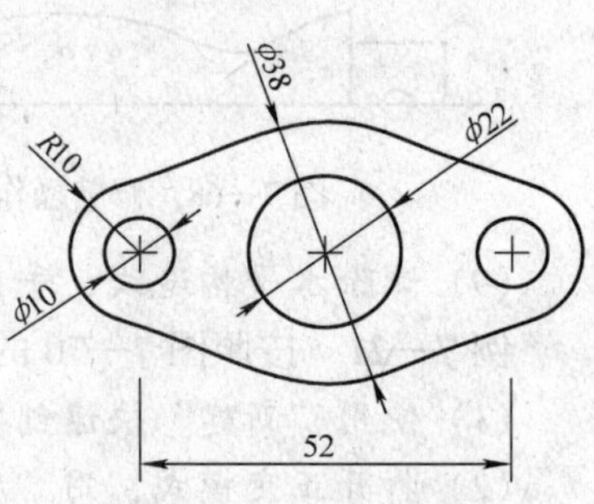

图7—73 椭圆形压盖

(4) 再次执行"圆"命令, 分别以"74, 100""126, 100"为圆心绘制半径为5和10的同心圆, 结果如图7—74所示。

(5) 用"直线"命令 (LINE) 配合切点捕捉功能 (_ tan) 绘制4条圆的公切线, 结果如图7—75所示。

(6) 用"打断"命令 (BREAK) 删除圆上不需要的部分。

(7) 单击【标注】菜单→【圆心标记】, 为压盖内的3个圆标注圆心标记, 绘制完成。

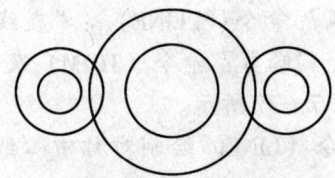

图 7—74　绘制同心圆

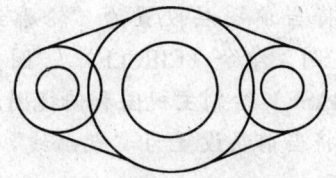

图 7—75　绘制公切线

二、三视图的绘制

例 7—23　按照图 7—76 的要求完成所示零件图的绘制。

分析：机械制图中，通常用三视图来表达零件的三维形状。图 7—76 中的两个视图分别为主视图和俯视图。零件图中一般包含多种线型，可根据不同线型分别建立图层进行绘制。

操作步骤：

(1) 启动 AutoCAD，在"启动"对话框中使用默认设置创建一幅新图。用"图层"命令（LAYER）建立 3 个图层，并规定其名称、颜色、线型、线宽如下。

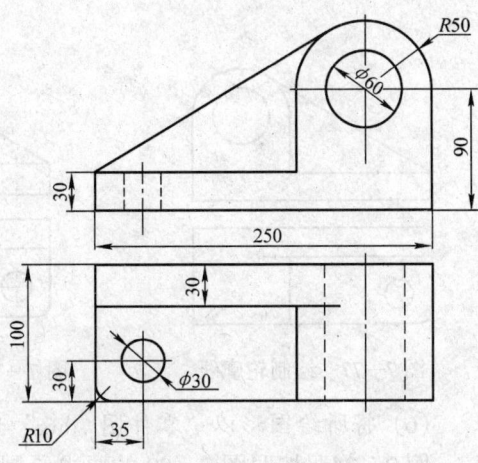

图 7—76　零件图

轮廓线层：白色，Continuous，线宽为"0.3毫米"——用于绘制可见轮廓线（粗实线）。

虚线层：红色，ACAD_ISO02W100，线宽为"0.09毫米"——用于绘制不可见轮廓线（虚线）。

点画线层：蓝色，ACAD_ISO04W100，线宽为"0.09毫米"——用于绘制定位轴线（点画线）。

(2) 用"图形界限"命令（LIMITS）设置绘图范围。

```
命令：LIMITS ↵
重新设置模型空间界限：    //系统提示
指定左下角点或 [开(ON)/关(OFF)] <0.0000,0.0000>:ON ↵
命令：LIMITS ↵
重新设置模型空间界限：
指定左下角点或 [开(ON)/关(OFF)] <0.0000,0.0000>: ↵
指定右上角点 <420.0000,297.0000>: ↵
命令：ZOOM ↵    //显示缩放命令
指定窗口角点，输入比例因子(nX 或 nXP)，或者
[全部(A)/中心点(C)/动态(D)/范围(E)/上一个(P)/比例(S)/窗口(W)]<实时>:A ↵
```

(3) 将当前图层设置为"轮廓线"层,用"多段线"命令(PLINE)、"直线"命令(LINE)、"圆"命令(CIRCLE)、"圆角"命令(FILLET)、"修剪"命令(TRIM)及"删除"命令(ERASE)绘制主视图和俯视图的外轮廓,结果如图7—77所示。

(4) 将当前层设置为"点画线"层,用"直线"命令(LINE)绘制对称中心线,如图7—78所示。

(5) 将当前层设置为"虚线"层,用"直线"命令(LINE)绘制虚线,如图7—79所示。

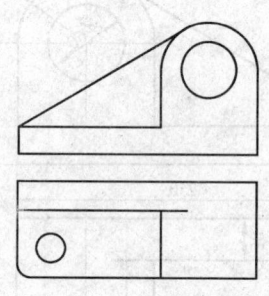 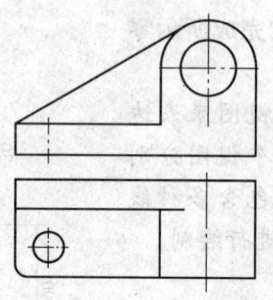 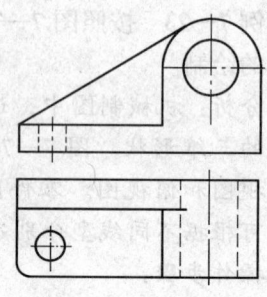

图7—77 绘制轮廓线　　图7—78 绘制对称中心线　　图7—79 绘制虚线

(6) 将所绘图形以"零件图.dwg"为文件名存盘,退出。

例7—24 按照图7—80的要求绘制螺母三视图。

(1) 启动 AutoCAD,运用"新建"命令快速创建一幅新图。用"图层"命令(LAYER)建立两个图层,并规定其名称、颜色、线型、线宽如下。

"轮廓线"层:白色,Continuous,线宽为"0.3毫米"——用于绘制可见轮廓线(粗实线)。

"点画线"层:蓝色,ACAD_ISO04W100,线宽为"0.09毫米"——用于绘制定位轴线。

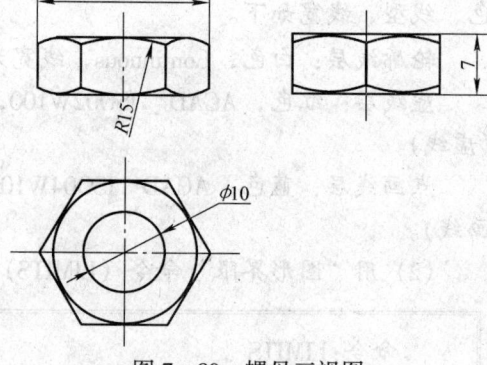

图7—80 螺母三视图

(2) 用"图形界限"命令(LIMITS)设置绘图范围为自坐标原点至(100,50),并运用视图缩放命令使图形界限最大化显示。同时单击状态栏上的"线宽"按钮,打开线宽功能。

(3) 选择"点画线"层为当前图层,用"构造线"命令(XLINE)中的"水平"和"垂直"选项绘制如图7—81所示的水平和垂直构造线作为三视图的定位辅助线。

(4) 选择"轮廓线"层为当前图层,用"圆"命令(CIRCLE)以俯视图中心点 B 为圆心,绘制一个直径为10的圆,作为内轮廓线。用"正多边形"命令(POLYGON)以 B 为中心绘制外接圆半径为10的正六边形。用"圆"命令("相切、相切、相切"方式),分别以正多边形的边作为相切对象,绘制相切圆。

(5) 用"偏移"命令,将偏移距离设置为3.5,对上侧的水平构造线进行对称复制,结果如图7—82所示。

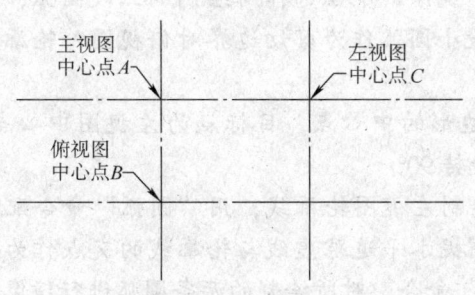

图 7—81 绘制三视图定位辅助线

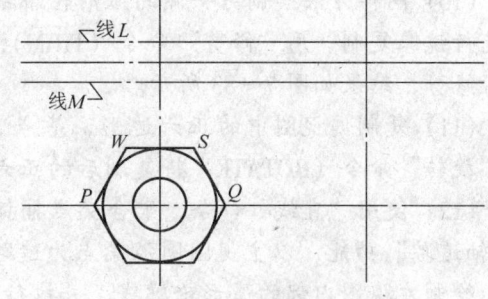

图 7—82 绘制俯视图

(6) 用"直线"命令，配合"对象捕捉"和"极轴追踪"功能绘制主视图的外部轮廓线。

```
命令:LINE ↵
  指定第一点:<对象捕捉追踪 开>   //以图中 P 点作为对象追踪点,垂直向上移动光标,捕捉追踪虚线与构造线 M 的交点作为第一点
  指定下一点或[放弃(U)]:   //垂直向上移动光标,捕捉追踪虚线与构造线 L 的交点作为第二点
  指定下一点或[放弃(U)]:   //以 Q 点作为对象追踪点,垂直向上移动光标,捕捉追踪虚线与构造线 L 的交点作为第三点
  指定下一点或[闭合(C)/放弃(U)]:   //垂直向下移动光标,捕捉追踪虚线与构造线 M 的交点作为第四点
  指定下一点或 [闭合(C)/放弃(U)]:C ↵   //闭合对象
```

(7) 重复执行"直线"命令，分别以点 W 和 S 作为追踪点，捕捉追踪虚线与构造线的交点，绘制两条垂直线段作为主视图的内部轮廓线。

(8) 用"圆弧"命令（"起点、端点、半径"方式），分别以内轮廓线的上端点为弧的起点和端点，绘制半径为 15 的圆弧。用"移动"命令，以圆弧的中点为基点，以水平轮廓线和垂直构造线的交点为目标点，将圆弧向下移动。

(9) 用"圆弧"命令（"三点"），配合"对象捕捉"和"极轴追踪"功能绘制左侧的弧形轮廓线。

```
命令:_ arc 指定圆弧的起点或[圆心(C)]:   //捕捉圆弧的左端点作为新圆弧的起点
  指定圆弧的第二个点或[圆心(C)/端点(E)]:   //以正六边形左上侧边的中点作为追踪点,捕捉垂直追踪虚线与水平轮廓线的交点作为第二点
  指定圆弧的端点:   //以圆弧左端点为追踪点,捕捉水平追踪虚线与垂直轮廓线的交点作为第三点
```

(10) 同样方法绘制另一侧的弧形轮廓线，用"镜像"命令选择所绘制的三段圆弧，对其进行镜像复制。用"修剪"命令（TRIM），以四段小圆弧作为剪切边界对俯视图外轮廓线进行修剪，结果如图7—83所示。

(11) 复制俯视图中的正六边形，基点为正六边形的中心点，目标点为左视图中心点。用"旋转"命令（ROTATE）将复制后的正六边形旋转90°。

(12) 使用"直线"命令，配合交点捕捉功能绘制左视图轮廓线，用"圆弧"命令配合"极轴追踪"功能，以主视图圆弧端点为追踪点，捕捉水平追踪虚线与轮廓线的交点作为起点，绘制左视图内部的弧形轮廓线，并执行"镜像"命令，对所绘制的两条圆弧进行镜像复制，结果如图7—84所示。

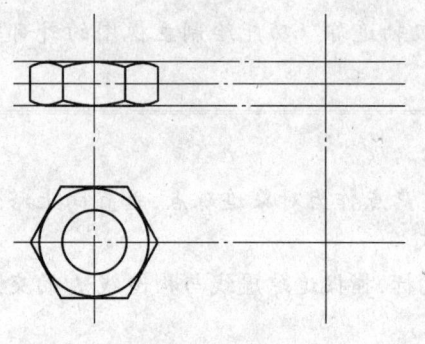
图7—83 绘制主视图

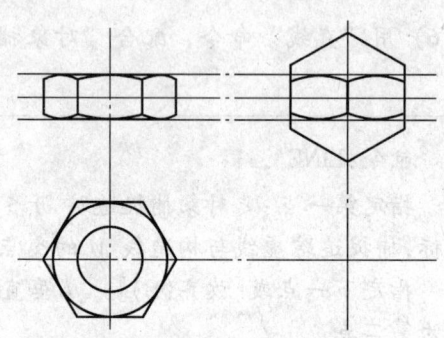
图7—84 绘制左视图

(13) 用"修剪"命令修剪掉不需要的轮廓线。使用"删除"命令，删除主视图中的三条水平构造线，并将三视图的最外轮廓线向外偏移3，以偏移出的轮廓线作为剪切边界，修剪掉剪切边外部的构造线，将构造线转化为中心线，并删除所偏移的轮廓线。

(14) 在命令行输入"LTSCALE"并按下Enter键，将线型比例设置为0.2，存盘退出。

三、尺标文字标注

例7—25 对图7—85中的吊钩进行尺寸标注。

(1) 启动AutoCAD，按图7—85要求绘制吊钩图形，并新建一个名为"标注"的图层，设置颜色为白色，线型为CONTINUOUS，线宽为默认值。

(2) 选择"标注"层为当前图层，用"线性"标注命令（DIMLINEAR）、"连续"标注命令（DIMCONTINUE）标注吊钩轴套部分各段长度。其中点A，B，C分别为捕捉到的圆弧D，E，F的圆心。

(3) 用"半径"标注命令（DIMRADIUS）、"直径"标注命令（DIMDIAMETER）标注轴套中各段半径的大小。

(4) 标注完成（见图7—86），存盘退出。

例7—26 对图7—87中图形进行尺寸公差标注。

分析：在标注尺寸公差时可先直接标注出各个位置的基本尺寸，然后使用"编辑文字"和"对象特性"命令为基本尺寸添加后缀，将其转化为尺寸公差。

操作步骤：

(1) 按图 7—87 要求绘制图形,结果如图 7—88 所示。

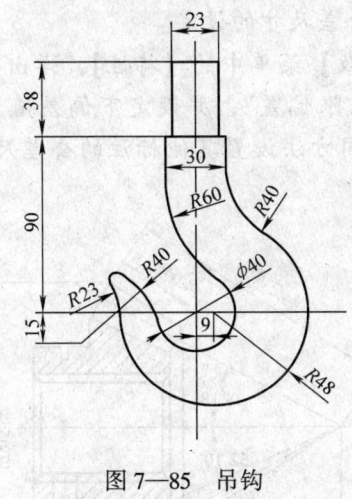
图 7—85 吊钩

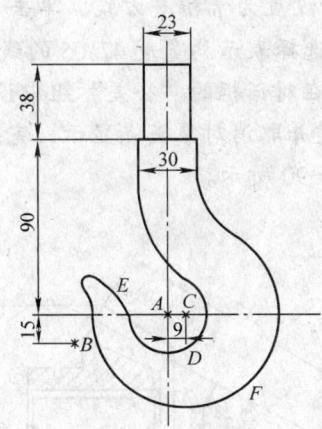
图 7—86 线性标注

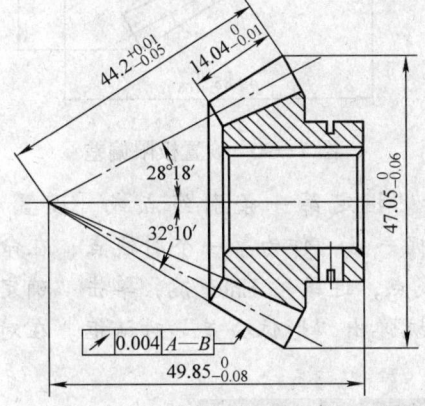
图 7—87 标注尺寸公差

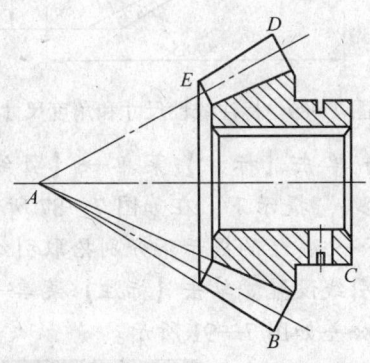
图 7—88 图形源文件

(2) 用"对齐"标注命令 (DIMALIGNED),分别捕捉 E、D 两点,标注两点之间的距离。

(3) 用"基线"标注命令 (DIMBASELINE) 在命令行"指定第二条尺寸界线起点或 [放弃 (U) /选择 (S)] <选择>:"提示下拾取 A 点,标注基线尺寸。

(4) 用"线性"标注命令 (DIMLINEAR) 分别捕捉 A、C 两点和 B、D 两点,标注图形总长度和总宽度。

(5) 单击【标注】菜单→【标注样式】,打开"标注样式管理器"对话框,单击"替代"按钮,在弹出的对话框中选择"文字"选项卡,设置尺寸文本的对齐方式为"水平";选择"调整"选项卡,设置全局比例为 0.5,单击"确定"按钮后退出设置。

(6) 用"角度"标注命令 (DIMANGULAR)、"连续"标注命令 (DIMCONTINUE) 标注图中角度尺寸,结果如图 7—89 所示。

(7) 单击【修改】菜单→【对象】→【文字】→【编辑】,在命令行"选择注释对象或

[放弃（U）]:"提示下选择最下侧的线性尺寸，在弹出的"多行文字编辑器"中输入"0^-0.08"，并设置为鲁堆叠方式，单击"确定"按钮完成公差尺寸的设定。

（8）选择表示总宽度47.05的线性标注，单击【修改】菜单中的【特性】，弹出"特性"对话框，在对话框的"公差"组中设置公差形式为"极限偏差"，并设定下偏差值为0.06，按 Enter 键并取消对象夹点显示，完成公差尺寸设置。同方法设置其他标注的公差尺寸，结果如图 7—90 所示。

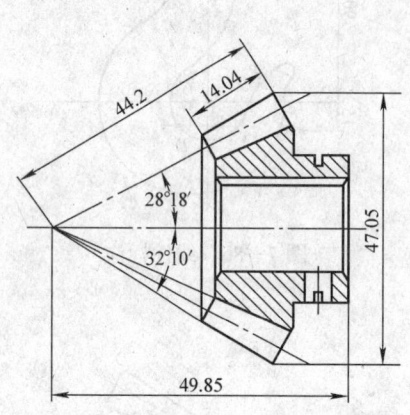
图 7—89 标注线性尺寸和角度尺寸

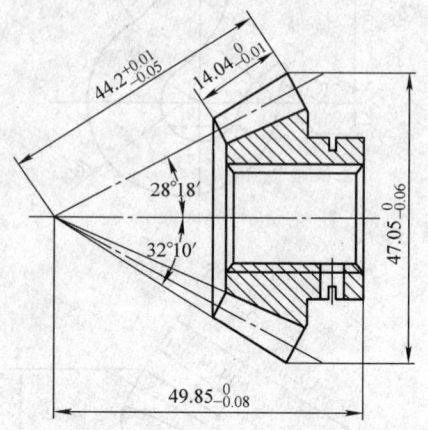
图 7—90 设置极限偏差

（9）单击【标注】菜单→【引线】，在命令行"指定第一条引线点或 [设置（S）] <设置>:"提示下，在如图 7—87 所示轮廓线上捕捉一点，作为第一个引线点，在命令行"指定下一点:"的提示下分别拾取引线另外两个引线点，连续按 Enter 键，单击"确定"按钮完成引线设置。单击【标注】菜单→【公差】，系统弹出"形位公差"对话框。在对话框内设置公差如图 7—91 所示。

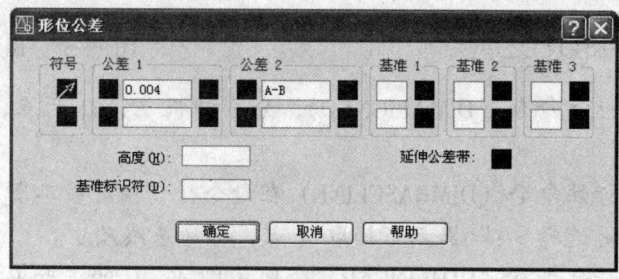
图 7—91 设置形位公差

（10）完成公差设置，放置于引线末端，存盘退出。

例 7—27 注写如图 7—92 所示技术要求。

分析：可运用"单行文字"或"多行文字"命令标注零件图的技术要求文本。在标注文本之前，应首先设置适当的文字样式，并根据文本内容适当调整文字样式。

操作步骤：

（1）打开绘制完成的图形文件。

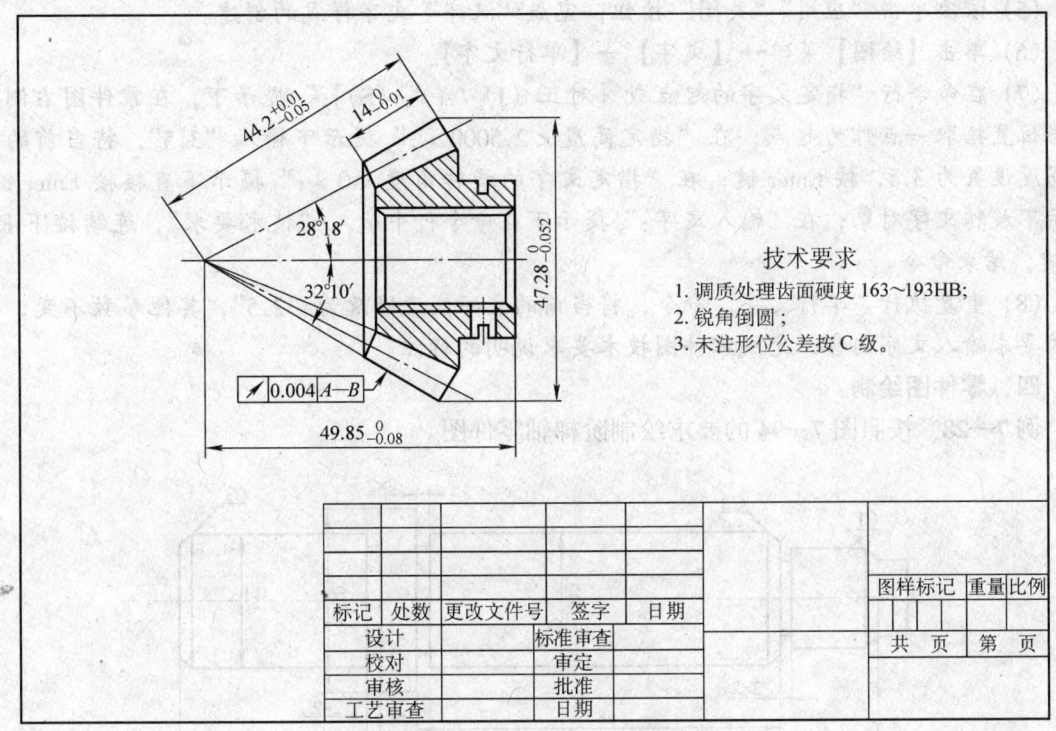

图 7—92　标注技术要求

（2）单击【格式】菜单→【文字样式】，打开"文字样式"对话框。

（3）单击对话框中的"新建"按钮，在弹出的"新建文字样式"对话框中的"样式名称"文本框中输入"汉字"，新建一种名为"汉字"的文字样式。

（4）在"字体"组合框中的"字体名"下拉选项框中，选择"T仿宋_GB2312"体；在"高度"文本框中输入"0.0000"，表示不设置字体的高度；在"倾斜角度"文本框中输入"0"，表示无倾角；在"宽度比例"文本框中输入"0.7000"，如图 7—93 所示。

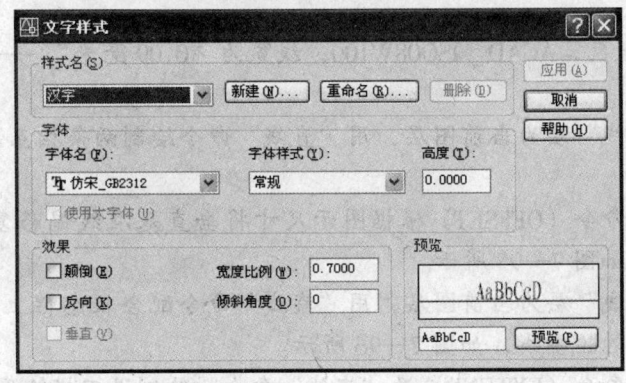

图 7—93　设置文字样式参数

(5) 依次单击"应用""关闭"按钮,完成"汉字"文字样式的创建。

(6) 单击【绘图】菜单→【文字】→【单行文字】。

(7) 在命令行"指定文字的起点或 [对正(J)/样式(S)]:"提示下,在零件图右侧的适当位置拾取一点作为起点;在"指定高度<2.5000>:"提示下输入"3.5",将当前的文字高度设置为 3.5,按 Enter 键;在"指定文字的旋转角度<0>:"提示下直接按 Enter 键,表示不旋转文字对象;在"输入文字:"提示下在命令行中输入"技术要求",连续按下 Enter 键,结束命令。

(8) 重复执行"单行文字"命令,将当前的文字高度修改为"2.5",其他参数不变,按技术要求输入文字内容,完成零件图技术要求说明的标注。

四、零件图绘制

例 7—28 按照图 7—94 的要求绘制阶梯轴零件图。

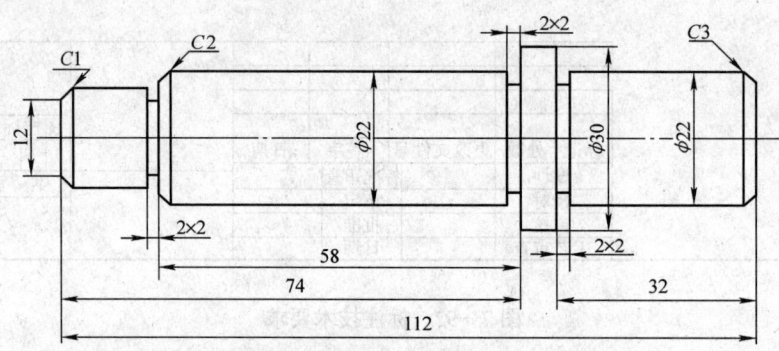

图 7—94 阶梯轴

(1) 使用"新建"命令,快速创建一张新图。

(2) 单击【工具】菜单→【草图设置】,打开"草图设置"对话框,在"对象捕捉"选项中设置当前对象的捕捉模式为端点、中点、交点、延伸和垂足。

(3) 用"图层"命令(LAYER)分别建立"点画线""轮廓线"图层。

"轮廓线"层:白色,Continuous,线宽为"0.3 毫米"——用于绘制可见轮廓线(粗实线)。

"点画线"层:蓝色,ACAD_ISO08W100,线宽为"0.09 毫米"——用于绘制定位轴线(点画线)。

(4) 选择"点画线"层为当前图层,用"直线"命令绘制两条相互垂直的线段作为定位基准线。

(5) 用"偏移"命令(OFFSET)根据图示尺寸将垂直基准线偏移复制,以创建阶梯轴其他位置的定位线,如图 7—95 所示。

(6) 选择"轮廓线"层为当前图层,用"直线"命令配合状态栏上的"对象捕捉""正交"功能绘制阶梯轴外轮廓线,如图 7—96 所示。

(7) 用"延伸"命令(EXTEND)及"直线"命令,绘制退刀槽轮廓线。

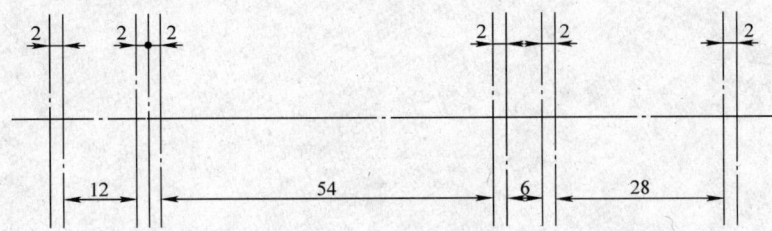

图 7—95 绘制基准线

(8) 用"倒角"命令（CHAMFER），倒角距离为 2，对轮廓线图示位置进行倒角，结果如图 7—97 所示。

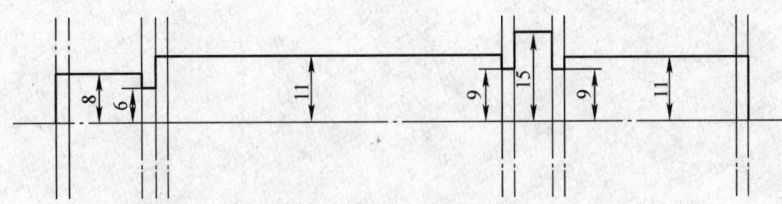

图 7—96 绘制轮廓线 1

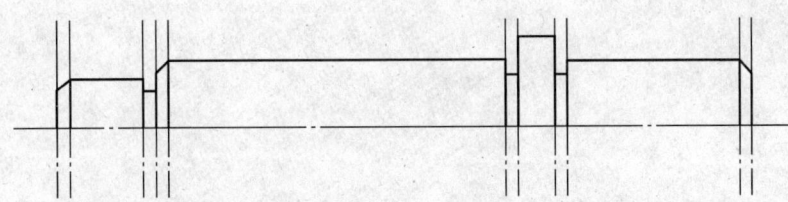

图 7—97 绘制轮廓线 2

(9) 用"镜像"命令（MIRROR），以水平基准线作为对称轴，镜像复制所有位置的轮廓线。

(10) 将左右边界轮廓线向外各偏移 4，用"修剪"命令调整中心线超出的长度，删除偏移线及垂直辅助线，绘图完成，存盘退出。

第四部分

高级机械制图员

第八单元

高级机械制图员手工绘图

第一节 标准件与常用件

一、圆柱齿轮的画法

齿轮按传动轴之间的相对位置,可分为三类,即圆柱齿轮、锥齿轮和蜗杆蜗轮。圆柱齿轮分为直齿、斜齿和人字齿圆柱齿轮。圆柱齿轮用于两平行轴之间的传动。本节介绍标准直齿圆柱齿轮的画法。

1. 单个圆柱齿轮的画法

画图时,齿顶圆和齿顶线用粗实线绘制,分度圆和分度线用点画线绘制,齿根圆和齿根线用细实线绘制(或省略),如图 8—1a 所示;剖视图画法如图 8—1b 所示,齿根线画成粗实线,轮齿部分不画剖面线;当需要表示斜齿或人字齿线形状时,可用如图 8—1c 所示的表示法。

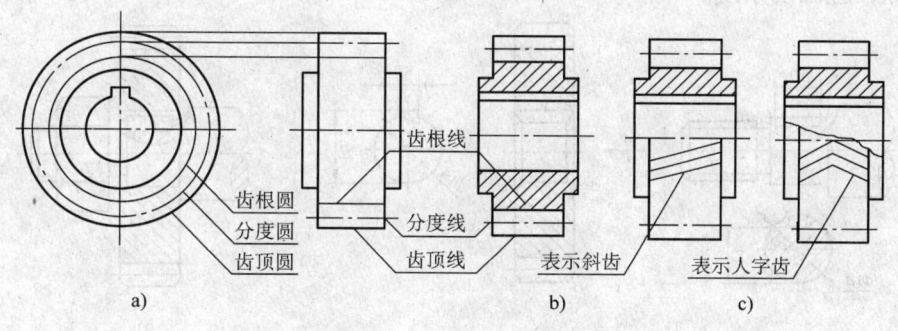

图 8—1 圆柱齿轮的画法

2. 啮合的圆柱齿轮

垂直于圆柱齿轮轴线的投影面上的视图中,啮合区内齿顶圆画法按图 8—2a 或 b 绘制。在剖视图中画法如图 8—2a 所示;在平行于圆柱齿轮轴线的投影面的外形视图中,啮合区只用粗实线画出节线,如图 8—2c 所示。

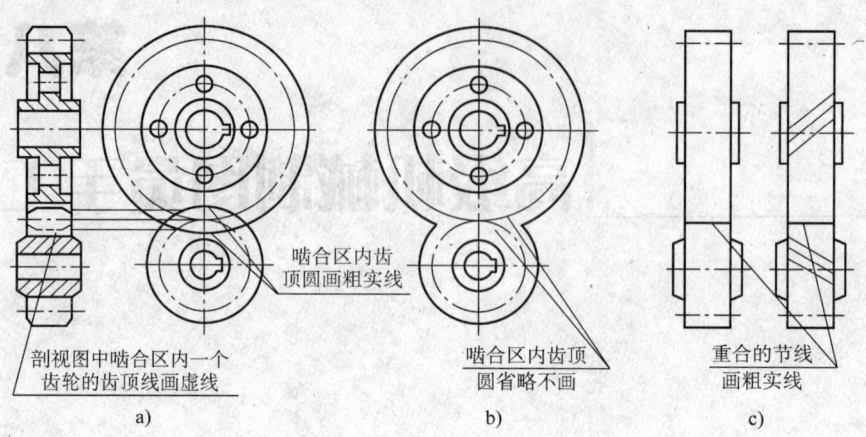

图 8—2 圆柱齿轮啮合的画法

二、键联结和销连接

1. 键联结

键是用来联结轴和装在轴上的传动零件(如齿轮、带轮等),起传递转矩作用的常用标准件。应用较广泛的键有普通平键和半圆键。

普通平键有 A,B,C 三种类型,标记中"A"字可省略。普通平键标记示例为:

GB/T 1096 键 18×100 表示宽度 $b=18$ mm,高度 $h=11$ mm,长度 $L=100$ mm 的圆头普通平键;

GB/T 1096 键 C18×100 表示宽度 $b=18$ mm,高度 $h=11$ mm,长度 $L=100$ mm 的 C 型普通平键。

图 8—3 所示为轴和齿轮用键联结的装配画法。剖切平面通过轴和键的轴线或对称面,轴和键均按不剖形式画出。为了表示轴上的键槽,采用了局部剖视。键的顶面和轮毂键槽的顶面有间隙,应画两条线。

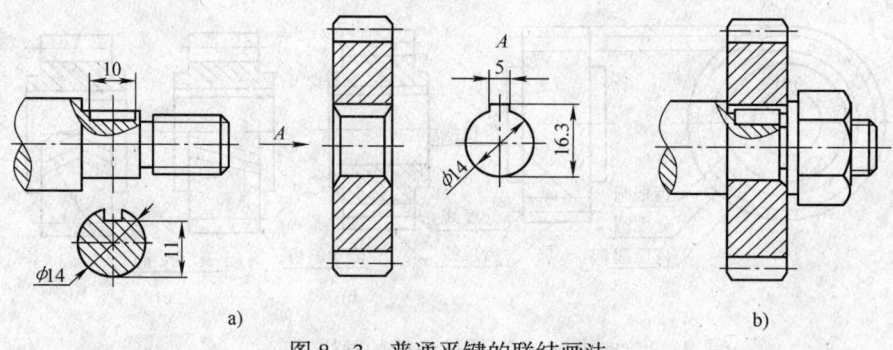

图 8—3 普通平键的联结画法
a) 未联结画法 b) 联结画法

2. 销连接

销也是常用的标准件，通常用于零件间的连接或定位。常用的销有圆柱销、圆锥销和开口销等。开口销与带孔螺栓和槽形螺母一起使用，将它穿过槽形螺母的槽口和带孔螺栓的孔，并将销的尾部叉开，可防止螺纹连接松脱。

图8—4所示为常用三种销的连接画法，当剖切平面通过销的轴线时，销按不剖形式画出。

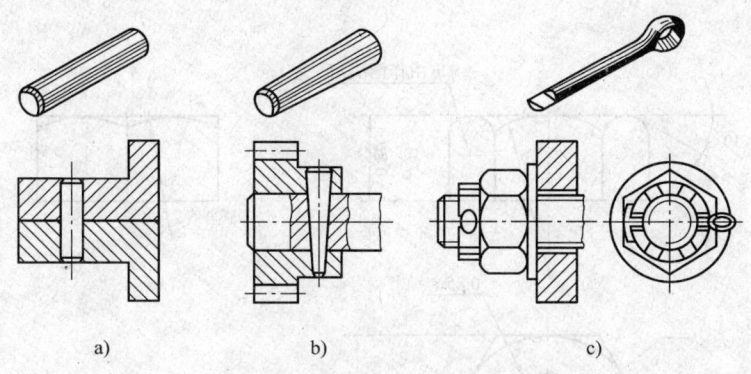

图8—4 销连接的画法
a）圆柱销连接 b）圆锥销连接 c）开口销连接

三、弹簧画法

弹簧的种类很多，常用的是圆柱螺旋弹簧，本节只介绍圆柱螺旋压缩弹簧。其各部分名称、尺寸关系及画法如图8—5所示。

1. 弹簧丝直径 d、弹簧外径 D、弹簧内径 D_1、弹簧中径 D_2。

2. 支承圈数 n_z。为保证压缩弹簧工作时受力均匀和使弹簧轴线垂直于支承面，制造时要将弹簧两端并紧和磨平，这部分称为支承圈。压缩弹簧的支承圈数多数为2.5圈。

3. 有效圈数 n。压缩弹簧中间段保持相等节距的圈数。

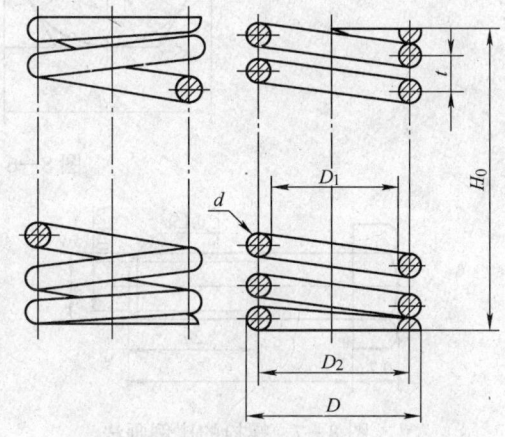

图8—5 圆柱压缩弹簧各部分名称、尺寸及画法

4. 总圈数 n_1。有效圈数和支承圈数之和称为总圈数。

5. 节距 t。有效圈相邻两圈的轴向距离。

6. 自由高度 H_0。弹簧不受外力时的高度。

7. 弹簧丝展开长度 L。簧丝下料长度。

四、螺纹连接件的画法

常用的螺纹连接件有螺栓、双头螺柱、螺钉、螺母和垫圈等，它们都是标准件，只要按标记查阅相应的标准，就可以确定其形状和尺寸。在绘制螺纹连接件时，常采用比例画法。

此法是以螺纹大径（d）为基准，按规定确定螺纹连接件其他结构要素在图中的尺寸。

1. 螺纹连接件的比例画法

（1）螺母的比例画法（见图 8—6）。

（2）螺栓的比例画法（见图 8—7），螺栓头的画法与螺母相同，只是其厚度改为 $0.7d$，螺栓长度 l 视被连接零件情况而定。

（3）双头螺柱比例画法（见图 8—8），双头螺柱的长度 l 和 b_m 视被连接零件的厚度和材料而定。

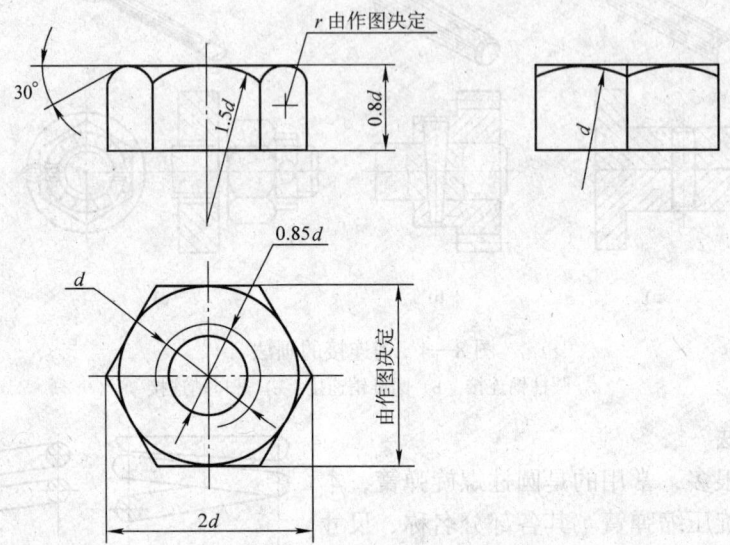

图 8—6 螺母的比例画法

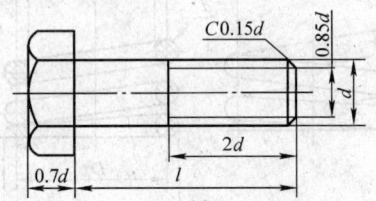

图 8—7 螺栓的比例画法

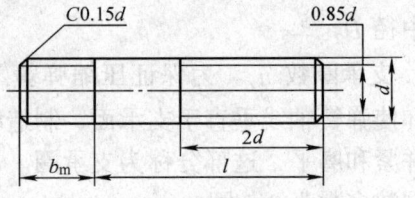

图 8—8 双头螺柱的比例画法

（4）垫圈的比例画法（见图 8—9）。

2. 螺纹连接的规定画法

画螺纹连接图时有以下几条规定：

（1）两零件的接触面画一条线；不接触面画两条线，如其间隙太小，可稍加夸大。

（2）同一金属零件在各剖视图中，剖面线的方向和间距要保持一致。在同一剖视图中，要使相邻零件的剖面线方向相反，或者间距不等。

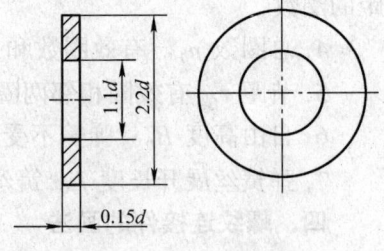

图 8—9 垫圈的比例画法

(3) 在螺纹连接图中,当剖切平面通过螺杆轴线时,螺栓、双头螺柱、螺钉、螺母和垫圈等均应按未剖切绘制。

例 8—1 螺栓连接。

螺栓常用于连接紧固厚度不大的两零件,被连接的两零件上应加工通孔,孔的直径略大于螺栓大径,然后将螺栓穿入通孔,在其穿出端套一垫圈,并旋紧螺母。螺栓有效长度 l 的计算公式如下:$l > \delta_1 + \delta_2 + S + H + a$($a \approx 0.3d$)。螺栓连接的画法如图 8—10 所示,简化画法如图 8—11 所示。

例 8—2 双头螺柱连接。

当两个被连接的零件中,一个较厚,且不宜加工成通孔,无法采用螺栓连接时,应改用双头螺柱连接。在较薄的零件上加工一个通孔,孔的直径应大于双头螺柱大径;在较厚的零件上则加工螺孔。双头螺柱旋入螺孔的一端称为旋入端,另一端称为紧固端。在紧固端要套垫圈和拧上螺母。如果采用弹簧垫圈,则其开口倾斜方向要顺着螺母旋进的方向。双头螺柱的有效长度 l 的计算公式如下:$l > \delta_1 + S + H + a$($a \approx 0.3d$)。双头螺柱旋入端长度 b_m 要根据被旋入零件的材料来决定:

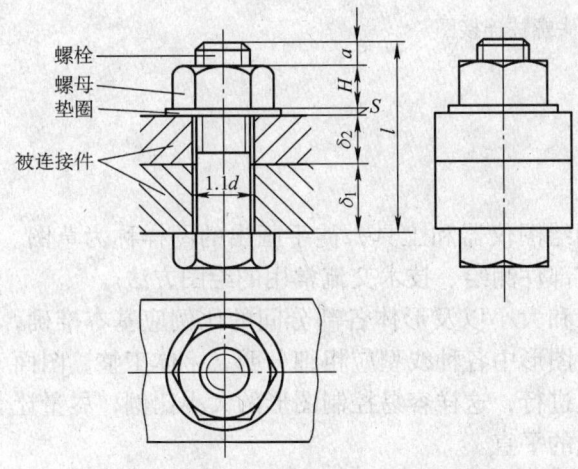

图 8—10 螺栓连接图

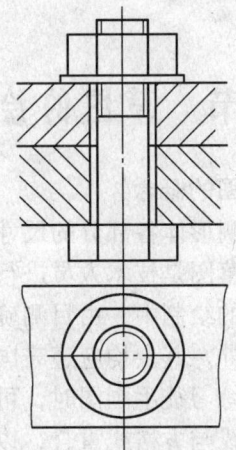

图 8—11 螺栓连接简化画法

对于钢或青铜:$b_\mathrm{m} = 1d$(螺纹大径)

对于铸铁:$b_\mathrm{m} = (1.25 \sim 1.5)d$

对于铝合金:$b_\mathrm{m} = 2d$

双头螺柱连接的画法如图 8—12 所示。

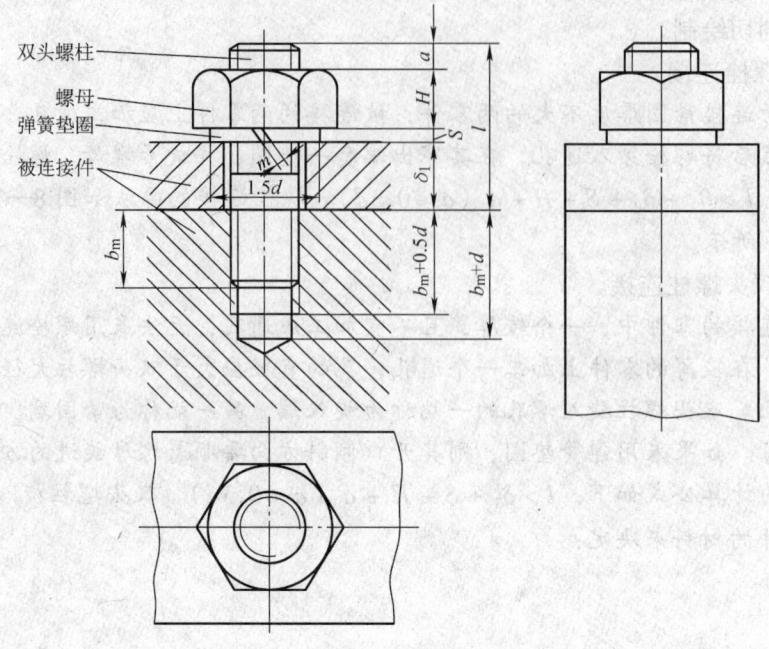

图 8—12 双头螺柱连接图

第二节 草图的绘制

一、草图的概念

通过目测形体各部分的尺寸和比例，不用绘图仪器和工具，徒手画出的图样称为草图。在工作中，草图是技术人员进行创意构思、零部件测绘、技术交流常用的绘图方法。

在草图的绘制中，由目测确定的实物形状和大小以及形体各部分间的比例应基本准确，除比例一项外，其余均应遵守国家标准规定，图形中各种线型应粗细分明，字体工整，图面整洁。开始练习徒手画图时，可先在方格纸上进行，这样容易控制图形的大小比例，尽量让图形中的直线与方格线重合，以保证所画图线的平直。

画徒手图一般选用"HB"或"B"的铅笔，画各种图线时手腕要悬空，小指接触图纸，画图过程中可根据需要随时将图纸转至适当的角度，所以图纸不必固定。

二、图线的画法

画直线时，眼睛要看着图线的终点，图纸可放斜一些。画水平线由左往右运笔，画竖直线由上向下运笔，每条图线最好一笔画就，如图 8—13 所示。对于较长的直线，也可用数段连续的短直线相接而成。画短线常用手腕运笔，画长线则以手臂动作。

画 30°，45°，60°的斜线时，可按直角边的近似比例 3∶5，1∶1，5∶3 定出斜线的端点，连成直线。

画圆时，先定圆心位置，过圆心画出相互垂直的两条中心线，再在中心线上按半径大小测定出四个点后，将它们连成一个圆，如图 8—14a 所示，对于直径较大的圆，可在 45°方向

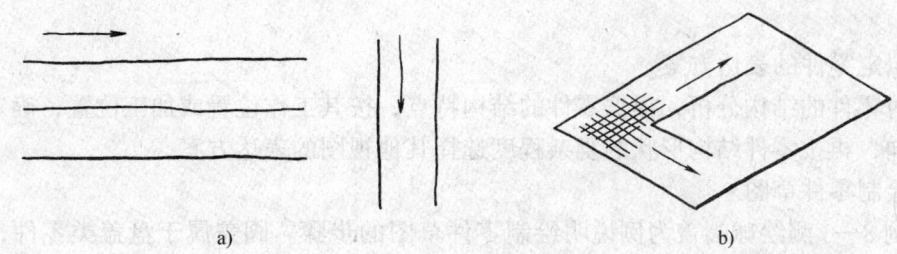

图 8—13　徒手画直线的方法

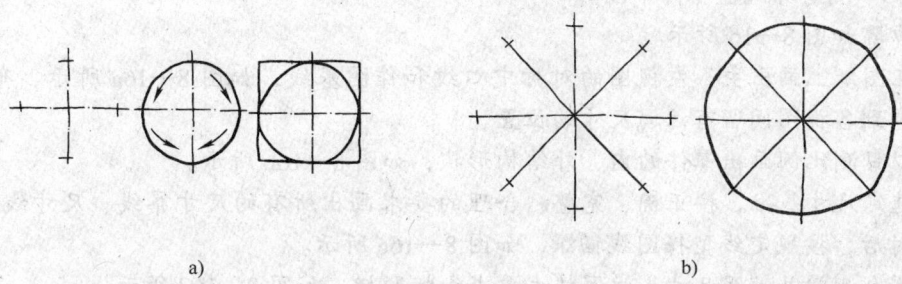

图 8—14　圆的画法
a) 四点画圆　b) 八点画圆

上增加两条射线，再取四点分八段逐步完成，如图 8—14b 所示。绘制圆弧时，应悬臂运用手腕旋转运笔，以求图线光滑流畅。椭圆的画法与圆的画法近似，画时应注意图形的对称性。

三、平面图形的画法

徒手绘制平面图形时，首先要对图形进行尺寸分析和线段分析，然后画出中心线和定位线，再按照已知线段、中间线段、连接线段的作图顺序绘制图形。如果利用方格纸作图，可使平面图形的主要轮廓线及定位中心线尽可能和方格纸上的线条重合，图形各部分的比例亦可参考方格纸上的方格数来确定。图 8—15 为徒手在方格纸上绘制平面图形的示例。

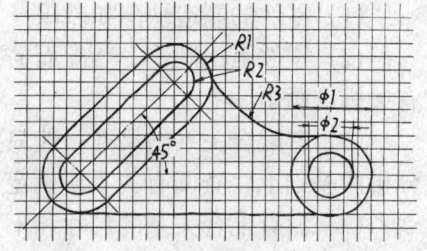

图 8—15　徒手绘制平面图形的示例

四、测绘零件草图

依据实际零件画出其图形，测量并标注尺寸，给出必要的技术要求的绘图过程，称为零件测绘。测绘零件的工作常在现场进行。由于条件限制，一般是先画出零件草图，即以目测比例，徒手绘制零件图，然后整理绘制零件工作图。

1. 零件测绘的方法与步骤

（1）了解与分析测绘对象

了解零件的名称、用途、材料，并对该零件的结构作大致分析。零件的各部分结构在机器中均有一定作用，所以必须弄清它们的功用，这对于磨损或带缺陷的零件测绘尤为重要，应在分析的基础上改正或补全，只有这样，才能正确、清晰地表达零件，并完整、合理地标注尺寸。

（2）拟定零件的表达方案

经过对零件的结构分析，根据零件的结构特点，按其工作位置或加工位置，确定主视图的投射方向，再按零件结构形状的复杂程度选择其他视图的表达方案。

（3）绘制零件草图

现以例8—3测绘球阀盖为例说明绘制零件草图的步骤。阀盖属于盘盖类零件，用两个视图即可表达清楚。

例8—3 测绘球阀盖零件草图。

画图步骤如图8—16所示。

（1）在图纸上画出主、左视图的对称中心线和作图基线，如图8—16a所示。布置视图时，要考虑到各视图间留有注写尺寸的位置。

（2）以目测比例画出零件的内、外结构形状，如图8—16b所示。

（3）选定尺寸基准，按正确、完整、合理的要求画出所有的尺寸界线、尺寸线和箭头。经仔细核对后，按规定线型将图线描深，如图8—16c所示。

（4）逐个测量并注写尺寸，注写技术要求和标题栏，如图8—16d所示。

2．零件尺寸的测量方法

测量尺寸是零件测绘过程中必要的步骤，零件上全部尺寸的测量应集中进行，这样可以提高工作效率，避免遗漏。切忌边画尺寸线，边测量，边注尺寸。

测量尺寸时，要根据零件尺寸的精确程度选用相应的量具。

3．注意事项

（1）零件的制造缺陷如砂眼、气孔等，以及使用产生的磨损，均不画出。

（2）零件上因制造、装配而需要的工艺结构，如铸造圆角、倒角、退刀槽等，均须查阅有关标准画出。

（3）有配合关系的尺寸一般只要测出基本尺寸，其配合性质和相应的公差值，应在结构分析的基础上，查阅有关手册确定。

（4）没有配合关系的尺寸和不重要的尺寸，允许将测量所得的尺寸适当调整。

（5）对螺纹、键槽、齿轮的轮齿等标准结构的尺寸，应将测得的数值与有关标准核对，使尺寸符合标准系列。

（6）零件的表面粗糙度、极限与配合、技术要求等，可根据零件的作用参考同类型产品的图样或有关资料确定。

（7）根据设计要求，参照有关资料确定零件的材料。必要时可以采用火花鉴别、取样分析、测量硬度等方法确定测绘零件的材料。

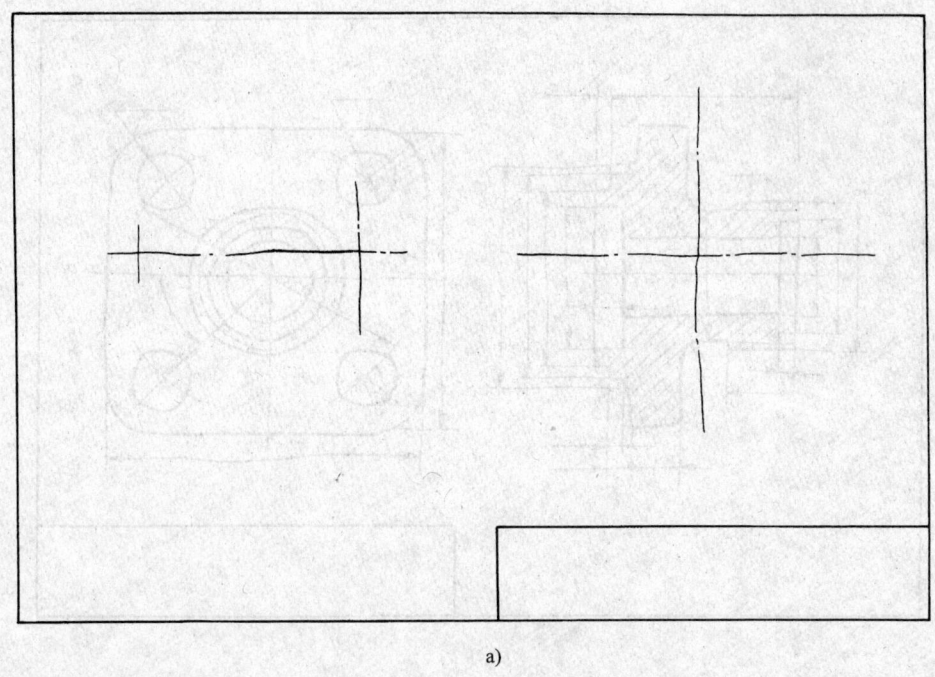

a)

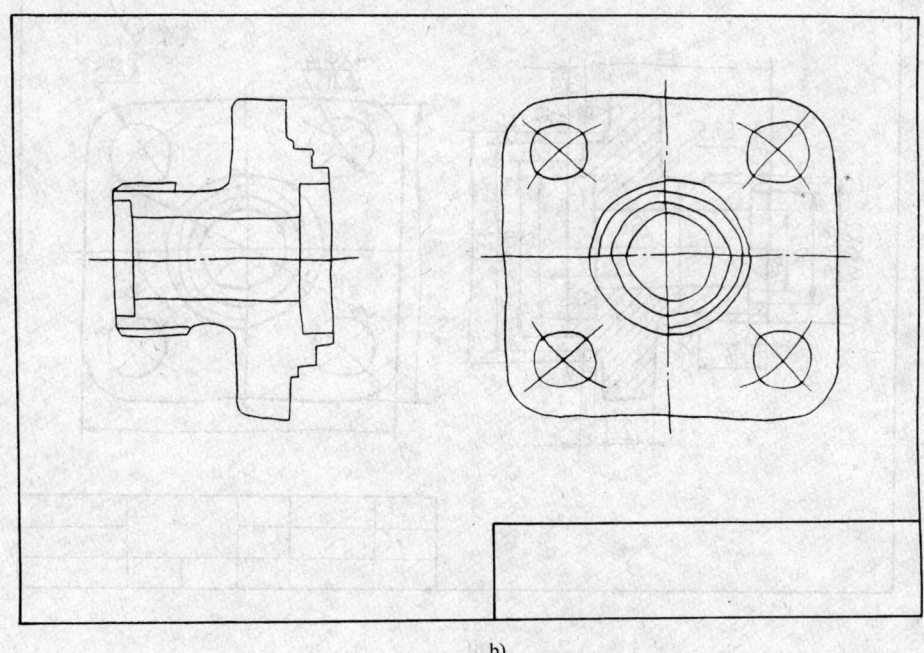

b)

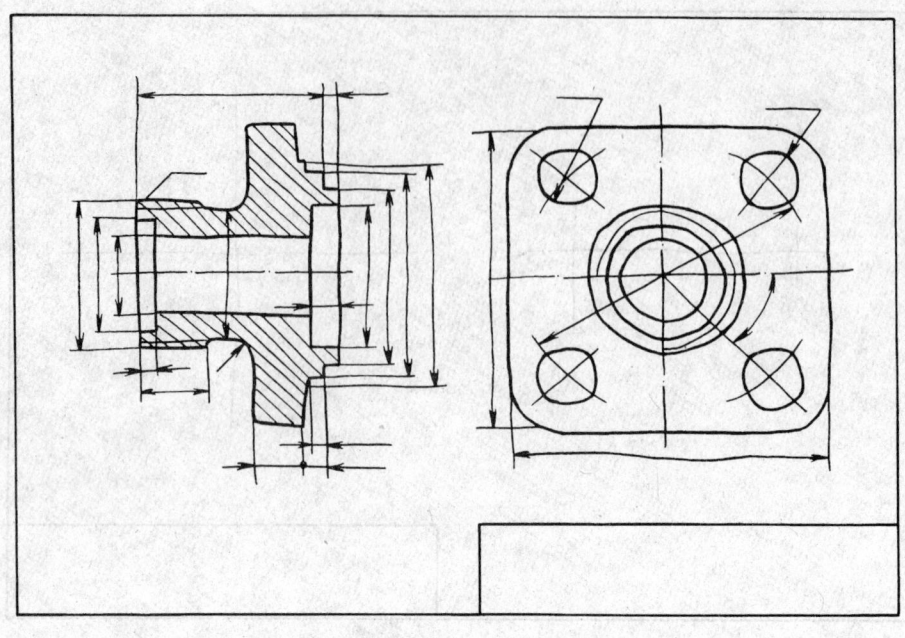

图 8—16 画零件草图步骤

第三节　装　配　图

表示机器或部件（统称装配体）中零件间的相对位置、连接方式、装配关系的图样称为装配图。国家标准对装配图也规定了一些基本画法和特殊表达方法。

一、装配图的表达方法

1. 装配图的规定画法

（1）互相接触的两相邻表面只画一条线；构成配合的两相邻表面，无论间隙多大，均画成一条线；非配合的包容与被包容表面，无论间隙多小，均画成两条线，如图 8—17 所示。

（2）相邻两零件的剖面线，其倾斜方向应相反，或方向一致而间距不同（见图 8—17）。

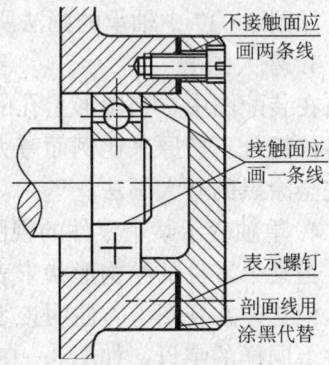

图 8—17　规定画法和简化画法

（3）紧固件以及轴、连杆、球、键、销等实心零件，若纵向剖切，且剖切平面通过其对称平面或轴线时，则这些零件均按不剖绘制，如图 8—17 中的螺钉的绘制。

2. 装配图特殊表达方法

（1）沿结合面剖切和拆卸画法

在装配图中，当某些零件遮住了所需表达的其他部分时，可以假想将某些零件拆卸后绘制，零件的结合面不画剖面线，但被剖切的其他零件应画剖面线，如图 8—18 所示转子油泵中 A—A 剖视图。

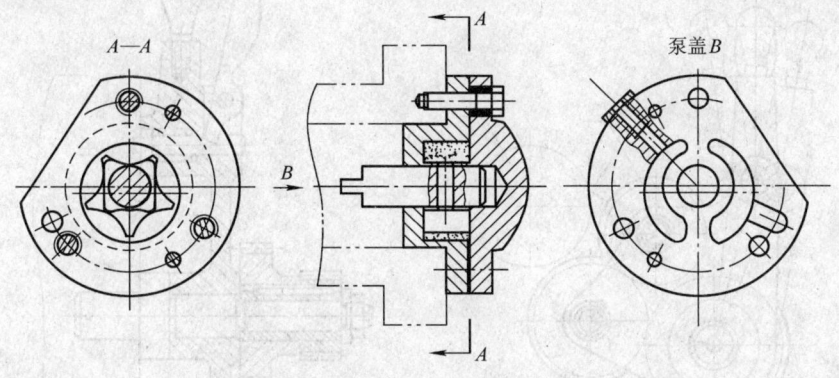

图 8—18　转子油泵

当需要表达部件中被遮盖部分的结构，可假想拆去某一个或几个零件后再画图，此时只拆不剖，不存在剖视问题，必须注明"拆去××"。

（2）简化画法

1）装配图中若干相同的零、部件组，可仅详细地画出一组，其余用细点画线表示其位置，如图 8—17 中螺钉连接。

2）在装配图中，零件的倒角、圆角、凹坑、凸台、沟槽、滚花、刻线及其他细节等可省略不画。

3）在装配图中，当剖切平面通过某些为标准产品的部件或该部件已由其他图形表示清楚，可按不剖绘制。

4）装配图中的滚动轴承中对称的两部分允许一侧采用规定画法，另一侧按简化画法绘制，如图 8—17 中轴承的画法所示。

3．夸大画法

在装配图中，当图形上孔的直径或薄片的厚度较小，以及间隙、斜度和锥度较小时，允许将该部分不按原来比例而夸大画出，以增加图形表达的明显性。如图 8—17 中垫片，采用了完全涂黑的夸大画法。

4．单独表示某个零件的视图

当某个零件的结构形状未表达清楚且对理解装配关系有影响时，可单独画出该零件的视图，但必须在视图上方注明该零件的名称或序号，在相应的视图附近用箭头指明投射方向，并注上同样的字母，如图 8—18 中的泵盖 B 向视图。

5．假想画法

当需要表示某些零件的运动范围和极限位置时，可用双点画线画出在极限位置上的该零件，如图 8—19 所示，当手柄为Ⅰ，Ⅱ，Ⅲ三个位置时，齿轮传动的方向和速度各不相同，图中工作位置Ⅱ，极限位置Ⅲ均采用双点画线表示；在需要表达本部件与相邻零部件的装配关系时，可用双点画线画出相邻零部件的轮廓线，如图 8—19 中主轴箱的画法。

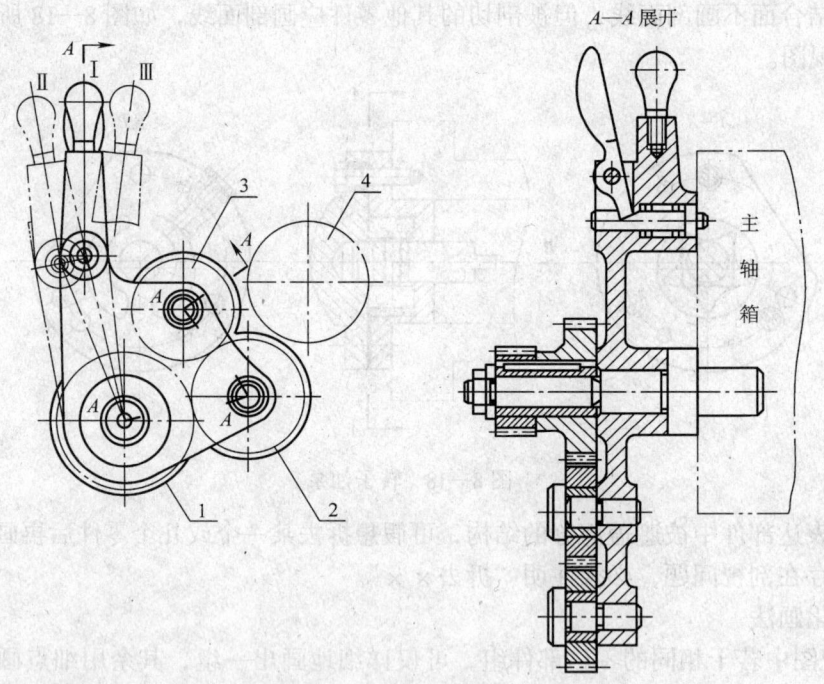

图 8—19　假想画法

二、装配图的尺寸与技术要求

根据装配图的作用，装配图上只须注出以下四方面必要的尺寸。

1. 性能尺寸

性能尺寸表示机器或部件规格大小或工作性能尺寸，如图 8—20 中阀孔直径 $\phi 20$。

2. 装配尺寸

装配尺寸表示机器或部件中各零件之间装配关系的尺寸，包括配合尺寸和主要零件间的相互位置尺寸，如图 8—20 中 $\phi 18 \dfrac{\text{H}11}{\text{d}11}$，54，84。

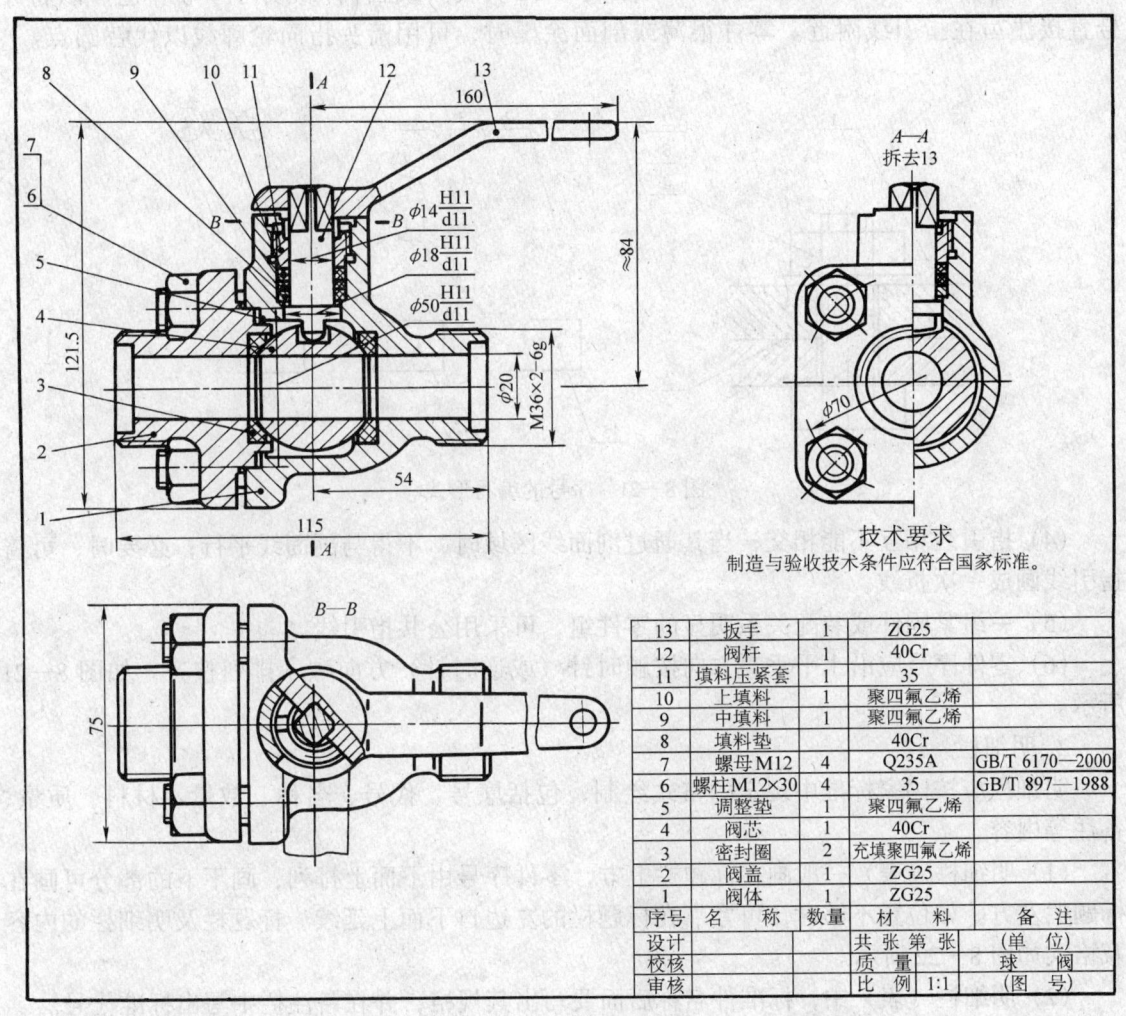

图 8—20 球阀装配图

3. 安装尺寸

安装尺寸表示部件安装在机器上或机器安装在基础上所需的尺寸，如图 8—20 中 $\phi 70$。

4. 外形尺寸

外形尺寸表示机器或部件外形轮廓的尺寸，即总长、总宽、总高等，其为产品在包装、运输和安装过程中所占据的空间大小提供依据，如图8—20中121.5，115，75等。

三、装配图中零部件的编号与明细栏

1. 零部件编号

（1）装配图中的所有零部件均应编写序号，并与明细栏中的序号一致。

（2）每种零件只编写一次序号（数量在明细栏内写明）。

（3）编写序号的形式如图8—21所示：指引线（细实线）应自所指零件的可见轮廓内画一圆点后引出，在指引线的另一端画水平细实线（或圆），以填写序号。也可以将序号直接注写在指引线附近。零件很薄或剖面涂黑时，可用箭头指向轮廓线以代替圆点。

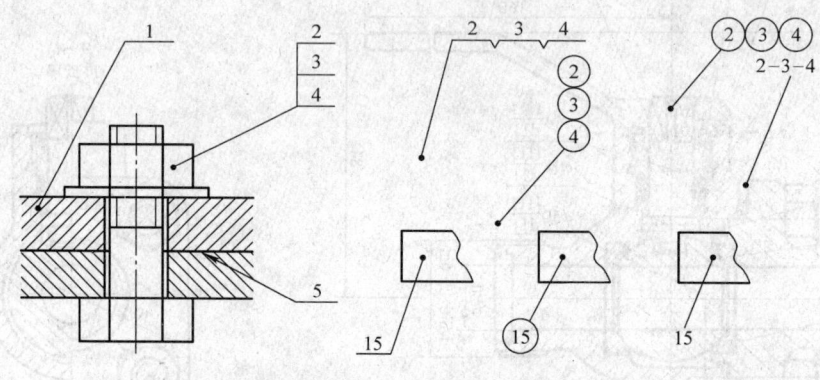

图8—21 序号的编写形式

（4）指引线相互不能相交；当其通过剖面线区域时，不得与剖面线平行；必要时，可将指引线画成一次折线。

（5）一组紧固件或装配关系明显的零件组，可采用公共指引线。

（6）零件序号应沿水平垂直方向按顺时针（或逆时针）方向顺序排列整齐，如图8—21所示。

2. 明细栏

明细栏应按国家标准中规定的格式绘制，包括序号、代号、名称、数量、材料、质量、备注等内容。

（1）明细栏（表）一般画在标题栏上方，零件序号由下而上排列，画不下的部分可画在标题栏左方。如位置不够时，可紧靠在标题栏的左边自下而上延续。标题栏及明细栏的内容及格式如图8—22所示。

（2）明细栏（表）中，标准件名称后面要写出其规格，并在备注栏中写出标准代号。

四、装配图的画法和步骤

下面以图8—23球心阀装配图为例，分析装配图的画法和步骤。

1. 了解部件的装配关系和工作原理

由图中可以看出，该球心阀的主要零件有阀体、阀体接头、阀芯、阀杆、扳手、法兰等。其装配关系是：阀体10和阀体接头2用四个螺柱6和四个螺母5在其方形的凸缘部分

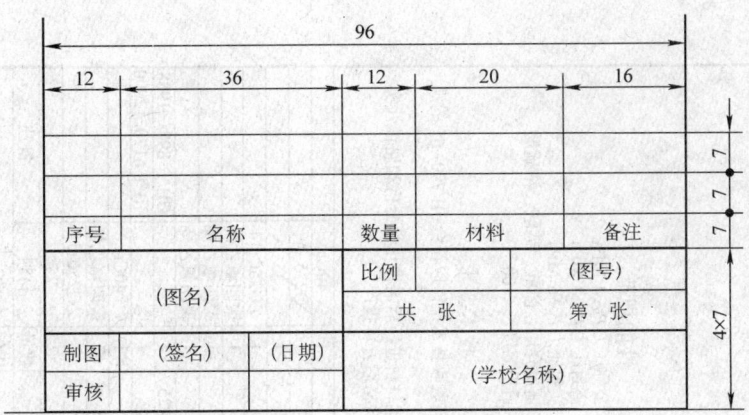

图 8—22 标题栏和明细栏

连接起来，球形阀芯 4 通过两个密封圈 3 定位于阀体内，垫片 7 用以调节球形阀芯与密封圈之间的松紧。阀杆 13 上部的四棱柱穿入扳手 12 的方孔内，其下部的凸块榫接至球形阀芯的凹槽中，阀体上部旋入螺纹压环 11、可紧固密封环 9 和阀杆。阀内各结合面间均配有密封件，用以防止阀内的流体外漏。阀的两端有螺纹连接的法兰，以便接入管路。该球心阀工作时操作者转动扳手 12，通过阀杆 13 带动阀芯 4 旋转，当扳手处于图示位置时，阀门全部开启，管道畅通；当扳手旋转 90°时，阀门全部关闭，管路被切断。操作者通过转动扳手，在系统中启闭和调节流体的流量。

2. 视图选择

(1) 主视图的选择

装配图中的机器或部件应按工作位置安放，主视图应清楚地反映出主要装配关系和重要的装配干线，并尽可能反映其工作原理。因此，该主视图采用全剖视图，阀杆按不剖绘制，扳手画成局部剖视，以清晰地表明球心阀的工作原理和装配关系。

(2) 其他视图的选择

当主视图确定以后，就需要对主视图中没有表达清楚的工作原理、装配关系及主要结构加以补充。如图 8—23 所示，选择俯视图进一步表达部件的外形结构，拆去扳手以清楚地表示出阀体上部凸台的形状和螺纹压环的拆装方法，阀体与阀体接头间的螺柱连接用局部剖视表示。考虑到图幅的限制，俯视图采取省略画法。

3. 画装配图的步骤

(1) 布图

根据已确定的表达方案，选择绘图比例，确定图纸幅面。注意留出注写零件序号、尺寸、标题栏、明细栏以及技术要求的位置。

(2) 画图框、标题栏、明细栏

画出各视图的主要轴线（装配干线）、对称中心线和图形定位基准线，然后画出主要零件的基本轮廓线，如图 8—24a 所示。

(3) 绘制其他主要零件的轮廓线底稿

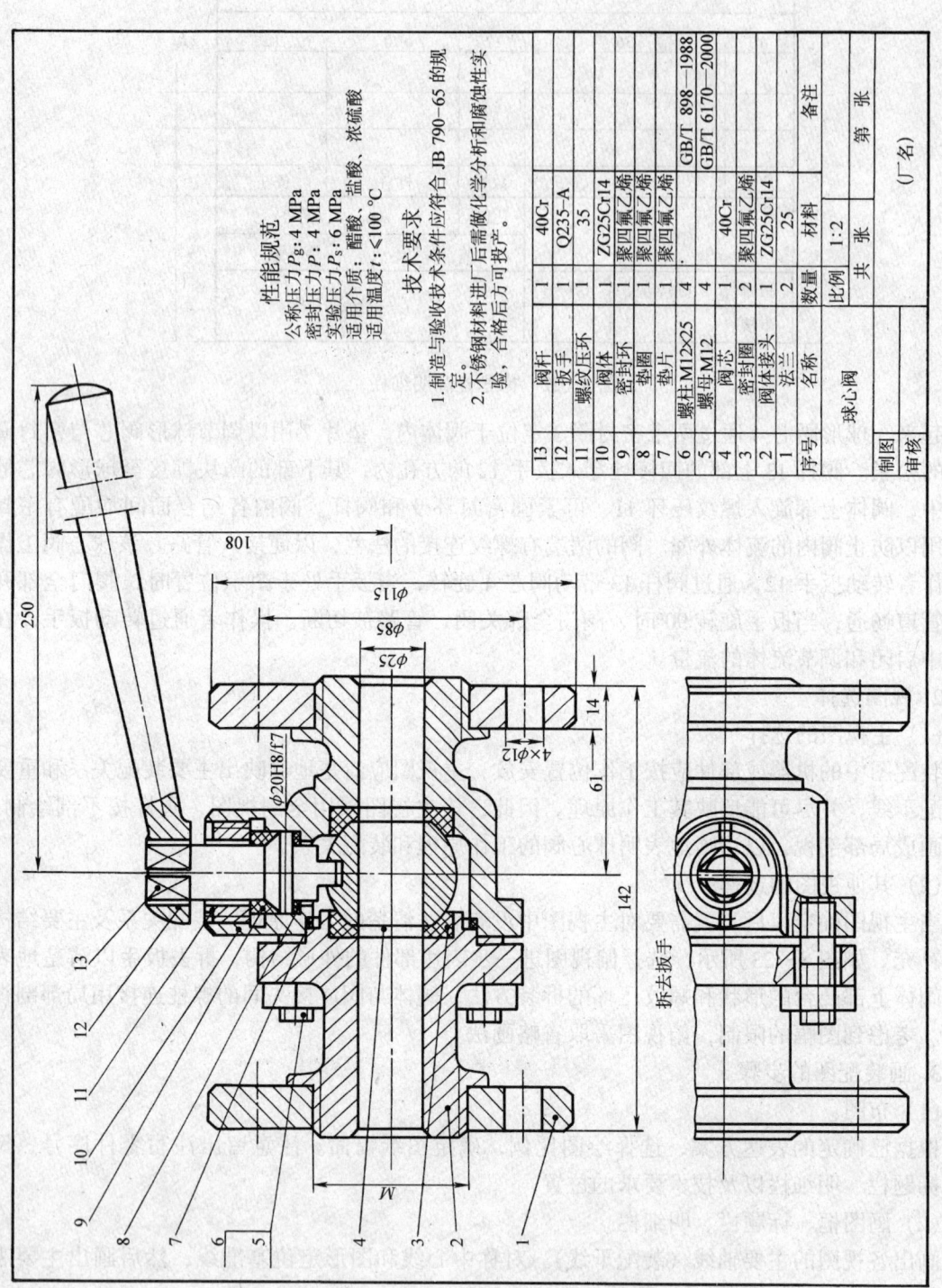

图 8-23 球心阀装配图

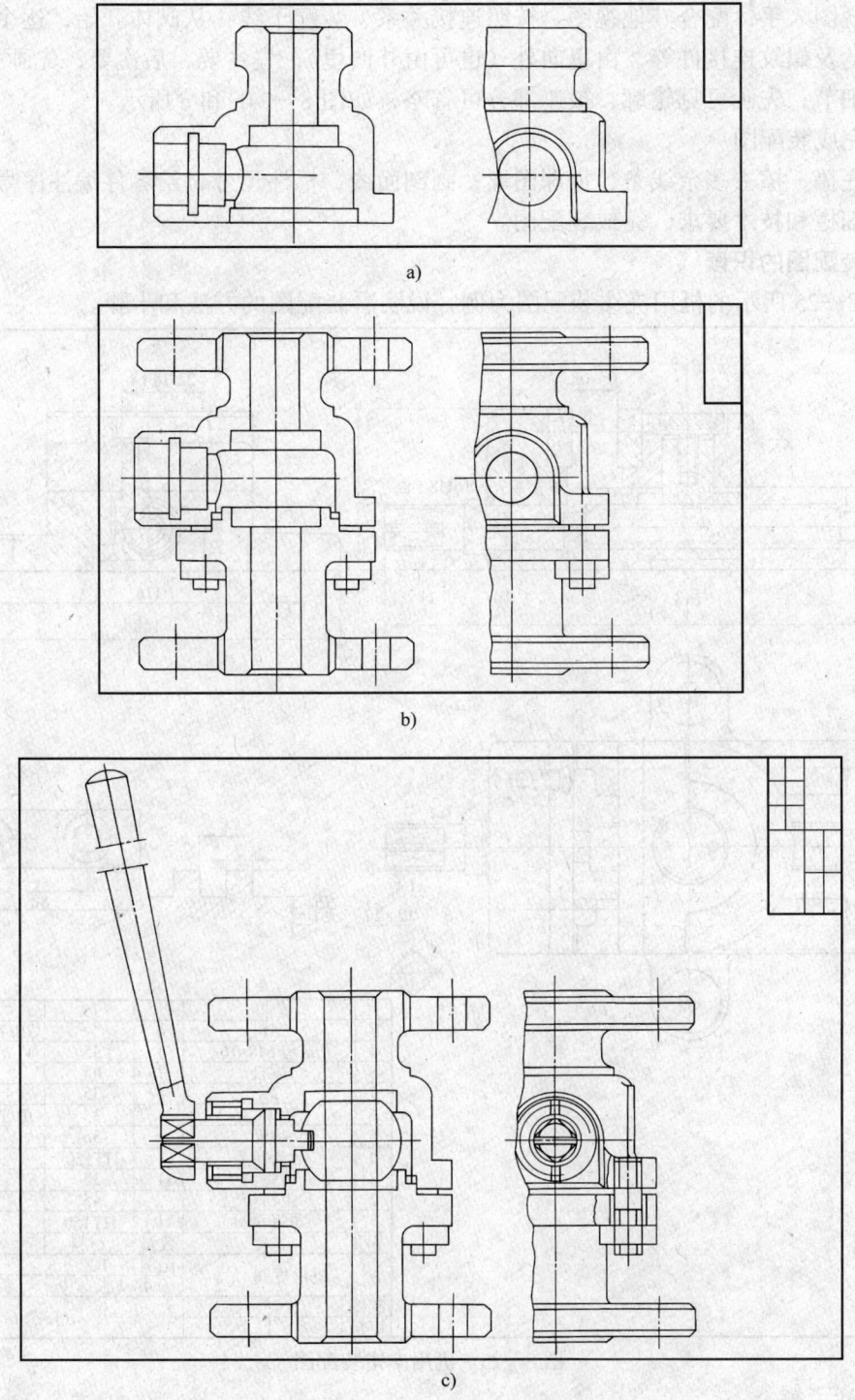

图 8—24 画球心阀装配图步骤
a) 步骤 1　b) 步骤 2　c) 步骤 3

由主视图入手，配合其他视图，按照连接关系、装配干线，从阀体开始，逐个画出阀体接头、法兰及螺纹连接件等。由里向外（也可由外向里）；先主要，后次要；先画大体轮廓，后画局部细节；先画可见轮廓，被遮部分可省略，如图8—24b和c所示。

（4）完成装配图

校核底稿，擦去多余线条，加深图形，画剖面线，标注尺寸，给零件编注序号，填写标题栏、明细栏和技术要求，完成装配图。

五、装配图的识读

以图8—25所示的机用虎钳装配图为例，说明看装配图的方法和步骤。

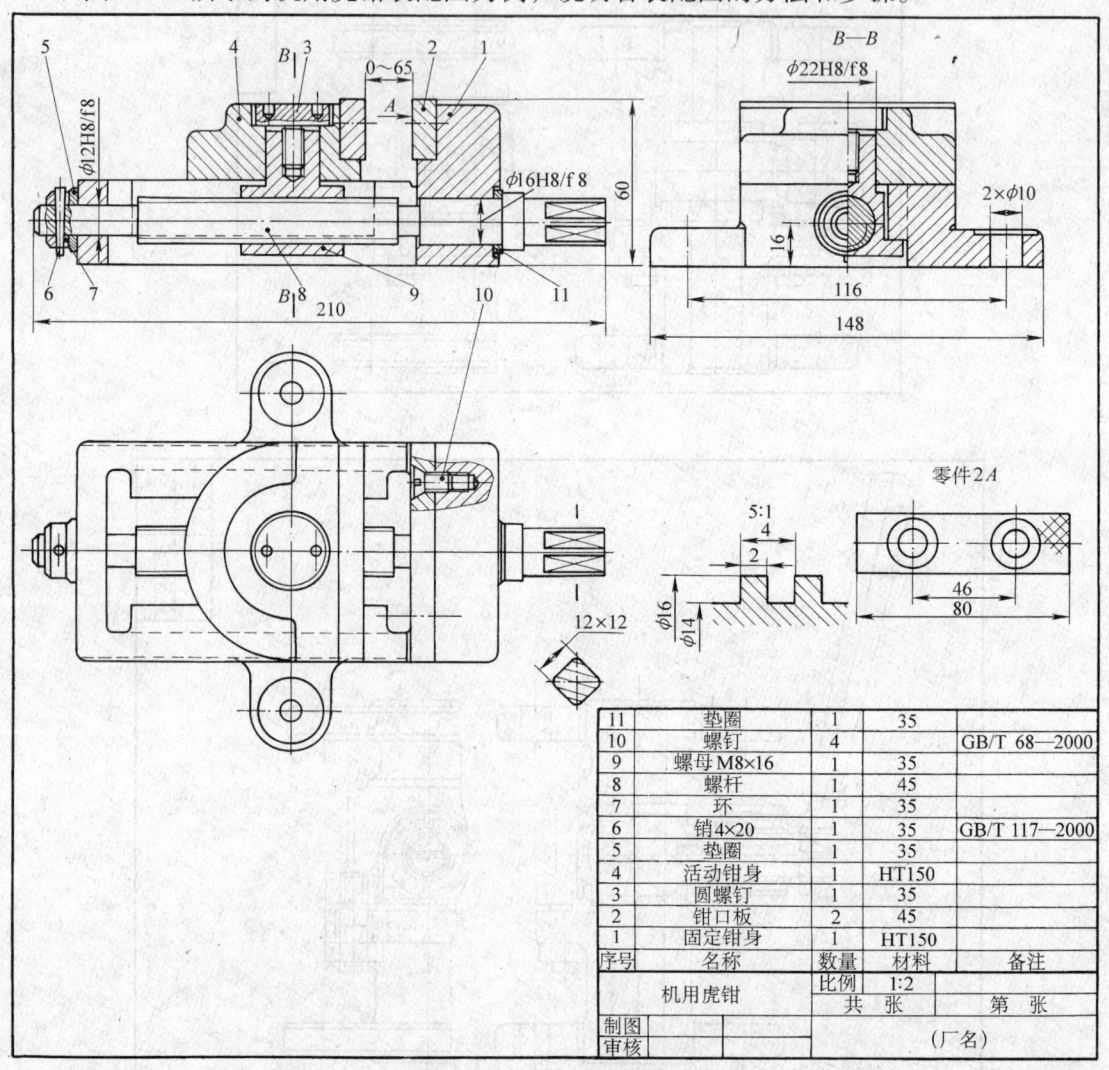

图8—25 机用虎钳装配图

1. 概括了解

首先，看装配图中的标题栏、明细栏和附加的产品说明书等有关技术资料，了解装配件的名称、用途等，然后，从视图中大致了解装配件的形状、尺寸和技术要求。如图8—25所示的机用虎钳，它是机床上夹持工件的部件，由 11 种共 15 个零件装配而成的。

2．分析表达方案

在概括了解的基础上对图形作进一步分析。弄清有几个视图，各视图的名称、相互间的关系、所采用的表达方法；采用了哪些剖视、断面，根据标记找到剖切位置和范围；图中有什么表达方法等。

从图 8—25 中可看出，机用虎钳装配图采用了三个基本视图和一个局部视图、一个局部放大图及一个移出断面。

主视图是全剖视图，剖切平面通过了虎钳装配干线（螺杆轴线）。主要反映出各零件间的相对位置、装配关系和工作原理。

左视图 B—B 是半剖视图，从另一个方向反映出固定钳身 1、活动钳身 4、螺母 9、圆螺钉 3 之间的连接配合方式，以及其中主要零件螺母 9 的结构形状。

俯视图则重点表达主要零件固定钳身 1 和活动钳身 4 的外形，其中的局部剖视图表达了钳口板 2 和钳身 1，4 的连接关系。

局部放大图和移出断面用以表达螺杆的牙型和其右端的结构形式。

A 向视图表达了钳口板的形状和装配尺寸。

3．分析尺寸

分析装配图上的尺寸，对弄清部件的规格、零件的配合性质和外形大小等有着重要的作用。图中所注"0~65"及钳口板宽度 80 为规格尺寸，210，148，60 是外形尺寸。固定钳身底部的孔 2×ϕ10 及中心距 116 是安装尺寸。另外，$\phi 22 \frac{H8}{f8}$，$\phi 16 \frac{H8}{f8}$，$\phi 12 \frac{H8}{f8}$ 都是配合尺寸。

4．分析装配关系、传动路线和工作原理

通过对各条装配干线的分析，并根据图中的配合尺寸等，搞清楚各零件之间的相互配合要求和运动零件与非运动零件的相对运动关系，尤其是传动方式、传动路线、作用原理以及零件的支承、定位、调整、连接、密封等结构形式。

机用虎钳上螺杆的轴线是装配的主要干线。螺杆 8 旋入螺母 9 内，螺杆两端的圆柱面与固定钳身上两轴孔分别为基孔制的间隙配合 $\phi 16 \frac{H8}{f8}$ 和 $\phi 12 \frac{H8}{f8}$，螺杆右端的轴肩通过垫圈 11 在固定钳身的右端起到轴向定位的作用，其左端用圆锥销 6 和环 7 连接，使它只能在固定钳身的轴孔内转动，而不能沿轴向移动，如图 8—25 所示。

螺母 9 的上端由下而上垂直穿入活动钳身 4 的孔内，$\phi 22 \frac{H8}{f8}$ 表示它们之间是基孔制的间隙配合，圆螺钉 3 将活动钳身和螺母连接在一起。活动钳身的底面平放在固定钳身左端的台面上。两块钳口板则分别用两个沉头螺钉连接在固定钳身和活动钳身上。

机用虎钳的工作原理是：当操作者转动螺杆 8 顺时针旋入螺母 9 时，螺母沿着固定钳身底部长方槽内的平面滑动，带动活动钳身右移，钳口闭合夹紧工件。反向旋转时，钳口松开卸下工件。

例 8—4 对减速器装配图的解读（见图 8—26）。

（1）概括了解

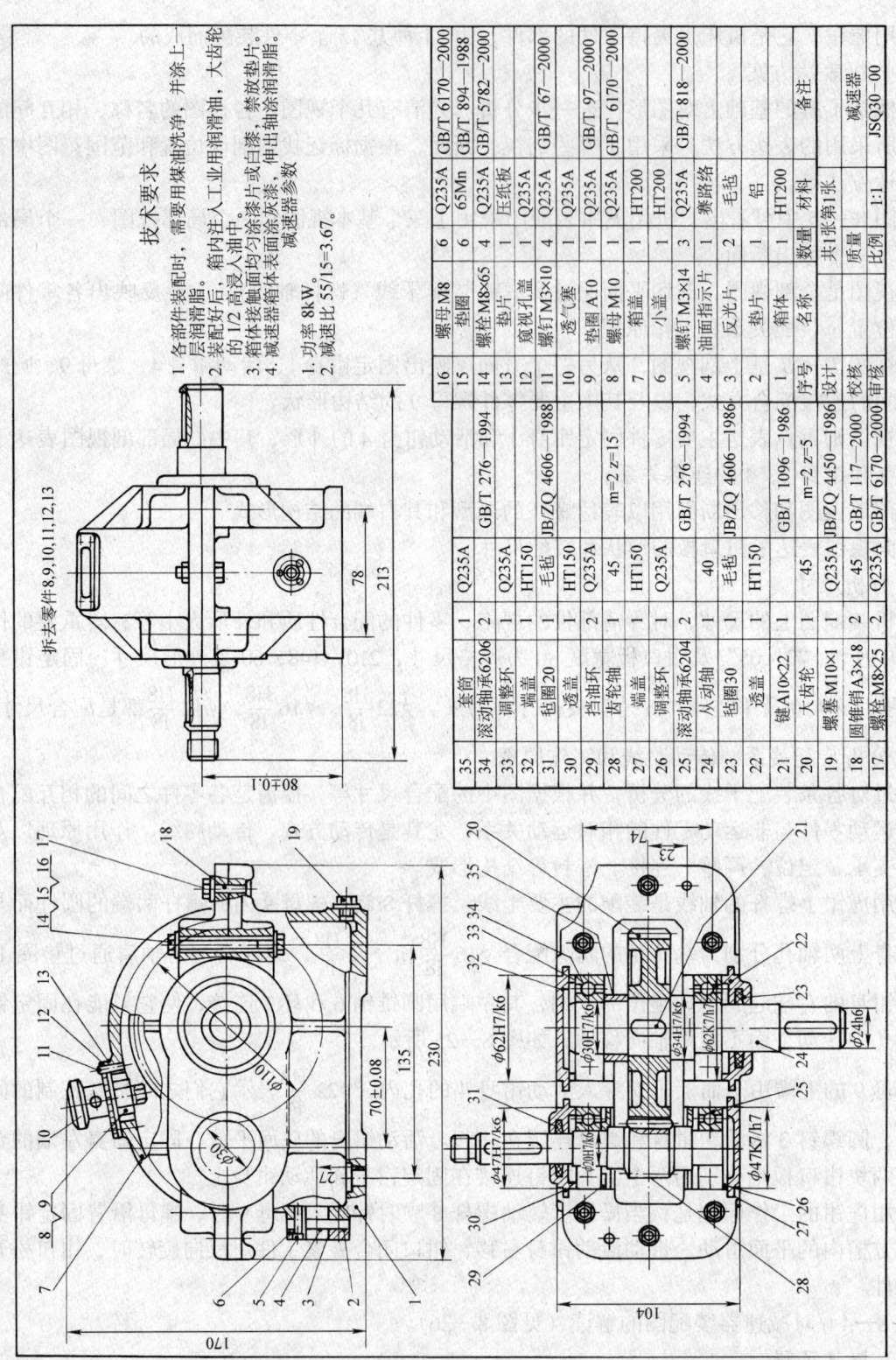

图 8—26 减速器装配图

由装配图的标题栏和明细栏可知，减速器由35种零件组成，其中标准件十几种，主要零件是轴、齿轮、箱盖、箱体等。

减速器装配图采用主视图、俯视图、左视图3个基本视图来表达减速器的内外结构和形状。按工作位置选择的主视图主要表达部件的整体外形特征，但不能反映主要装配关系。主视图上几处局部剖视表示箱盖7和箱体1的结合情况，箱盖上其他零件的连接情况，以及油标（2~6）、螺塞19等部位的局部结构。俯视图是沿箱盖与箱体结合面剖切的剖视图，集中反映了减速器的装配关系和工作原理。左视图充分表达减速器整体的外形轮廓。

主、俯、左视图上还标注了必要的尺寸；70 ± 0.08是减速器中心距规格尺寸；$\phi30$，$\phi110$和80 ± 0.1是装配体的重要尺寸；$\phi20\frac{H7}{k6}$，$\phi47\frac{H7}{k7}$，$\phi62\frac{H7}{k6}$，$\phi30\frac{H7}{k6}$，$\phi34\frac{H7}{k6}$等是有关零件之间的配合尺寸；减速器的总体尺寸为230，213，170。

(2) 工作原理

减速器是通过一对或数对齿数不同的齿轮啮合传动，将高速旋转运动变为低速旋转运动的减速机构。

该减速器为单级传动圆柱齿轮减速器，即只有齿轮啮合传动。动力从齿轮轴28（主动轴）的伸出端输入，小齿轮旋转带动大齿轮20旋转，并通过键21将动力传递到轴24（从动轴）。由于主动齿轮的齿数比从动齿轮的齿数少得多，所以，主动轴的高速转动，经齿轮传动降为从动轴的低速转动，从而达到减速的目的。

(3) 装配体的结构分析

1) 减速器有两条主要装配干线。一条以齿轮轴（主动轴）的轴线为公共轴心线，小齿轮居中，由调整环26、两个滚动轴承25、两个挡油环29和两个端盖27和30装配而成。由于小齿轮的齿数较少，所以与轴做成整体，称为齿轮轴。

另一条装配干线是以与大齿轮配合的从动轴的轴线为公共轴心线，大齿轮居中，由两个端盖、两个滚动轴承、一个套筒和一个调整环装配而成。从动轴与大齿轮用平键连接。

2) 轴通常由轴承支承，由于该减速器采用直齿圆柱齿轮传动，无轴向力，所以滚动轴承选用深沟球轴承。在减速器中，轴的位置是靠轴承等零件共同确定的，轴在工作时只能旋转，不允许沿轴线方向移动。从俯视图可看出，齿轮轴上装有滚动轴承、挡油环等零件，端盖27和30分别顶住两个滚动轴承的外圈，滚动轴承的内圈通过挡油环靠在轴的轴肩上，从而使齿轮在轴向定位。为了避免齿轮轴在高速旋转中因受热伸长而将滚动轴承卡住，在端盖30与滚动轴承外圈之间必须预留间隙（0.2~0.3 mm），间隙大小可由调整环26来控制。

3) 减速器中各运动零件的表面需要润滑，以减少磨损，因此，在减速器的箱体中装有润滑油。为了防止润滑油渗漏，在一些零件上或零件之间要有起密封作用的结构和装置。大齿轮应浸在润滑油中，其深度一般为两倍齿高，可用油标测定。齿轮旋转时将油带起，引起飞溅和雾化，不仅润滑齿轮，还散布到各部位，这是一种飞溅润滑方式。从俯视图可看出，端盖及毡圈23和31等都能防止润滑油沿轴的表面向外渗漏。挡油环的作用是借助其旋转时的离心力，将环面上的油甩掉，以防飞溅的润滑油进入滚动轴承内而稀释润滑脂。

4) 从主视图还可看出：箱盖7与箱体1用螺栓14连接，以此使轴径向固定，并保证减速器的密封性。圆锥销 18 使箱盖与箱体在装配时能准确定位对中；通气塞 10 用螺母 8 固定在窥视孔盖 12 上，窥视孔盖由四个螺钉 11 加垫片 13 固定在箱盖上，通过窥视孔可观察和加油。润滑油必须定期更换，污油通过放油孔排出。

(4) 零件的结构分析

零件是组成机器或部件的基本单元，零件的结构形状、大小和技术要求，是根据该零件在装配体中的作用以及与其他零件的装配连接方式，由设计和工艺要求决定的。

从设计要求考虑，零件在机器或部件中通常是起容纳、支承、配合、连接、传动、密封及防松等作用，这是确定零件主要结构的因素。

通过对装配体和零件的结构分析，可加深对前面已分析的零件各部分结构的的作用的理解，进而更加全面和深入地识读装配图。

下面着重对减速器中的从动轴和箱体进行结构分析。

1) 从动轴（见图 8—27）。从动轴的主要作用是装在轴承中支承齿轮传递扭矩（或动力）。从动轴共有 7 个轴段：右端 $\phi24$ 轴段上有键槽，通过键与外部设备连接；左端和中间的 $\phi30$ 轴段通过滚动轴承支承在箱体上；左端带键槽的 $\phi34$ 轴段通过键与从动齿轮连接；中间的 $\phi36$ 轴段的作用是为了轴向固定齿轮而做成较大的凸肩。

零件图中的倒角、退刀（越程）槽、倒圆是从动轴的局部结构。

2) 箱体（见图 8—28）。箱体的主要作用是容纳、支承轴和齿轮，并与箱盖连接。

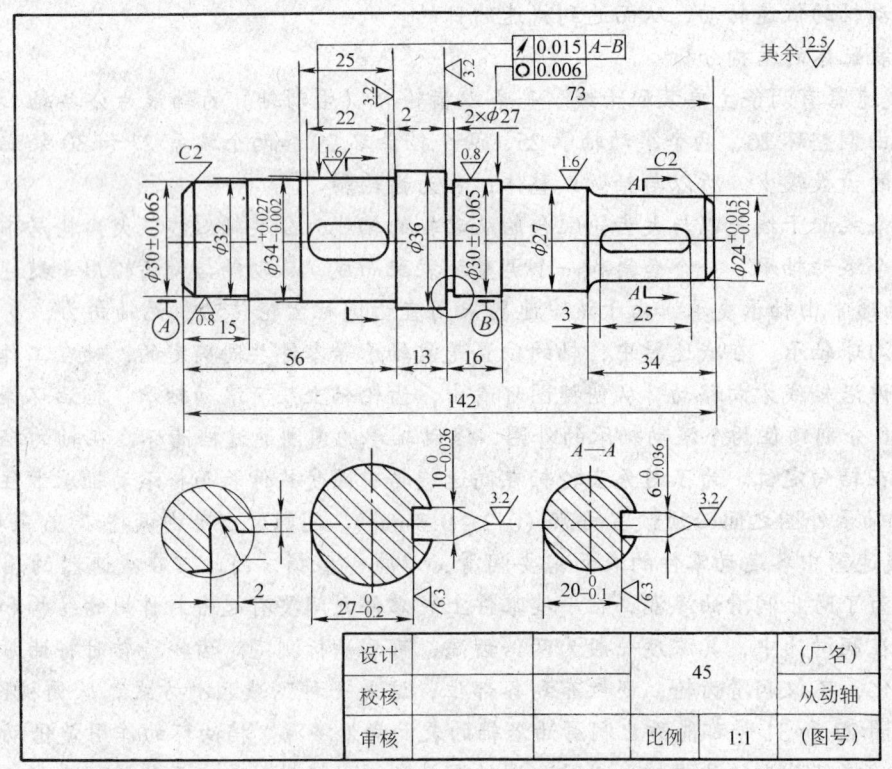

图 8—27 从动轴零件图

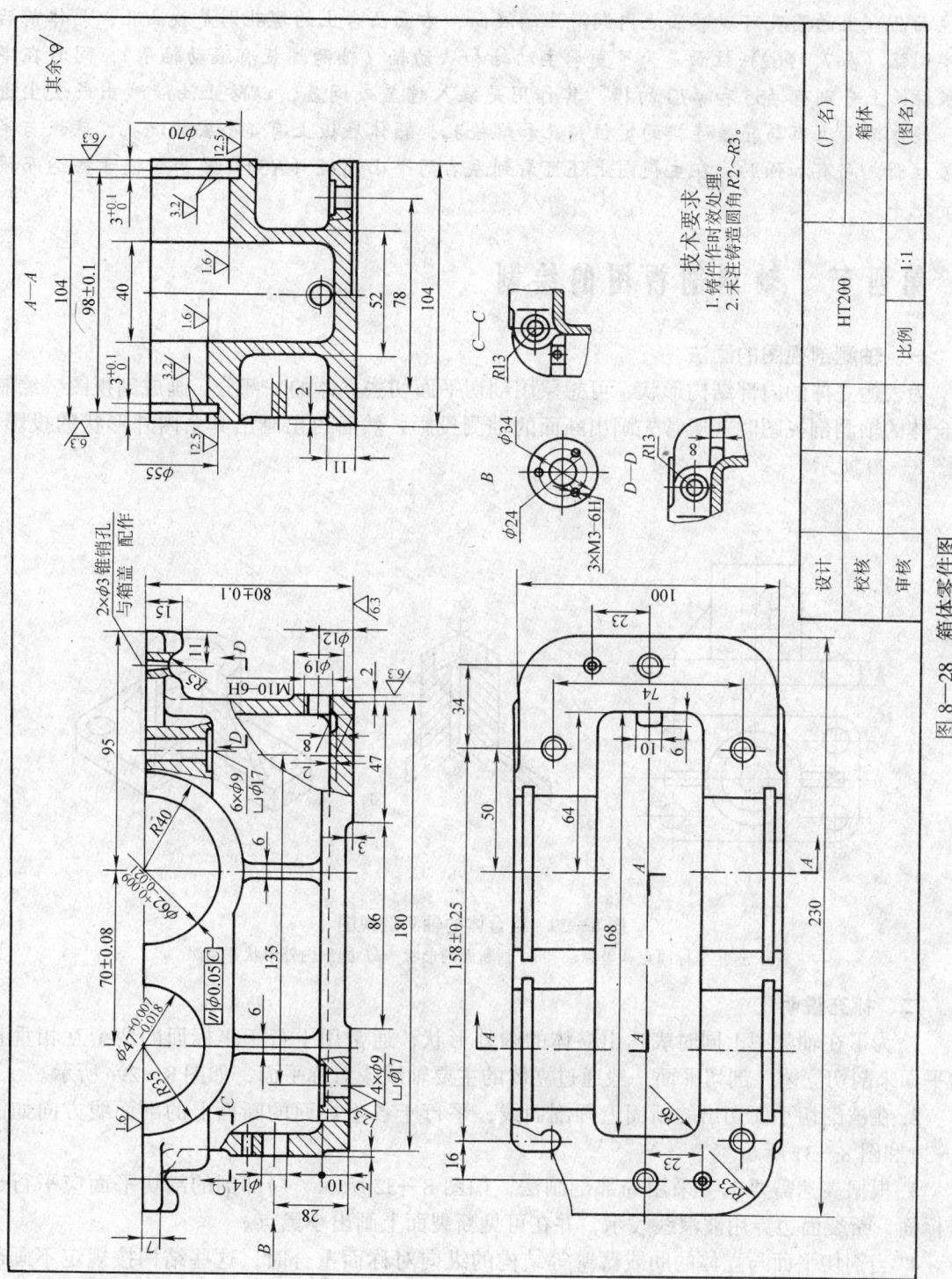

图 8-28 箱体零件图

对照箱体主、俯、左视图可看出：箱体中间的长方形空腔是为了容纳齿轮和润滑油；箱体左面凸台上的圆孔可观察油池内润滑油的液面，右面凸台上的螺孔则是放油孔；箱体前后的半圆弧（$\phi 47$，$\phi 62$）柱面是为了支承主动轴和从动轴（轴两端装有滚动轴承），同时在半圆板柱面上分别有 $\phi 55$ 和 $\phi 70$ 的槽，其作用是装入端盖或闷盖，以防止油液溅出或灰尘进入；箱体顶面上有与箱盖连接的定位销孔和螺栓孔，箱体底板上有4个安装沉孔，底板与半圆弧柱面之间有加强肋，在主视图上还可看到左右两个小圆板（$R5$），是为了便于搬运而设置的把手。

第四节 轴测剖视图的绘制

一、轴测剖视图的画法

为表达立体的内部结构形状，可想象用剖切平面切去立体的一部分，画成剖视图。绘制组合体的轴测剖视图时，通常先画出断面的轴测投影，然后再出画出其余内外形状的投影，如图8—29所示。

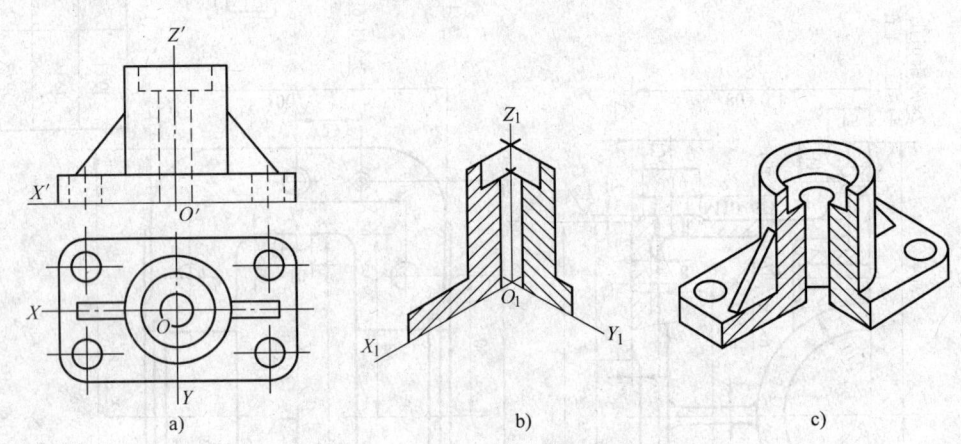

图8—29 组合体的轴测剖视图
a）选定坐标原点和坐标轴　b）画断面的形状　c）画出内外形状并加深

二、补充说明

1．为了在轴测图上同时表达出立体的内外形状，通常用平行于坐标面的两个互相垂直的平面来剖切立体，剖切平面一般通过立体的主要轴线或对称平面，如图8—29c所示。

2．在被剖切平面切出的断面上画剖面线，平行于各坐标面的断面上的剖面线方向如图8—30和图8—31所示。

3．根据表达需要也可采用局部剖画法，如图8—32所示。局部剖的剖切平面应平行于坐标面，断裂面边界用波浪线表示，并在可见断裂面上画出小黑点。

4．当剖切平面与立体的肋或薄壁等结构的纵向对称面重合时，这些结构按规定不画剖面线，而用粗实线将它与相邻部分分开，如图8—29c所示。

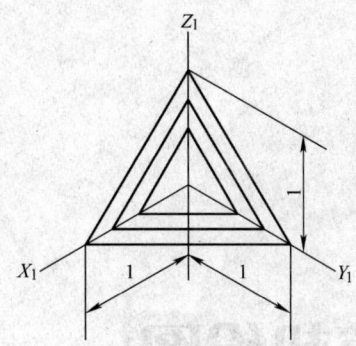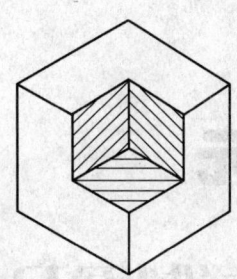

图 8—30　正等轴测图中的剖面线方向

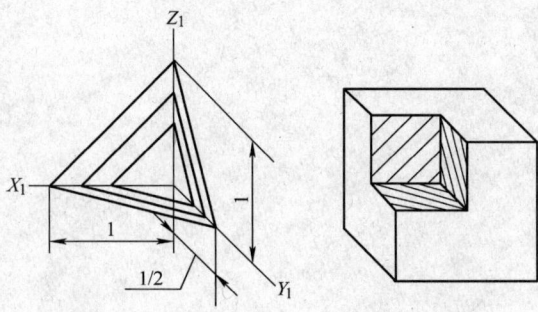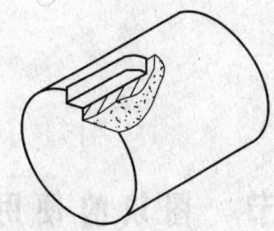

图 8—31　斜二轴测图中的剖面线方向　　　图 8—32　轴测图的局部剖画法

第九单元

高级机械制图员计算机绘图

第一节 图块的使用

图块是由图形中若干实体组合起来形成的实体集合。使用块可将许多对象作为一个部件进行组织和操作,从而可以简化绘图过程,节省存储空间。

一、块的定义

- 命　令　BLOCK（缩写：B）
- 菜　单　【绘图】→【块】→【创建】
- 工具栏　"绘图"工具栏中 ![icon]
- 说　明　BLOCK 命令所定义的块保存在当前图形中,只能在当前图形文件中调用,因此被称为内部块。执行该命令后,会弹出如图 9—1 所示的对话框。

可在"基点"选项框中输入插入基点的坐标值,或单击"拾取点"按钮指定基点。

可在"对象"选项框中单击"选择对象"按钮,选取包含在块定义中的对象,在选取对象时,对话框将暂时关闭,选取完成后按 Enter 键可重新显示对话框;如果需要创建选择集,则单击"快速选择"按钮创建或定义选择集过滤器。在"对象"选项框中指定保留对象、将对象转换为块或删除选定对象。

在"说明"中输入文字,有助于迅速检索块。

二、块插入

- 命　令　INSERT（缩写：I）
- 菜　单　【插入】→【块】

🔽 工具栏　"绘图"工具栏中 🔲。

🔽 说　明　该命令可以将块插入到当前图形中。执行该命令后，会弹出如图9—2所示的对话框。

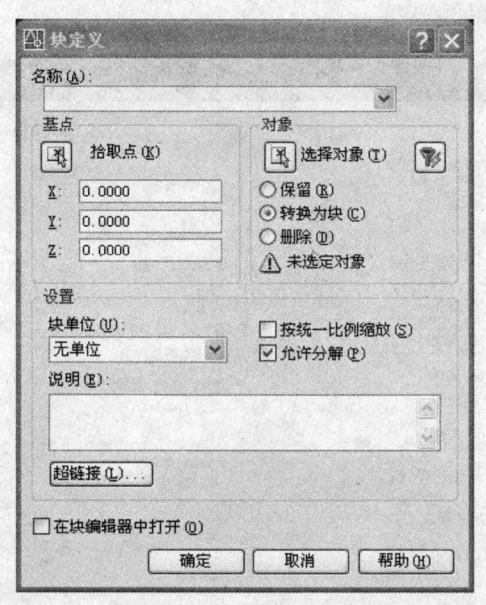

图9—1　"块定义"对话框

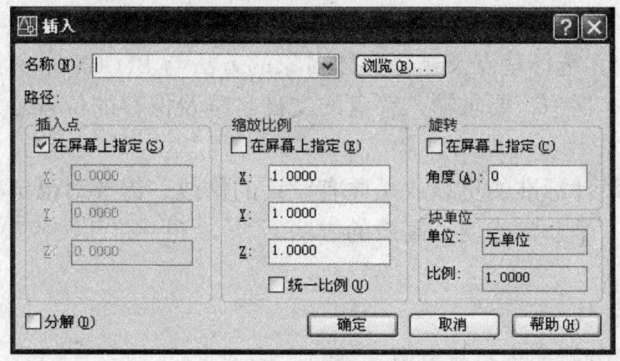

图9—2　"插入"对话框

若选择"在屏幕上指定"，则由鼠标在当前图形中指定图块的插入位置；也可以通过输入"X""Y""Z"坐标值来指定插入点。

若选择"在屏幕上指定"，则由鼠标在当前图形中的拖动来指定比例因子；也可以在下方的"X""Y""Z"框中直接输入比例因子；若此处将比例因子设为负值，则图块在插入后，会绕基点旋转180°。

若选中"分解"复选框，块插入后会分解为构成块的原有组成实体；反之，块插入后仍是一个整体。

三、块存盘

➥ 命　令　Wblock

➥ 说　明　Wblock 命令可将所选定的实体作为外部图形文件和图块保存。执行该命令后，会弹出如图 9—3 所示的对话框：

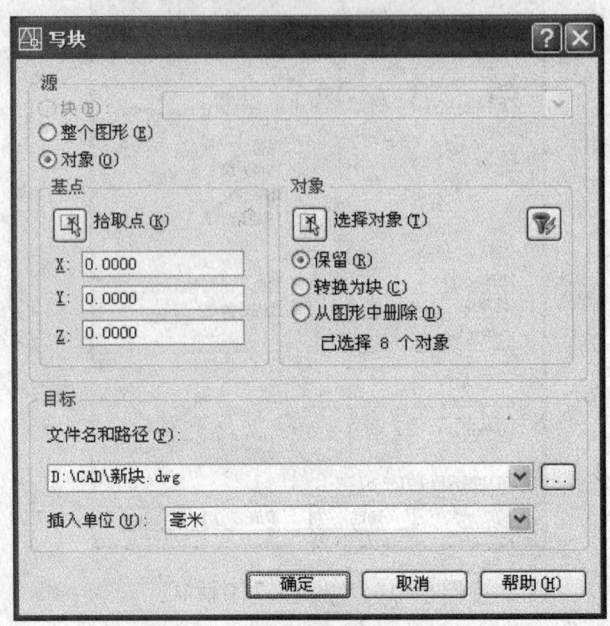

图 9—3　"写块"对话框

"写块"对话框中，选择基点及选择实体对象的方法与 BLOCK 命令相同。在对话框下方的"文件和路径"文本框中，要求输入存盘的文件名称及保存的位置。

四、更新块定义

随着设计规范和设计标准的更新或是原有设计的修改，需要对已定义的块进行修改，此时使用更新块定义是一个非常方便、高效的方法。

操作步骤如下：

（1）插入要修改的块。

（2）用 EXPLODE 分解命令将块分解。

（3）对分解后的块进行编辑修改。

（4）用 BLOCK 或 BMAKE 命令，将修改后的图形对象重新定义成块，重新定义的块的名称与分解前的块同名。

完成此命令后，块会被重新定义，并且图中所有对该块的引用将全部自动修改更新。

例 9—1　利用图块命令绘制如图 9—4 所示的螺纹孔图形并按要求修改。

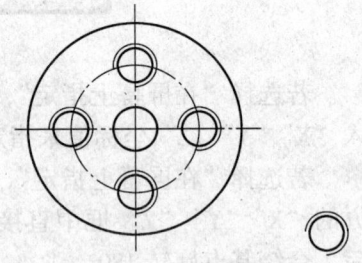

图 9—4　插入图块后的压板

（1）设置图层、线型、颜色。单击【格式】菜单→【图层】，在弹出的"图层特性管理器"对话框中,设置好图层、颜色、线型、线宽,如图9—5所示。

(2) 绘制圆形压板。

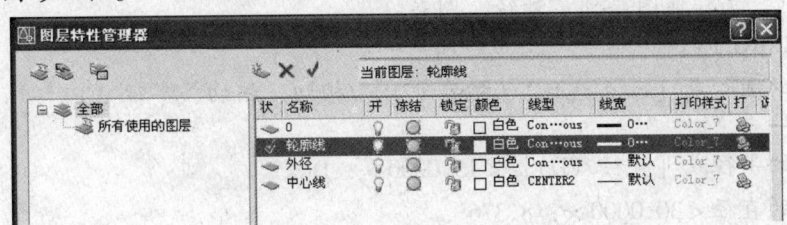

图9—5 设置图层、线型、颜色

命令: //转换图层到"中心线"图层
命令:LINE ↵
指定第一点: //鼠标在屏幕上指定中心线第一点
指定下一点或[放弃(U)]:@60<0 ↵
指定下一点或[放弃(U)]:↵   //直接按Enter键
命令:LINE ↵
指定第一点: //通过对象捕捉到第一条中心线的中点
指定下一点或[放弃(U)]:@30<90 ↵
指定下一点或[放弃(U)]:↵
命令:LINE ↵
指定第一点: //通过对象捕捉到第一条中心线的中点
指定下一点或[放弃(U)]:@30<-90 ↵
指定下一点或[放弃(U)]:↵   //直接按Enter键,圆形压板的中心线绘制完成
命令:CIRCLE ↵
指定圆的圆心或[三点(3P)/两点(2P)/相切、相切、半径(T)]:   //对象捕捉到中心线交点
指定圆的半径或[直径(D)]:15 ↵   //作确定螺纹孔圆心的辅助圆
命令://转换图层到"轮廓线"图层
命令:CIRCLE ↵
指定圆的圆心或[三点(3P)/两点(2P)/相切、相切、半径(T)]:   //对象捕捉到中心线交点
指定圆的半径或[直径(D)]<12.5000>:25 ↵   //作出圆形压板大圆
命令:CIRCLE ↵
指定圆的圆心或[三点(3P)/两点(2P)/相切、相切、半径(T)]: //对象捕捉到中心线交点
指定圆的半径或[直径(D)]<25.000>:5 ↵   //作出大圆中心孔

(3) 绘制螺纹孔。

```
命令：       //转换图层到"外径"图层
命令：CIRCLE ↵
指定圆的圆心或 [三点 (3P) /两点 (2P) /相切、相切、半径 (T)]:       //鼠标在屏幕上指定一点
指定圆的半径或 [直径 (D)] <15.0000>: D ↵
指定圆的直径 <30.0000>: 8.376 ↵
命令：       //转换图层到"轮廓线"图层
命令：CIRCLE ↵
指定圆的圆心或 [三点 (3P) /两点 (2P) /相切、相切、半径 (T)]:       //对象捕捉到螺纹孔大径的圆心
指定圆的半径或 [直径 (D)] <4.1880>: 5 ↵       //作出螺纹孔的小径
命令：BREAK ↵
选择对象：       //通过鼠标选择大径的第一个打断点
指定第二个打断点或 [第一点 (F)]:       //通过鼠标选择大径的第二个打断点
```

此时绘出的图形如图9—6所示。

(4) 定义图块。执行Block命令，在弹出的"块定义"对话框的"名称"中，输入"螺纹孔"；单击"拾取插入基点"按钮，用鼠标选择螺纹孔的圆心作为基点；单击"选择对象"按钮，选择所绘的螺纹孔对象；最后单击"确定"按钮，完成图块的定义。

(5) 插入图块。单击【插入】菜单→【块】，在弹出的"插入"对话框的"名称"下拉框中选择"螺纹孔"，单击"确定"按钮；使用鼠标对象捕捉到中心线与辅助圆的交点，插入"螺纹孔"图块。将另3个螺纹孔用同样的方法插入到如图9—4所示的位置。

(6) 修改图块。单击【修改】菜单→【分解】，使用鼠标选择"螺纹孔"图块实体，按Enter键；单击【修改】菜单→【删除】，使用鼠标选择螺纹孔的外径，按Enter键；执行Block命令，在弹出的"块定义"对话框的"名称"下拉框中，选择"螺纹孔"，并单击"拾取插入基点"按钮，用鼠标选择圆心作为基点；单击"选择对象"按钮，选择修改后的圆，按Enter键，单击"确定"按钮，此时屏幕上会弹出"螺纹孔已定义。图形中已存在4个块参照。是否更新定义及其块参照？"对话框，单击"是"按钮。此时图形会变成如图9—7所示，所有插入的块都会自动修改更新。

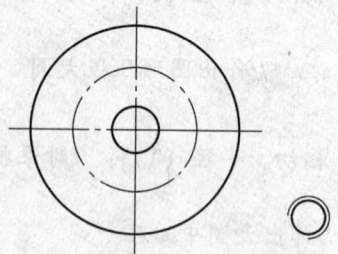

图9—6 压板与螺纹孔

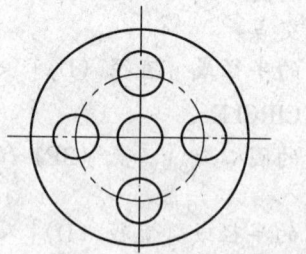

图9—7 修改图块后的压板

第二节　属性的定义与编辑

属性是图块的一个组成部分，提供标签或标记在块上的附着文字。只要插入带有可变属性的块，AutoCAD 就会提示输入与块一同存储的数据，如零件编号、价格、注释和制造商的名称等。属性不能独立存在及使用，在块插入时才会出现。要使用具有属性的块，首先应对属性进行定义。

一、定义块的属性

　命　令　【DDATTDEF】（缩写：ATT）
　菜　单　【绘图】→【块】→【定义属性】
　说　明　执行该命令后，会弹出如图 9—8 所示的对话框。

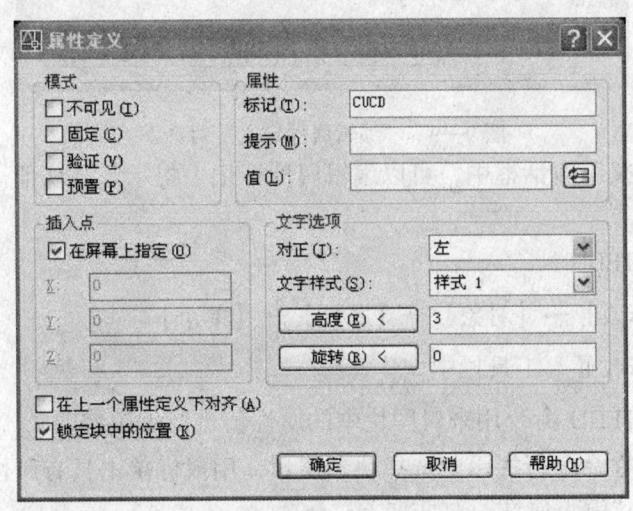

图 9—8　"属性定义"对话框

在"属性定义"对话框的"模式"选项框中，可设置在图形中插入块时，与块关联的属性值选项。选定"不可见"选项，指定插入块时不显示或打印属性值。选定"固定"选项，在插入块时赋予属性固定值。选定"验证"选项，插入块时提示验证属性值是否正确。选定"预置"选项，插入包含预置属性值的块时，将属性设置为默认值。

"属性"选项框用于设置属性数据。"标记"文本框中，可输入图形中每次出现的属性。"提示"文本框，用于指定在插入包含该属性定义的块时显示的提示；如果不输入提示，属性标记将用作提示。如果在"模式"选项框中选择"固定"模式，"提示"选项将不可用。"值"文本框，用于指定默认属性值。

在执行 DDATTDEF 命令前，须先画出与属性相关的图形。在完成属性定义后，执行 BMAKE 定义块命令，将属性及与属性相关的图形定义为块。

二、编辑属性

1. 编辑属性定义

在将属性定义与块相关联之前，可以对属性的标记、提示及默认属性值等进行编辑修改。

↘ 命　令　【DDEDIT】

↘ 菜　单　【修改】→【对象】→【文字】→【编辑】

↘ 工具栏　"文字"工具栏中 A

↘ 说　明　执行该命令后，首先须选择要编辑的属性，此时会弹出一个"编辑属性定义"对话框，如图9—9所示。

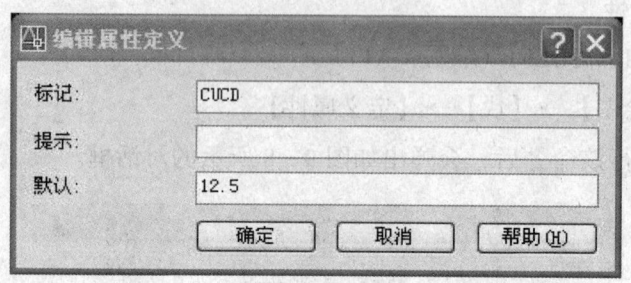

图9—9　"编辑属性定义"对话框

在"编辑属性定义"对话框中，可以编辑属性标记、提示和默认值。

2. 编辑属性

↘ 命　令　ATTEDIT

↘ 菜　单　【修改】→【对象】→【属性】→【单个】

↘ 工具栏　"修改Ⅱ"工具栏中

↘ 说　明　ATTEDIT命令用来对图块中的属性值进行编辑修改。

执行该命令后，在命令行提示"选择块参照："，用鼠标单击具有属性的块后，屏幕上弹出如图9—10所示的"编辑属性"对话框。

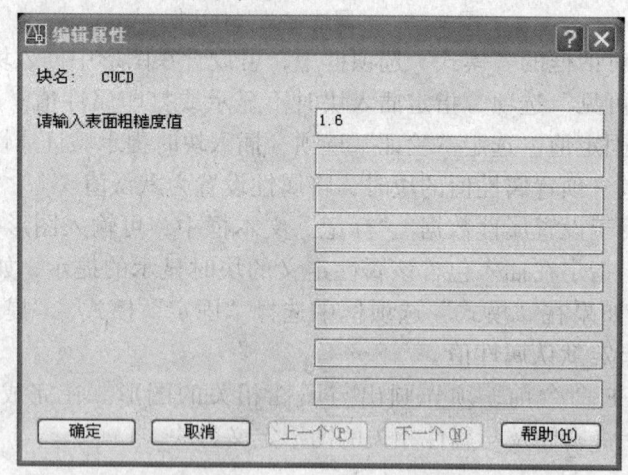

图9—10　"编辑属性"对话框

"编辑属性"对话框中,可以对列出的所选图块的属性值进行编辑修改。该对话框一页可列出所选图块的 8 种属性,如果图块还有更多的属性,可以通过该对话框中的"上一个""下一个"按钮翻页。

例 9—2 将表面粗糙度定义为有属性的块,并在图 9—11 的左图中插入,结果如图 9—11 右图所示。

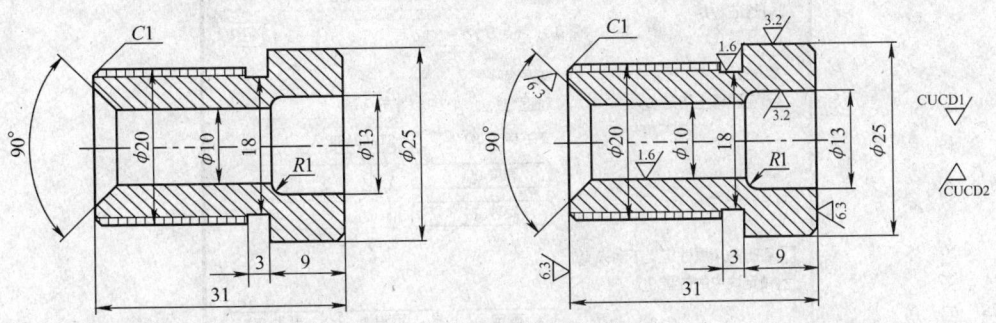

图 9—11 表面粗糙度标注

(1) 绘制表面粗糙度符号图形。

```
命令:LINE ↵
指定第一点:    //通过鼠标任选一点
指定下一点或 [放弃 (U)]:@9<-120 ↵
指定下一点或 [放弃 (U)]:@4<120 ↵
指定下一点或 [闭合 (C) /放弃 (U)]:@4<0 ↵
指定下一点或 [闭合 (C) /放弃 (U)]:↵    //按 Enter 键,结束"直线"命令
```

此时绘出表面粗糙度符号图形。将该图形利用"复制"命令(COPY)复制后,再将复制后的图形旋转 180°。

(2) 定义属性。单击【绘图】菜单→【块】→【定义属性】,此时屏幕上弹出"属性定义"对话框;在"标记"文本框中,输入"CUCD1";在"提示"文本框中,输入提示信息"请输入表面粗糙度值";在"值"文本框中,输入"3.2";在"高度"按钮后的文本框中输入"1.5";单击"确定"按钮,此时切换到绘图窗口,用鼠标在表面粗糙度符号图形的水平线的左上方选取一点即可,如图 9—12 所示。同样的方法,创建属性 CUCD2。

(3) 定义块。单击【绘图】菜单→【块】→【创建】,此时屏幕上弹出"块定义"对话框;在"名称"文本框中输入"CUCD1";单击"拾取点"按钮,此时切换到绘图窗口,用鼠标在表面粗糙度符号图形的下尖点上单击,以该点作为插入块的基点,自动返回"块定义"对话框;单击"选择对象"按钮,此时切换到绘图窗口,用鼠标选择图中的粗糙度符号和属性,按 Enter 键返回对话框;单击"确定"按钮,屏幕上出现"编辑属性"对话框,可对属性进行编辑。同样的方法创建块 CUCD2。

(4) 插入块与属性。单击【插入】菜单→【块】，此时屏幕上弹出块"插入"对话框；在"名称"下拉列表框中选择"CUCD1"；单击"确定"按钮，此时命令行的提示如下：

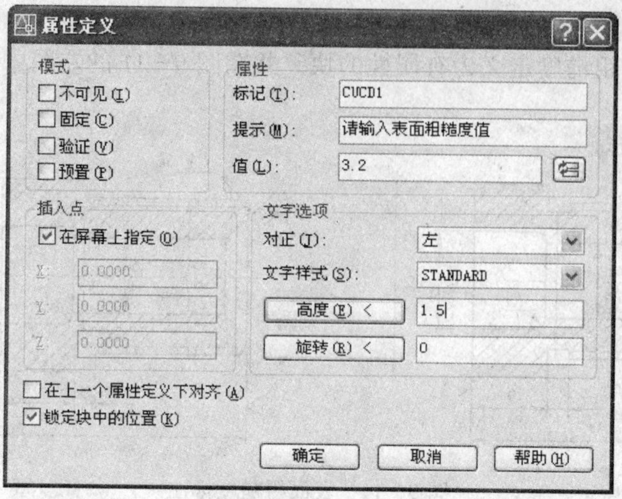

图9—12　表面粗糙度的"属性定义"对话框

```
    指定插入点或 [基点（B）/比例（S）/旋转（R）/预览比例（PS）/预览旋转
（PR）]：  //用鼠标指定块的插入点
    输入属性值  //系统提示信息
    请输入表面粗糙度值<3.2>：↵   //此处按 Enter 键，使用默认值
```

此时完成第一个表面粗糙度的标注。

单击【插入】菜单→【块】，此时屏幕上弹出块"插入"对话框；在"名称"下拉列表框中选择"CUCD2"；在旋转"角度"的文本框中，输入"90"；单击"确定"按钮，此时命令行的提示如下：

```
    指定插入点或 [基点（B）/比例（S）/旋转（R）/预览比例（PS）/预览旋转
（PR）]：  //鼠标指定块的插入点
    输入属性值  //系统提示信息
    请输入表面粗糙度值<3.2>：6.3 ↵
```

此时完成第二个表面粗糙度的标注。用同样的方法，完成其余的表面粗糙度的标注。

第三节　外部参照

外部参照可把其他图形链接到当前图形中，并且作为外部参照的图形会随着原图形的修改而更新。此外，外部参照不会明显地增加当前图形的文件大小，从而可以节省磁盘空间，也利于保持系统的性能。

当一个图形文件被作为外部参照插入到当前图形中时，外部参照中每个图形的数据仍然分别保存在各自的源图形文件中，当前图形中所保存的只是外部参照的名称和路径。无论一个外部参照文件多么复杂，AutoCAD 都会把它作为一个单一对象来处理，而不允许进行分解。用户可对外部参照进行比例缩放、移动、复制、镜像或旋转等操作，还可以控制外部参照的显示状态，但这些操作都不会影响到源图形文件。

外部参照特别适用于多个设计者的协同工作，比如通过附着外部参照，可以把一些在项目开发过程中需要不断修改的部件图组合成总装配图；把其他用户的图形放置在自己的图形上，合并自己和其他用户的工作，从而与其他用户所做的修改保持同步；确保显示参照图形的最新版本。在打开或打印图形时，AutoCAD 会自动重载每个外部参照，所以，它反映的是参照图形文件的最新状态。

一、附着外部参照

命　令　XATTACH（缩写：XA）

菜　单　【插入】→【外部参照】

工具栏　"参照"工具栏中

说　明　执行该命令，在屏幕上弹出"选择参照文件"对话框，选择要作为外部参照插入的图形文件，然后单击"打开"按钮，屏幕上会出现"外部参照"对话框，如图 9—13 所示。

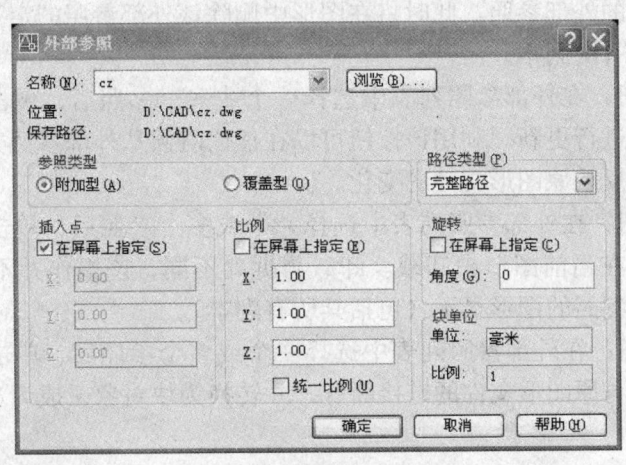

图 9—13　"外部参照"对话框

二、外部参照管理器

对于图形中所引用的外部参照，AutoCAD 主要是通过外部参照管理器来进行管理的。

命　令　XREF（缩写：XR）

菜　单　【插入】→【外部参照管理器】

🔽 工具栏 "参照"工具栏中 🗐

🔽 说　明 执行该命令后，系统将弹出"外部参照管理器"对话框，如图 9—14 所示，在对话框中，可以查看已附着的外部参照的详细信息，也可以利用该对话框对外部参照进行各种管理和设置。该对话框中各按钮含义如下。

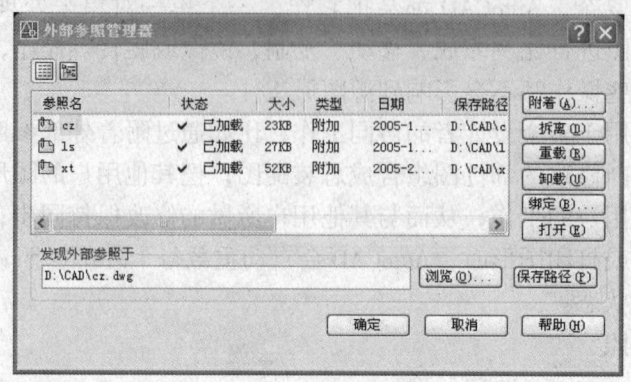

图 9—14　"外部参照管理器"对话框

（1）"附着"按钮：如果在列表中选择了一个已有的外部参照，单击"附着"按钮，屏幕上会弹出"外部参照"对话框，用于在图形中插入该参照的一个副本。如果没有选择或选择多个外部参照，则单击该按钮将显示"选择参照文件"对话框，可定位并插入新外部参照文件。

（2）"拆离"按钮：在外部参照列表中选择一个或多个参照后，单击"拆离"按钮，可以从图形中拆离指定的外部参照。此时将在图形中删除该外部参照的定义，并清除该外部参照的图形，包括其所有的副本。

（3）"重载"按钮：在外部参照列表中选择一个或多个参照后，单击"重载"按钮，可以对指定的外部参照进行更新。利用该按钮可以在任何时候从外部参照文件中重新读取外部参照图形，以及时地反映原图形文件的变化。

（4）"卸载"按钮：在外部参照列表中选择一个或多个参照后，单击"卸载"按钮，可以将指定的外部参照在当前图形中卸载。卸载与拆离不同，该操作并不删除外部参照的定义，而仅仅取消外部参照的图形显示（包括其所有副本）。

（5）"绑定"按钮：在外部参照列表中选择一个或多个参照后，单击"绑定"按钮，可以将指定的外部参照与原图形文件的链接断开，并转换为块对象，成为当前图形的永久组成部分。

第四节　二维图形的绘制

一、零件图绘制

AutoCAD 绘制零件图的一般步骤为：

1. 分析零件特点，确定表达方案。

2. 调用样板图。
3. 对零件形体进行分析，确定各部分的作图顺序。
4. 使用"构造线"或"直线"命令绘制定位线或中心线。
5. 画各个视图的轮廓线。
6. 绘制波浪线、剖面线。
7. 设置尺寸样式，标注尺寸。
8. 填写技术要求，重新布局图形。

例 9—3 制作一个竖放的 A3 图幅的样板图

AutoCAD 2006 所提供的样板中，没有符合我国机械制图标准的样板。为避免每次绘图之前都要重复进行诸如标题框、边界、图层、线型、尺寸变量、文字高度等参数的设置，可以根据这些标准建立一组相对稳定、具有基本作图和通用设置的基础图形——图形样板。在开始绘图工作时可以在样板图的基础上建立新图，这对于大批量图形绘制是极为方便的，而且它在保证图形标准和统一的同时还可提高绘图的效率。

(1) 设置图幅尺寸。A3 图纸幅面为 420 mm × 297 mm，单击【格式】菜单→【图形界限】，或者执行 LIMITS 命令，命令的操作如下：

```
命令：LIMITS ↵    //执行"图形界限"命令
重新设置模型空间界限：    //系统提示信息
指定左下角点或 [开(ON)/关(OFF)] <0.0000, 0.0000> ↵    //按 Enter 键，以坐标原点为左下角
指定右上角点 <420.0000, 297.0000>：297, 420 ↵    //指定右上角的坐标
```

(2) 设置图层。单击【格式】菜单→【图层】，打开"图层特性管理器"对话框，新建图层，设置相应的颜色、线型和线宽，如图 9—15 所示。

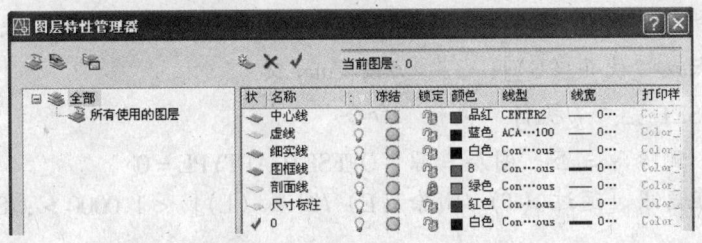

图 9—15 设置图层

(3) 设置标注样式。单击【格式】菜单→【标注样式】，打开"标注样式管理器"对话框，单击"修改"按钮，打开"修改标注样式：ISO-25"对话框，将"尺寸线""尺寸界线"的颜色和线宽分别设置为"ByLayer"，并按照国家标准对尺寸标注的一些基本要求进行设置。

(4) 绘制边框线。单击"图层"工具栏上的图层列表，在下拉列表中选择"图框线"层为当前图层；单击窗口下方的"辅助绘图"工具栏状态栏上的"线宽"按钮，打开线宽显示

功能；按F10键，打开极轴追踪功能。

> 命令：LINE ↵　　//执行"直线"命令
> 指定第一点：25, 5 ↵　　//输入第一点的坐标
> 指定下一点或 [放弃 (U)]：260 ↵　　//极轴追踪到0°方向，输入线段长度
> 指定下一点或 [放弃 (U)]：410 ↵　　//极轴追踪到90°方向，输入线段长度
> 指定下一点或 [闭合 (C) /放弃 (U)]：260 ↵　　//极轴追踪到180°方向，输入线段长度
> 指定下一点或 [闭合 (C) /放弃 (U)]：C ↵　　//输入C，闭合线段，完成边框

(5) 绘制标题栏。先绘制标题栏的外框。

> 命令：LINE ↵ //执行"直线"命令
> 指定第一点：155, 5 ↵　　//输入第一点的坐标
> 指定下一点或 [放弃 (U)]：40 ↵　　//极轴追踪到90°方向，输入线段长度
> 指定下一点或 [放弃 (U)]：130 ↵　　//极轴追踪到0°方向，输入线段长度
> 指定下一点或 [闭合 (C) /放弃 (U)]：↵　　//按Enter键，完成标题栏外框绘制

接下来绘制标题栏中的线段。单击"图层"工具栏上的图层列表，在下拉列表中选择"细实线"层为当前图层。

> 命令：LINE ↵　　//执行"直线"命令，绘标题栏内横线
> 指定第一点：155, 13 ↵　　//输入第一点的坐标
> 指定下一点或 [放弃 (U)]：130 ↵　　//极轴追踪到0°方向，输入线段长度
> 指定下一点或 [放弃 (U)]：↵　　//按Enter键
> 命令：OFFSET ↵　　//执行"偏移"命令
> 当前设置：删除源=否　图层=源　OFFSETGAPTYPE=0
> 指定偏移距离或 [通过 (T) /删除 (E) /图层 (L)] <1.0000>：8 ↵　　//指定偏移距离为8
> 选择要偏移的对象，或 [退出 (E) /放弃 (U)] <退出>：　　//鼠标选取第一条细实线
> 指定要偏移的那一侧上的点，或 [退出 (E) /多个 (M) /放弃 (U)] <退出>：//鼠标在第一条细实线上方单击
> 选择要偏移的对象，或 [退出 (E) /放弃 (U)] <退出>：　　//重复上面步骤，鼠标选择第二条细实线，向上偏移，完成4条细实横线的绘制

```
……
命令：LINE ↵     //执行"直线"命令，绘标题栏内竖线
指定第一点：220，5 ↵     //输入第一点的坐标
指定下一点或 [放弃 (U)]：40     //极轴追踪到90°方向，输入线段长度
指定下一点或 [放弃 (U)]： ↵     //按 Enter 键
命令：OFFSET ↵     //执行"偏移"命令
当前设置：删除源＝否　图层＝源　OFFSETGAPTYPE＝0
指定偏移距离或 [通过 (T) /删除 (E) /图层 (L)] <8.0000>：12 ↵     //指定偏移距离为 12
选择要偏移的对象，或 [退出 (E) /放弃 (U)] <退出>：     //鼠标选取第一条细实竖线
指定要偏移的那一侧上的点，或 [退出 (E) /多个 (M) /放弃 (U)] <退出>：     //鼠标在第一条细实竖线右方单击
命令：OFFSET ↵
当前设置：删除源＝否　图层＝源　OFFSETGAPTYPE＝0
指定偏移距离或 [通过 (T) /删除 (E) /图层 (L)] <12.0000>：18 ↵
选择要偏移的对象，或 [退出 (E) /放弃 (U)] <退出>：     //重复上面步骤，鼠标选取第二条细实竖线，向右偏移 18；选择第一条细实竖线，分别向左偏移 25 和 50，完成 5 条细实竖线的绘制
```

接下来使用"修剪"命令，对多余细实线段进行修剪，得到如图 9—16 所示的图框标题栏。

(6) 标注标题栏中的文字。单击【格式】菜单→【文字样式】，打开【文字样式】对话框。单击"新建"按钮，新建一种文字样式，字体为"仿宋 GB 2312"，宽度比例设置为 0.7，文本高度设为 5。单击"应用"按钮。

执行 TEXT 命令，填写好标题栏，结果如图 9—16 所示。

			比例			
			件数			
制图			重量		第　张	共　张
描图						
审核						

图 9—16　图框标题栏

(7) 保存。单击【文件】菜单→【另存为】，打开"图形另存为"对话框，将"文件类型"选为"AutoCAD 图形样板文件 (﹡.dwt)"，指定保存路径，给出文件名称为"A3 样板"，单击"保存"按钮。完成保存后屏幕上会弹出"样板说明"对话框，填写该样板图的说明，

完成该样板图的绘制。

今后在绘制 A3 图纸的图形时，在新建文件时选择使用该样板即可，如图 9—17 所示。可用同样方法，对不同幅面和方向的图纸作出相应的样板文件，以方便今后在绘图中使用。

图 9—17　通过样板新建文件

例 9—4　绘制如图 9—18 所示的叉架类零件图。

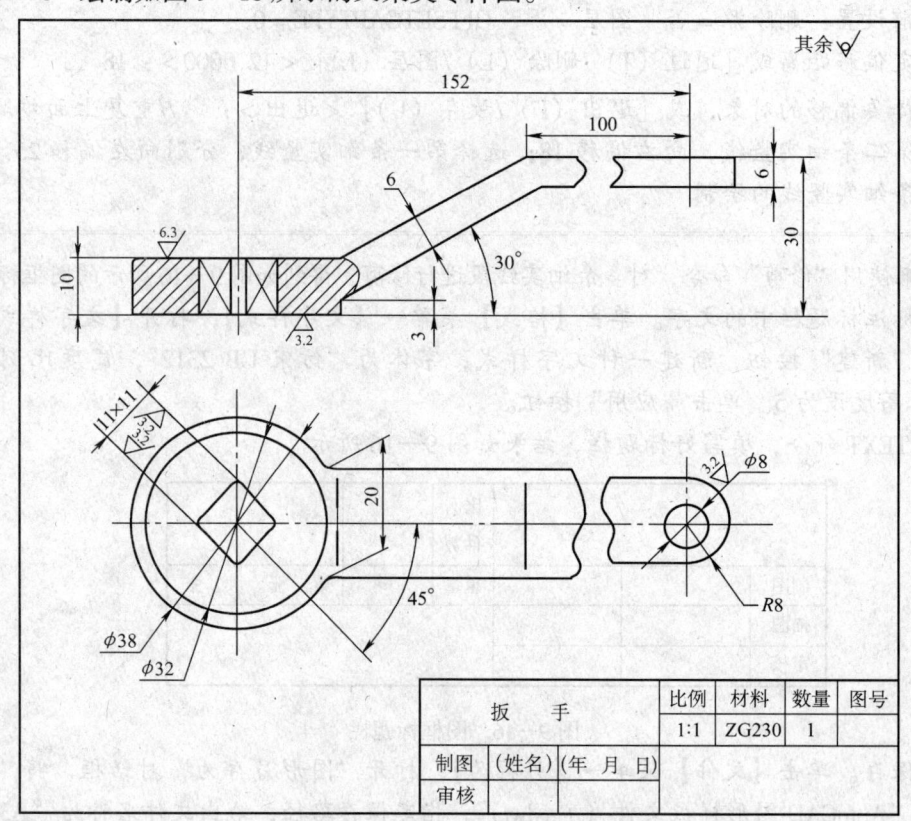

图 9—18　叉架类零件

(1) 调用自己制作的 A4 样板图，对图层、线型、颜色等作相应的调整。

(2) 绘制中心线和基准线。单击"图层"工具栏的图层下拉列表，选择"中心线"层为当前图层。

```
命令：_line 指定第一点：20，90 ↵    //执行"直线"命令，输入第一点的坐标
指定下一点或 [放弃 (U)]：140 ↵    //极轴追踪到 0°方向，输入线段长度
命令：_line 指定第一点：45，75 ↵    //执行"直线"命令，输入第一点的坐标
指定下一点或 [放弃 (U)]：100 ↵    //极轴追踪到 90°方向，输入线段长度
命令：_offset    //执行"偏移"命令
当前设置：删除源=否   图层=源   OFFSETGAPTYPE=0
指定偏移距离或 [通过 (T) /删除 (E) /图层 (L)] <通过>：100 ↵    //输入偏移的距离为 100
选择要偏移的对象，或 [退出 (E) /放弃 (U)] <退出>：   //用鼠标选取垂直的中心线
指定要偏移的那一侧上的点，或 [退出 (E) /多个 (M) /放弃 (U)] <退出>：
//鼠标在右侧单击
选择要偏移的对象，或 [退出 (E) /放弃 (U)] <退出>：  ↵    //按 Enter 键，结束命令
命令：_offset    //执行"偏移"命令
当前设置：删除源=否   图层=源   OFFSETGAPTYPE=0
指定偏移距离或 [通过 (T) /删除 (E) /图层 (L)] <100.0000>：70 ↵    //输入偏移的距离为 70
选择要偏移的对象，或 [退出 (E) /放弃 (U)] <退出>：   //用鼠标选择水平的中心线
指定要偏移的那一侧上的点，或 [退出 (E) /多个 (M) /放弃 (U)] <退出>：
//鼠标在上方单击
选择要偏移的对象，或 [退出 (E) /放弃 (U)] <退出>：  ↵    //按 Enter 键，结束命令
```

此时作出的图形如图 9—19 所示。

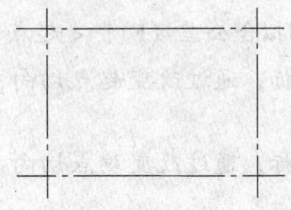

图 9—19 绘制中心线和基准线

(3) 画俯视图。

命令：_ circle 指定圆的圆心或 [三点 (3P) /两点 (2P) /相切、相切、半径 (T)]：
//执行圆命令，对象捕捉到中心线交点
指定圆的半径或 [直径 (D)]：16 ↵　　//输入半径16

同样的方法绘制半径为 19，8，4 的圆。

命令：_ offset　　//执行"偏移"命令
当前设置：删除源=否　图层=源　OFFSETGAPTYPE=0
指定偏移距离或 [通过 (T) /删除 (E) /图层 (L)] <70.0000>：10 ↵　　//输入偏移的距离为10
选择要偏移的对象，或 [退出 (E) /放弃 (U)] <退出>：　//用鼠标选取水平的中心线
指定要偏移的那一侧上的点，或 [退出 (E) /多个 (M) /放弃 (U)] <退出>：
//鼠标在上方单击
选择要偏移的对象，或 [退出 (E) /放弃 (U)] <退出>：　//用鼠标选取水平的中心线
指定要偏移的那一侧上的点，或 [退出 (E) /多个 (M) /放弃 (U)] <退出>：
选择要偏移的对象，或 [退出 (E) /放弃 (U)] <退出>：　//鼠标在下方单击

同样的方法，将水平中心线再向上向下各偏移8；将左边的垂直中心线分别向右偏移20和52。

转到"细实线"图层，设置"对象捕捉"为"最近点"。

命令：_ spline　　//执行"样条曲线"命令绘断裂处波浪线
指定第一个点或 [对象 (O)]：　//对象捕捉距水平中心线上方10的横线
指定下一点：　//鼠标指定第二点
指定下一点或 [闭合 (C) /拟合公差 (F)] <起点切向>：　//鼠标指定第三点
指定下一点或 [闭合 (C) /拟合公差 (F)] <起点切向>：　//对象捕捉水平中心线下方10的横线
指定下一点或 [闭合 (C) /拟合公差 (F)] <起点切向>：↵　//按 Enter 键
指定起点切向：　//移动鼠标，通过改变起点切向，调整样条曲线形状，并单击确认
指定端点切向：　//移动鼠标，通过改变端点切向，调整样条曲线形状，并单击确认

同样的方法作出第二条断裂处波浪线。
此时作出的图形如图9—20所示。

使用"打断"命令（BREAK）、"修剪"命令（TRIM）和"删除"命令（ERASE），剪去和删除多余的线段，此时作出的图形如图9—21所示。接下来绘制俯视图中的圆角矩形。

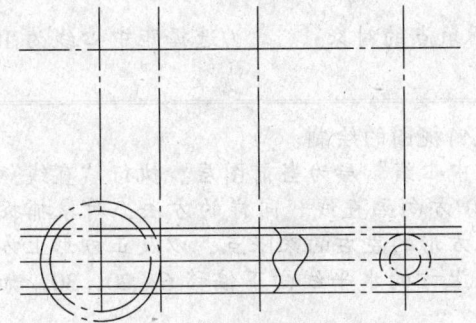

图9—20 俯视图的圆与波浪线

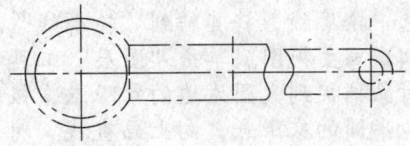

图9—21 修剪后的俯视图

命令：_polygon 输入边的数目＜4＞：↵   //执行"正多边形"命令，绘正方形
指定多边形的中心点或［边（E）］：   //对象捕捉到半径为19大圆的圆心
输入选项［内接于圆（I）/外切于圆（C）］＜I＞：C ↵   //以外切于圆（C）方式绘正方形
指定圆的半径：5.5 ↵   //输入正方形内切圆半径5.5
命令：_rotate   //执行"旋转"命令
UCS当前的正确方向：ANGDIR＝逆时针   ANGBASE＝0
选择对象：找到1个 //鼠标选中正方形
选择对象：↵
指定基点：   //对象捕捉到大圆的圆心为旋转基点
指定旋转角度或［参照（R）］：45 ↵   //输入旋转角度为45°
命令：_fillet   //执行"圆角"命令
当前模式：模式＝修剪，半径＝5.0000   //系统提示
选择第一个对象或［放弃（U）/多段线（P）/半径（R）/修剪（T）/多个（M）］：R ↵   //输入R，改变圆角半径
指定圆角半径＜5.0000＞：2 ↵   //输入圆角半径为2
选择第一个对象或［放弃（U）/多段线（P）/半径（R）/修剪（T）/多个（M）］：P ↵   //输入字母P，对多段线进行倒角
选择二维多段线：   //鼠标选取正方形
4条直线已被圆角   //完成对正方形的圆角
命令：_fillet   //执行"圆角"命令
当前设置：模式＝修剪，半径＝2.0000
选择第一个对象或［放弃（U）/多段线（P）/半径（R）/修剪（T）/多个（M）］：   //鼠标选择半径为19的大圆
选择第二个对象，或按住Shift键选择要应用角点的对象：   //选择距中心线为10的上方直线
命令：_fillet   //执行"圆角"命令
当前设置：模式＝修剪，半径＝2.0000

选择第一个对象或 [放弃 (U) /多段线 (P) /半径 (R) /修剪 (T) /多个 (M)]:
//鼠标选择半径为 19 的大圆
　　选择第二个对象,或按住 Shift 键选择要应用角点的对象:　　　//选择距中心线为 10 的下方直线

选中轮廓线,将其转到"轮廓线"层,就完成俯视图的绘制。
(4) 画主视图。单击"图层"工具栏,选择"中心线"层为当前图层。执行"直线"命令,对象捕捉到大圆左边的象限点,极轴追踪到 90°方向画直线。同样的方法,对象捕捉到最右边半圆的象限点,向上画直线。对象捕捉到正方形的左右的象限点,以及正方形上方倒角的左右端,向上画直线;执行"偏移"命令,将上方的水平线向下偏移 6,20,30,如图 9—22 所示。

执行"修剪"命令,对主视图上多余的线段进行修剪,完成修剪后,将主视图的轮廓线选中,转到"轮廓线"层,如图 9—23 所示。

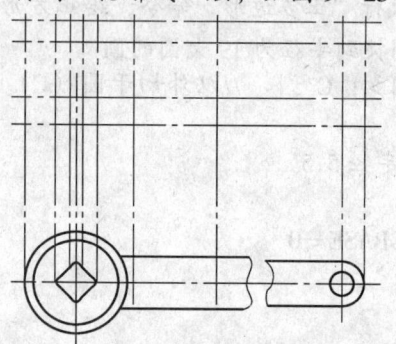
图 9—22　主视图的辅助线

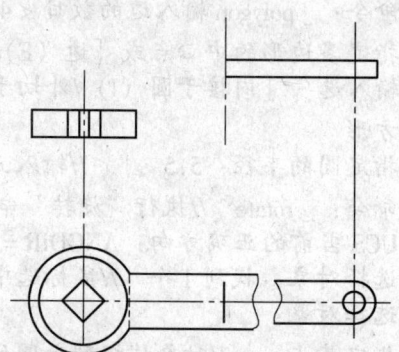
图 9—23　修剪与转换图层后的主视图

单击"图层"工具栏"图层"下拉列表,选择"轮廓线"层为当前图层。

命令:_line 指定第一点:　　//执行"直线"命令,对象捕捉到如图 9—24 所示 A 点
指定下一点或 [放弃 (U)]: 对象捕捉到 B 点
指定下一点或 [放弃 (U)]: ↵
命令:_offset　//执行"偏移"命令
当前设置:删除源=否　图层=源　OFFSETGAPTYPE = 0
指定偏移距离或 [通过 (T) /删除 (E) /图层 (L)] <通过>: 6 ↵　　//输入偏移距离为 6
选择要偏移的对象,或 [退出 (E) /放弃 (U)] <退出>:　选中直线 AB
指定要偏移的那一侧上的点,或 [退出 (E) /多个 (M) /放弃 (U)] <退出>:
//鼠标在下方单击
命令:_fillet　//执行"圆角"命令
当前模式:模式=修剪,半径=2.0000　//圆角半径为 2
选择第一个对象或 [放弃 (U) /多段线 (P) /半径 (R) /修剪 (T) /多个 (M)]:
//选择刚偏移的直线
选择第二个对象:　//选择过 A 点的竖线

执行"修剪"命令,对多余线段进行修剪和删除,结果如图9—24所示。

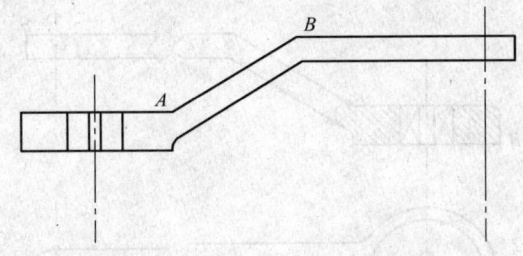

图9—24 主视图连接 AB 直线及圆角

单击"图层"工具栏"图层"下拉列表,选择"细实线"层为当前层。

```
命令:_line 指定第一点:    //执行"直线"命令,对象捕捉如图9—25所示的 A 点
指定下一点或 [放弃(U)]:    //对象捕捉如图9—25所示的 D 点,作出直线 AD
指定下一点或 [放弃(U)]:↵
命令:_line 指定第一点:    //执行"直线"命令,对象捕捉如图9—25所示的 C 点
指定下一点或 [放弃(U)]:    //对象捕捉如图9—25所示的 B 点,作出直线 BC
指定下一点或 [放弃(U)]:↵
```

同样的方法作出中心线右边两条直线。执行"样条曲线"命令,画出局部剖视图的边界线以及断裂处的边界线,并用"修剪"命令裁去多余部分,结果如图9—25所示。

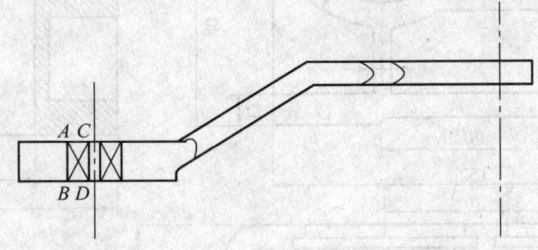

图9—25 主视图的连接直线及样条曲线

```
命令:_fillet    //执行"圆角"命令
当前模式:模式=修剪,半径=2.0000    //圆角半径为2
选择第一个对象或 [放弃(U)/多段线(P)/半径(R)/修剪(T)/多个(M)]:
//选择直线 A
选择第二个对象:    //选择直线 B
```

执行"图案填充"命令(BHATCH),使用"ANSI31"剖面线型对局部剖视图部分进行填充。

执行"修剪"命令,剪去多余的线。将相应的线段转换到相应的图层,完成主视图绘

制,结果如图 9—26 所示。

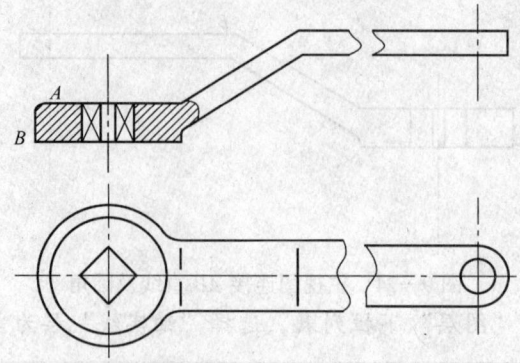

图 9—26 完成主视图与俯视图的绘制

(5) 尺寸标注。使用"线性"标注命令、"对齐"标注命令、"直径"标注命令、"角度"标注命令等对图形进行尺寸标注。通过定义属性和插入块,标注表面粗糙度,通过单行文字命令,填写标题栏。

最终完成的结果如图 9—18 所示。

例 9—5 绘制如图 9—27 所示的箱体零件图。

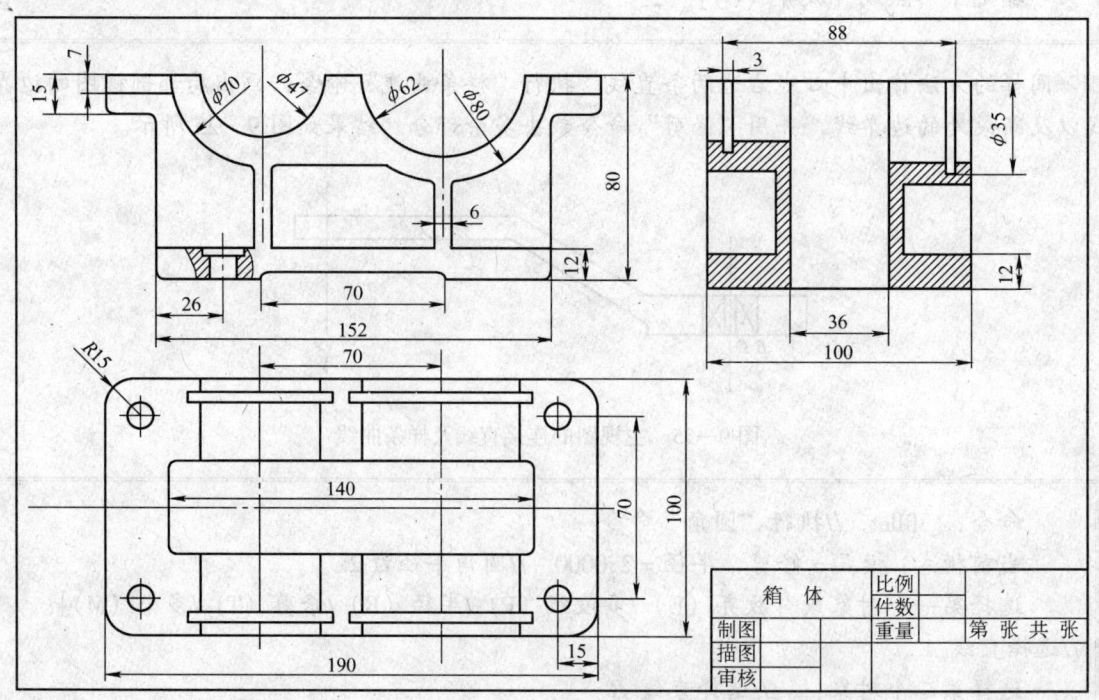

图 9—27 箱体零件图

(1) 调用自己制作的 A3 幅面的横向样板图,对图层、线型、颜色等作相应的调整。

(2) 选择"中心线"图层,使用"直线"命令(LINE),分别绘制一条水平线、铅垂线以及 -45°的直线作为作图辅助线;使用"偏移"命令(OFFSET),根据尺寸,对辅助线进行偏移，分别作出主视图和左视图的中心线；为了保证俯视图和左视图满足"宽相等"原则，使用"直线"命令，从左视图中心线与-45°的直线的交点处向左画水平线，得到俯视图的中心线，如图9—28所示。

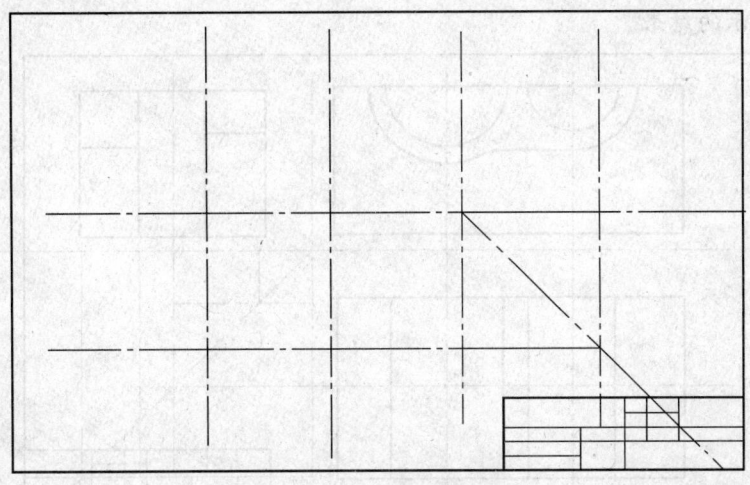

图9—28　箱体零件图第二步

（3）使用"偏移"命令（OFFSET），根据尺寸对中心线进行偏移，再利用"修剪"命令（TRIM），剪去多余的线段，分别作出三个视图中箱体的外形轮廓，并将得到的图形转到"粗实线"图层，如图9—29所示。

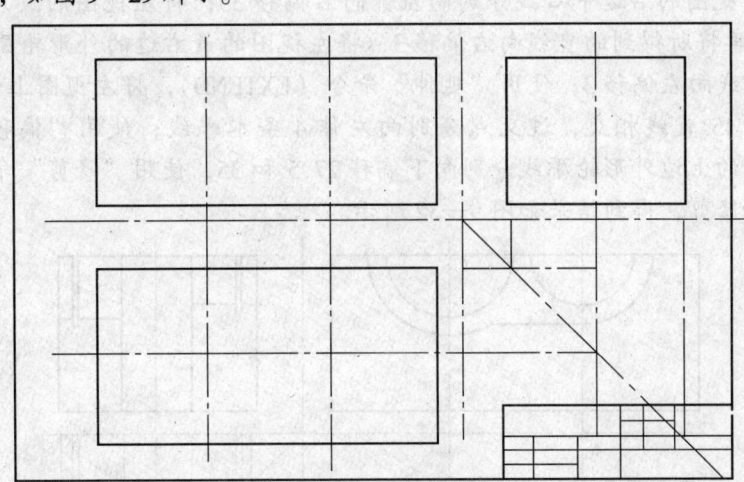

图9—29　箱体零件图第三步

（4）选择"粗实线"图层，使用"圆"命令（CIRCLE），在主视图上分别绘出直径为47，62，70，80的4个圆，使用"直线"命令（LINE），从直径为70的圆的下方象限点作一条水平线，使用"修剪"命令（TRIM），得到如图9—30所示结果。

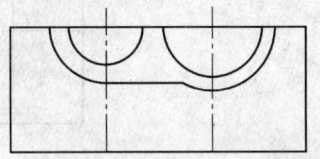

图9—30　箱体零件图第四步

(5) 使用"偏移"命令（OFFSET），根据尺寸，将左视图的中心线向左向右各偏移18；使用"直线"命令（LINE），从主视图的直径为47和62两个半圆的下方象限点处，分别画两条水平线；再从这两个半圆的左右象限点处，分别画4条铅垂线；使用"修剪"命令，得到如图9—31所示的结果。

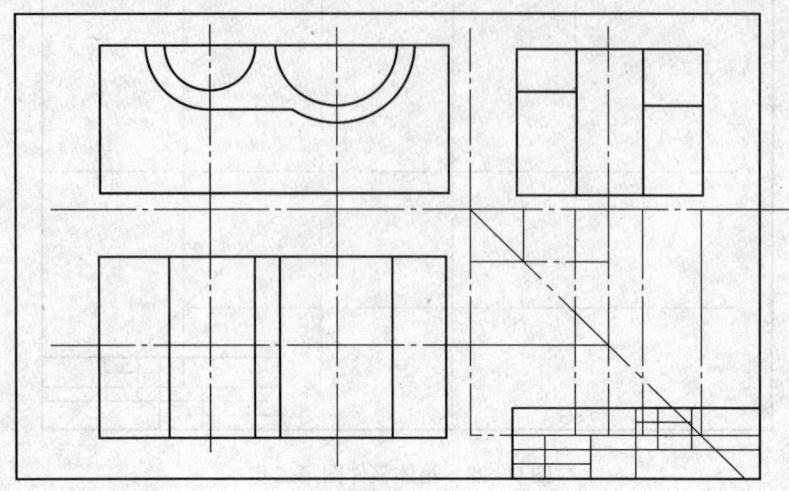

图9—31　箱体零件图第五步

(6) 使用"偏移"命令（OFFSET），根据尺寸，将俯视图的左边中心线分别向左、向右偏移27.5，将俯视图的右边中心线分别向左、向右偏移35；将左视图的最左边的外形轮廓线向右偏移6，再将所得到的直线向右偏移3；将左视图的最右边的外形轮廓线向左偏移6，再将所得到的直线向左偏移3；使用"延伸"命令（EXTEND），将左视图上偏移所得到的4条直线延伸与－45°直线相交，过交点分别向左作4条水平线；使用"偏移"命令（OFFSET），将左视图的上边外形轮廓线分别向下偏移27.5和35，使用"修剪"命令（TRIM）对多余的线段进行修剪，得到结果如图9—32所示。

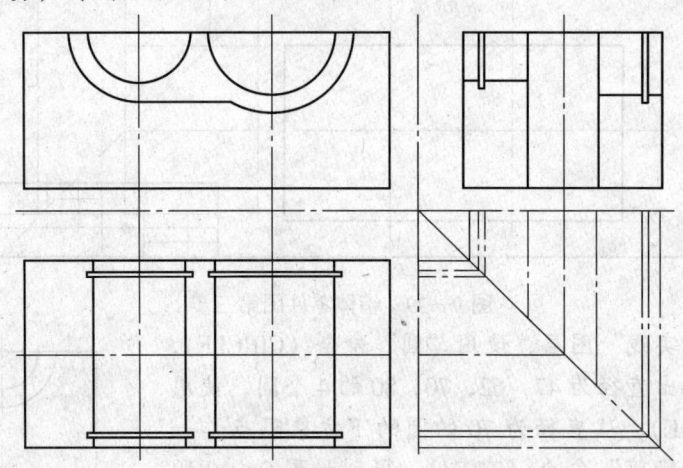

图9—32　箱体零件图第六步

(7) 使用"偏移"命令 (OFFSET),根据尺寸将俯视图中最左的轮廓线向右偏移 24,将最右的轮廓线向左偏移 24,将俯视图中的中心线分别向上向下各偏移 18;将主视图的最下方的轮廓线分别向上偏移 3 和 12,并将偏移距离为 12 的直线向右延长;将左视图中的距中心线距离为 18 的左右两条轮廓线分别向左和向右偏移 6;使用"直线"命令 (LINE),从主视图中的直径为 70 和 80 两个半圆的下方象限点处,向右画水平线;使用"修剪"命令 (TRIM),对多余线段进行修剪,得到结果如图 9—33 所示。

(8) 使用"偏移"命令 (OFFSET),根据尺寸将主视图的两条中心线向左、向右分别偏移 3;将主视图的最左和最右的外形轮廓线分别向内偏移 19;将主视图的最上外形轮廓线分别向下偏移 7 和 15;使用"修剪"命令 (TRIM),对多余线段进行修剪,得到结果如图 9—34 所示。

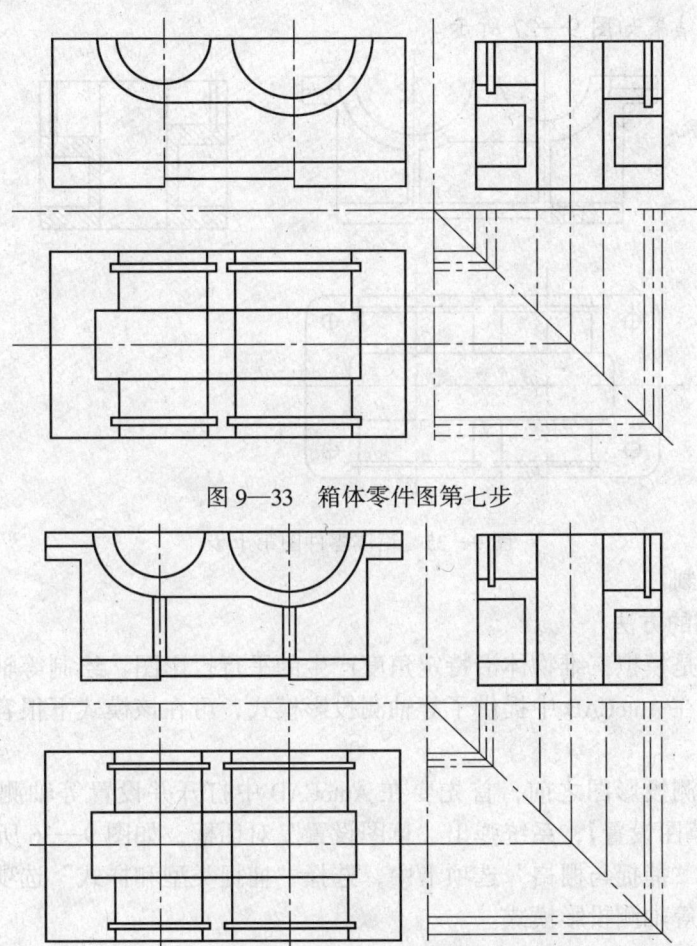

图 9—33 箱体零件图第七步

图 9—34 箱体零件图第八步

(9) 使用"偏移"命令 (OFFSET),根据尺寸将俯视图的最左的轮廓线向右偏移 15,并将其转到"中心线"图层;将最下的轮廓线向上偏移 15,并将其转到"中心线"图层;使用"圆"命令 (CIRCLE),以刚才所偏移的两条直线的交点为圆心,绘制直径为 9 的圆;使用"修剪"命令 (TRIM) 和"偏移"命令,对刚才所绘圆的中心线进行修剪;使用"阵列"

命令（ARRAY），以刚才所绘的圆及其中心线为阵列对象，阵列类型为矩形，行数为 2，列数为 2，行间距为 70，列间距为 160；得到的结果如图 9—35 俯视图所示。

（10）使用"偏移"命令（OFFSET），将主视图左边中心线向左偏移 15；再将所得到的线段分别向左、向右各偏移 4.5 和 8.5；将主视图左边底端的轮廓线向上偏移 10；使用修剪命令，对所偏移的线段进行修剪；使用"样条曲线"命令（SPLINE），作出局部剖视的边界线；使用"圆角"命令（FILLET），半径为 15，对俯视图相应位置倒圆角；以半径为 3，对相应位置倒圆角；使用"图案填充"命令（BHATCH），在主视图和左视图相应位置作出剖面线；得到的结果如图 9—35 所示。

（11）使用尺寸标注命令，进行尺寸标注；使用"单行文字"命令，填写标题栏，完成该图的绘制。最终结果如图 9—27 所示。

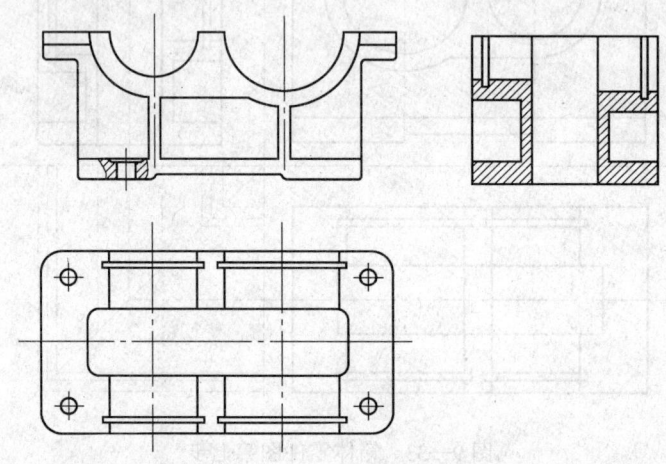

图 9—35 箱体零件图第十步

二、轴测图绘制

1. 绘制轴测图的方法

等轴测投影图是模拟三维物体沿特定角度产生的平行投影图。绘制等轴测投影图采用的是二维绘图技术，在 AutoCAD 中提供了等轴测投影模式，可在该模式下很容易地绘制等轴测投影图。

绘制二维等轴测投影图之前，首先要在 AutoCAD 中打开并设置等轴测投影模式。单击【工具】菜单→【草图设置】，系统弹出"草图设置"对话框，如图 9—36 所示。

在该对话框的"捕捉与栅格"选项卡中，选择"捕捉类型和样式"选项框中的"等轴测捕捉"项，则进入等轴测投影模式。

在等轴测投影模式下，有 3 个等轴测平面。可在命令提示行中调用"ISOPLANE"命令来指定当前等轴测平面，调用该命令后系统提示如下：

```
当前等轴测平面：左
输入等轴测平面设置 [左（L）/上（T）/右（R）] <上>：L
```

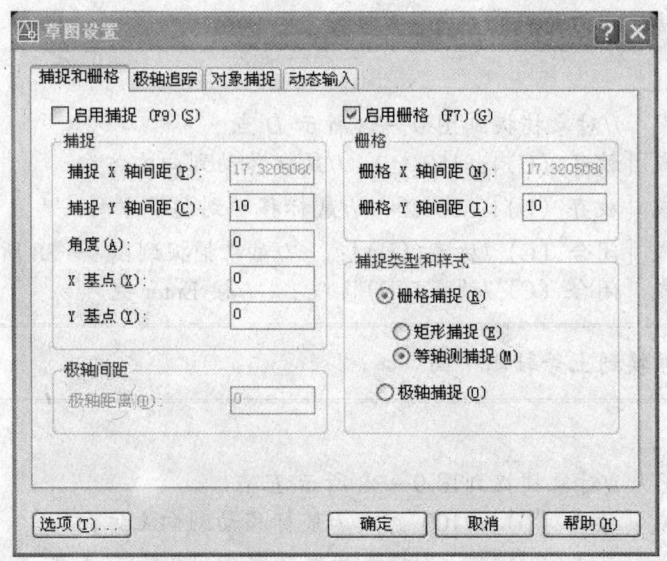

图 9—36　"草图设置"对话框

此时可分别输入"L""T"和"R"等项来激活相应的等轴测平面。也可以使用快捷键"Ctrl + E"或功能键"F5"在 3 个等轴测面间相互切换。

2．等轴测图中的文字

在 AutoCAD 中不能直接生成文字的等轴测投影，但可以利用旋转和倾斜将文字转化成其等轴测投影。对于左轴测平面上的文字，其旋转与倾斜均改为 – 30。对于右轴测平面上的文字，其旋转与倾斜均改为 30。

例 9—6　绘制如图 9—37 所示的轴测图，并注写文字。

(1) 绘制长方体

1) 单击【工具】菜单→【草图设置】，在打开的"草图设置"对话框的"捕捉与栅格"选项卡中，选择"等轴测捕捉"选项，并将栅格、捕捉及正交模式打开，栅格间距设置为 10，单击"确定"按钮。

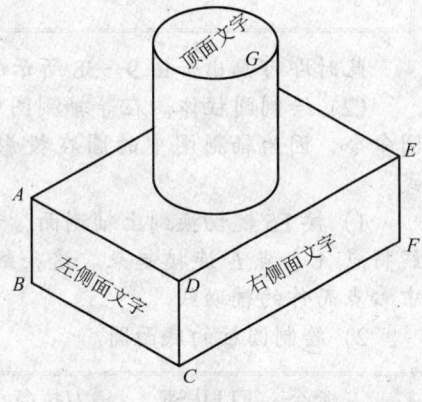

图 9—37　绘制轴测图及注写文字

2) 按 F5 键，转换到左等轴测平面。

```
命令：LINE ↵
指定第一点：           //用鼠标在屏幕上选取图 9—38 所示 A 点
指定下一点或 [放弃 (U)]：50 ↵   //鼠标移动到向下方向
指定下一点或 [放弃 (U)]：100 ↵  //鼠标移动到向右方向
指定下一点或 [闭合 (C) /放弃 (U)]：50 ↵  //鼠标移动到向上方向
指定下一点或 [闭合 (C) /放弃 (U)]：    //对象捕捉到图 9—38 所示 A 点
指定下一点或 [闭合 (C) /放弃 (U)]：↵   //按 Enter 键
```

3）按 F5 键，转换到右等轴测平面。

命令：LINE ↵
指定第一点：　　//对象捕捉到图 9—38 所示 D 点
指定下一点或 [放弃 (U)]：150 ↵　　//鼠标移动到向右方向
指定下一点或 [放弃 (U)]：50 ↵　　//鼠标移动到向下方向
指定下一点或 [闭合 (C) /放弃 (U)]：　　//对象捕捉到图 9—38 所示 C 点
指定下一点或 [闭合 (C) /放弃 (U)]：↵　　//按 Enter 键

4）按 F5 键，转换到上等轴测平面。

命令：LINE ↵
指定第一点：　　//对象捕捉到图 9—38 所示 E 点
指定下一点或 [放弃 (U)]：100 ↵　　//鼠标移动到向上方向
指定下一点或 [放弃 (U)]：　　//对象捕捉到图 9—38 所示 A 点
指定下一点或 [闭合 (C) /放弃 (U)]：↵　　//按 Enter 键

此时即可画出如图 9—38 所示的长方体的正等轴测图。

（2）绘制圆柱体。在等轴测图中绘制圆时应使用椭圆命令，因为轴测图中的圆在投影图中表现为椭圆形式。

1）按 F5 键切换到上轴测面，利用端点捕捉，用直线将点 A 和点 E 连接起来。这条线是为确定圆柱底面中心点而作的辅助线。

2）绘制圆柱的底面圆。

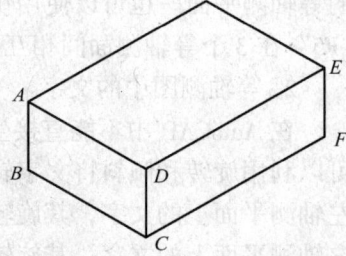

图 9—38　长方体的正等轴测图

命令：ELLIPSE ↵　　//执行"椭圆"命令
指定椭圆轴的端点或 [圆弧 (A) /中心点 (C) /等轴测圆 (I)]：I ↵　　//选择等轴测圆
指定等轴测圆的圆心：　　//对象捕捉到辅助线的中点
指定等轴测圆的半径或 [直径 (D)]：30 ↵

3）绘制圆柱的顶面圆，按 F5 键转到右等轴测平面。

命令：COPY ↵　　//执行复制命令
选择对象：找到 1 个　　//选择圆柱的底面圆
选择对象：↵　　//按 Enter 键
指定基点或位移 <位移>：指定位移的第二个点或 <使用第一个点作位移>：80 ↵　　//鼠标捕捉到底面圆的圆心，再移动到垂直向上方向

4) 连接圆柱的顶面圆和底面圆。使用"直线"命令，通过对象捕捉连接顶面圆和底面圆的象限点。此时作出的图形如图9—39所示。

5) 修剪和删除多余线段。使用"删除"命令，将 A 点和 E 点的连接直线删除。使用"修剪"命令，选择圆柱的顶面和底面圆的连接直线作边界，将不可见的线段修剪。此时作出的图形如图9—40所示。

(3) 注写文字

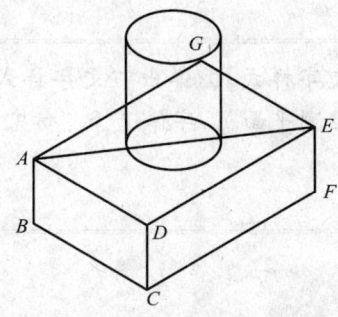

图 9—39　绘制圆柱体

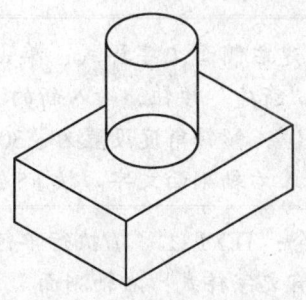

图 9—40　去掉多余的线段

1) 新建左侧面文字样式。单击【格式】菜单→【文字样式】，弹出"文字样式"对话框，单击"新建"按钮，输入新的文字样式名为"左等轴测平面"；字体选择"宋体"，高度设置为"10"；倾斜角度设置为"-30"，如图9—41所示。

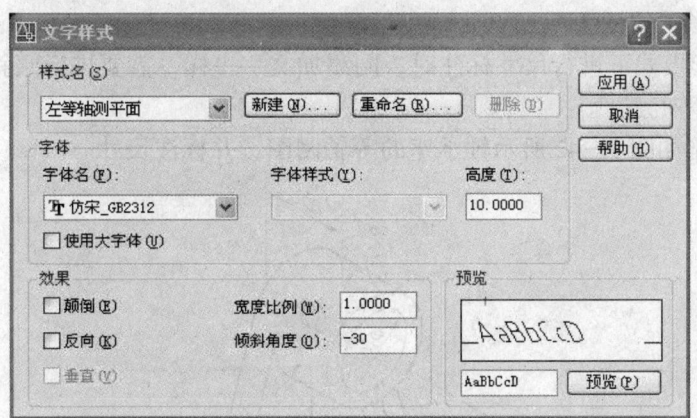

图 9—41　"文字样式"对话框

2) 输入左侧面文字。按 F5 键转到左等轴测平面。

```
命令：TEXT ↵    //执行单行文字命令
当前文字样式：左轴测面  文字高度：10.0000  //系统提示
指定文字的起点或 [对正 (J) /样式 (S)]：   //用鼠标在长方体的左侧面指定一点
指定文字的旋转角度 <330>：-30 ↵
输入文字：左侧面文字
```

3) 输入顶面文字。顶面文字倾斜角度同左侧文字一样也为 -30，但旋转角度为 30。

```
命令：TEXT ↵    //执行单行文字命令
当前文字样式：左轴测面  文字高度：10.0000  //系统提示
指定文字的起点或 [对正 (J) /样式 (S)]：    //用鼠标在长方体的左侧面指定一点
指定文字的旋转角度 <0>：30 ↵
输入文字：顶面文字
```

4) 新建右侧面文字样式：单击【格式】菜单→【文字样式】，弹出"文字样式"对话框，单击"新建"按钮，输入新的文字样式名为"右等轴测平面"；字体选择"仿宋"，高度设置为"10"；倾斜角度设置为"30"。

5) 输入右轴测面文字。按 F5 键转到右等轴测平面。

```
命令：TEXT ↵    //执行单行文字命令
当前文字样式：右轴测面  文字高度：10.0000
指定文字的起点或 [对正 (J) /样式 (S)]：    //用鼠标在长方体的右侧面指定一点
指定文字的旋转角度 <30>：30 ↵
输入文字：右侧面文字
```

至此该图绘制完成，如图 9—37 所示。

3. 等轴测投影中的标注

在等轴测投影模式下进行尺寸标注时，同添加文字一样，需要进行倾斜角度和旋转角度的转换以产生其等轴测投影。

例 9—7　绘制如图 9—42 所示轴承座的等轴测图，并标注尺寸。

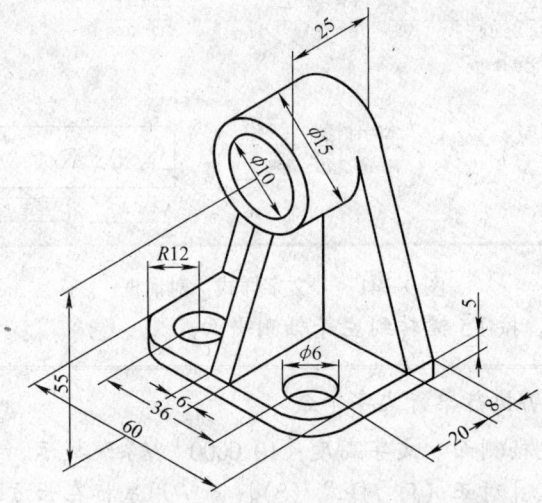

图 9—42　轴承座的等轴测图

(1) 绘制底板

1) 绘图的基本设置。使用 LAYER 命令，在弹出的"图层特性管理器"中，新建"标注"图层,颜色设置为"紫色";将"0"层的线宽设为"0.30 mm"。

使用 DSETTINGS 命令,在弹出的"草图设置"对话框的"捕捉与栅格"选项卡中,选择"等轴测捕捉"选项,并将栅格、捕捉及正交模式打开。

2) 绘底面长方形。

```
命令:<等轴测平面 上>     //按 F5 键,切换到上等轴测平面
命令: LINE ↵    //执行"直线"命令
指定第一点:     //用鼠标选取如图 9—43 所示的 A 点
指定下一点或 [放弃 (U)]: 60 ↵    //鼠标移动到右下方,输入长度 60
指定下一点或 [放弃 (U)]: 40 ↵    //鼠标移动到右上方,输入长度 40
指定下一点或 [闭合 (C) /放弃 (U)]: 60 ↵    //鼠标移动到左上方,输入长度 60
指定下一点或 [闭合 (C) /放弃 (U)]: C ↵    //闭合形成正方形
```

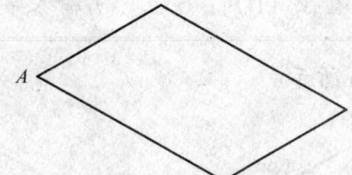

图 9—43　绘制底面长方形

3) 绘倒角及圆孔。

```
命令: LINE ↵    //执行"直线"命令
指定第一点:     //对象捕捉到如图 9—44 所示的 A 点
指定下一点或 [放弃 (U)]: 12 ↵    //鼠标移动到右上方,输入长度 12
指定下一点或 [放弃 (U)]: 12 ↵    //鼠标移动到右下方,输入长度 12
指定下一点或 [闭合 (C) /放弃 (U)]: ↵    //按 Enter 键,完成第一条辅助线的绘制
命令: LINE ↵    //执行"直线"命令
指定第一点:     //对象捕捉到如图 9—44 所示的 B 点
指定下一点或 [放弃 (U)]: 12 ↵    //鼠标移动到右上方,输入长度 12
指定下一点或 [放弃 (U)]: 12 ↵    //鼠标移动到左上方,输入长度 12
指定下一点或 [闭合 (C) /放弃 (U)] ↵    //按 Enter 键,完成第二条辅助线的绘制
命令: ELLIPSE ↵    //执行"椭圆"命令,绘制第一个倒角圆
指定椭圆轴的端点或 [圆弧 (A) /中心点 (C) /等轴测圆 (I)]: I ↵    //输入 I,绘制等轴测圆
指定等轴测圆的圆心:     //对象捕捉到第一条辅助线端点 E
指定等轴测圆的半径或 [直径 (D)]: 12 ↵    //输入半径 12
命令: ELLIPSE ↵    //执行"椭圆"命令,绘制第二个倒角圆
指定椭圆轴的端点或 [圆弧 (A) /中心点 (C) /等轴测圆 (I)]: I ↵    //输入 I,绘制等轴测圆
```

```
指定等轴测圆的圆心：    //对象捕捉到第二条辅助线端点F
指定等轴测圆的半径或 [直径 (D)]：12 ↵   //输入半径12
命令：ELLIPSE ↵   //执行"椭圆"命令，绘制第一个圆孔
指定椭圆轴的端点或 [圆弧 (A) /中心点 (C) /等轴测圆 (I)]：I ↵   //输入I，绘制等轴测圆
指定等轴测圆的圆心：    //对象捕捉到第一条辅助线端点E
指定等轴测圆的半径或 [直径 (D)]：6 ↵   //输入半径6
命令：ELLIPSE ↵   //执行"椭圆"命令，绘制第二个圆孔
指定椭圆轴的端点或 [圆弧 (A) /中心点 (C) /等轴测圆 (I)]：I ↵   //输入I，绘制等轴测圆
指定等轴测圆的圆心：    //对象捕捉到第二条辅助线端点F
指定等轴测圆的半径或 [直径 (D)]：6 ↵   //输入半径6
```

此时绘出的图形如图9—44a所示。

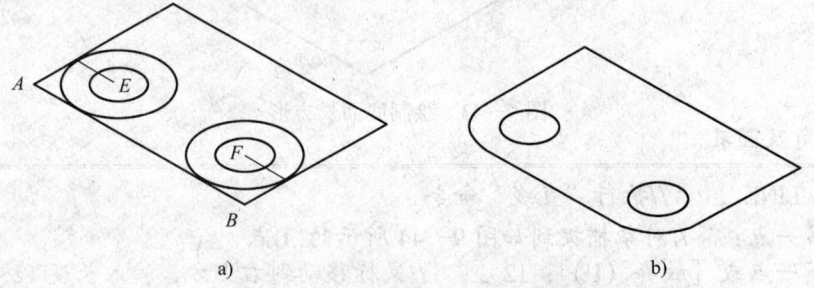

图9—44　绘底面长方形倒角及圆孔
a) 删除及修剪之前　b) 删除及修剪之后

使用TRIM命令，修剪多余的线段；使用ERASE命令，删除辅助线。此时绘出的图形如图9—44b所示。

4) 完成底板的绘制。

```
命令：<等轴测平面 上>   //按F5键，切换到上等轴测平面
命令：COPY ↵   //执行"复制"命令
选择对象：指定对角点：找到8个   //鼠标拖动拾取框选择整个图形
选择对象：↵   //按Enter键
指定基点或 [位移 (D)] <位移>：   //对象捕捉C点作复制基点
指定位移的第二个点或<使用第一个点作位移>：5 ↵   //鼠标向上移动，输入位移距离为5
命令：LINE ↵   //执行"直线"命令，连接AG
指定第一点：   //对象捕捉到A点
```

```
指定下一点或［放弃（U）］：    //对象捕捉到 G 点
指定下一点或［放弃（U）］：↵   //按 Enter 键结束，直线命令
命令：LINE ↵    //执行"直线"命令，连接 CH
指定第一点：    //对象捕捉到 C 点
指定下一点或［放弃（U）］：    //对象捕捉到 H 点
指定下一点或［放弃（U）］：↵   //按 Enter 键结束，直线命令
```

此时作出的图形如图 9—45 所示。

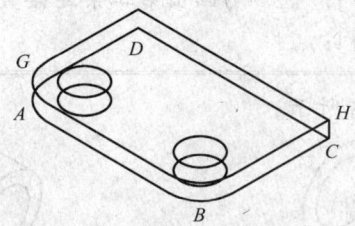

图 9—45 完成底板绘制

（2）绘制圆筒。

```
命令：<等轴测平面 左>   //按 F5 键，切换到左等轴测平面
命令：LINE ↵   //执行"直线"命令，绘辅助线
指定第一点：   //对象捕捉到 CD 的中点 I 点
指定下一点或［放弃（U）］：50 ↵   //鼠标向上移动，输入长度 50
指定下一点或［放弃（U）］：↵   //完成辅助线绘制
命令：ELLIPSE ↵   //执行"椭圆"命令，绘制圆筒大圆
指定椭圆轴的端点或［圆弧（A）/中心点（C）/等轴测圆（I）］：I ↵   //输入 I，绘制等轴测圆
指定等轴测圆的圆心：   //对象捕捉到辅助线的 J 点
指定等轴测圆的半径或［直径（D）］：15 ↵   //输入大圆半径 15
命令：ELLIPSE ↵   //执行"椭圆"命令，绘制圆筒小圆
指定椭圆轴的端点或［圆弧（A）/中心点（C）/等轴测圆（I）］：I ↵   //输入 I，绘制等轴测圆
指定等轴测圆的圆心：   //对象捕捉到辅助线的 J 点
指定等轴测圆的半径或［直径（D）］：10 ↵   //输入小圆半径 10 此时完成的图形如图 9—46a 所示
命令：COPY ↵   //执行"复制"命令
选择对象：指定对角点：找到 2 个   //用鼠标拾取框选择大圆和小圆
选择对象：<等轴测平面 上> ↵   //按 F5 键，切换到上等轴测平面
指定基点或［位移（D）］<位移>：   //对象捕捉到辅助线的 J 点
```

```
    指定位移的第二个点或<使用第一个点作位移>：25 ↵    //鼠标向左下移动，输
入距离25
    命令：LINE ↵    //执行"直线"命令
    指定第一点：    //通过对象捕捉两个大圆的象限点
    指定下一点或［放弃（U）］：    //画出第一条连接直线
    指定下一点或［放弃（U）］：↵
    命令：LINE ↵
    指定第一点：    //通过对象捕捉两个大圆的象限点
    指定下一点或［放弃（U）］：↵    //画出第二条连接直线
    指定下一点或［放弃（U）］：↵
```

此时作出的结果如图9—46b所示。

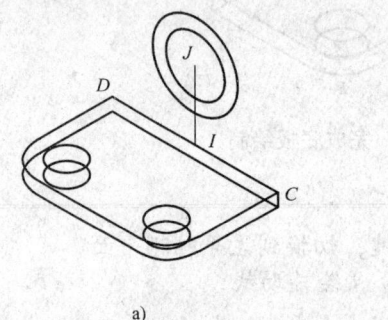 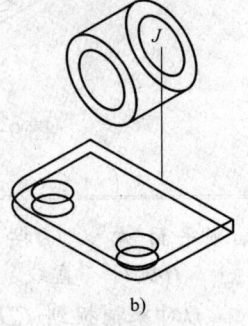

图9—46 绘制圆筒
a）绘制圆筒的大圆和小圆 b）完成后的圆筒

(3) 绘制支撑板。

```
    命令：_line 指定第一点：    //执行"直线"命令，对象捕捉 C 点
    指定下一点或［放弃（U）］：    //对象捕捉大圆的切点 J 点
    指定下一点或［放弃（U）］：    //按 Enter 键
    命令：_line 指定第一点：    //执行直线命令，对象捕捉 D 点
    指定下一点或［放弃（U）］：    //对象捕捉大圆的切点 K 点
    指定下一点或［放弃（U）］：    //按 Enter 键
    命令：COPY ↵    //执行"复制"命令
    选择对象：找到1个    //用鼠标拾取大圆及其两条切线，以及直线 CD
    选择对象：找到1个，总计2个
    选择对象：找到1个，总计3个
    选择对象：找到1个，总计4个
    选择对象：↵    //按 Enter 键
    指定基点或［位移（D）］<位移>：    //对象捕捉到 C 点作基点
    指定位移的第二个点或<使用第一点作为位移>：8 ↵    //鼠标向左下移动，输入
距离8
```

此时作出的图形如图 9—47a 所示。

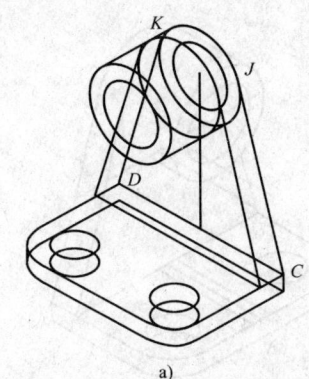 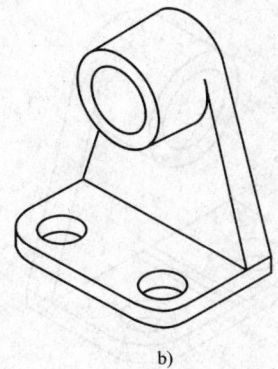

图 9—47 绘制支撑板
a) 修剪与删除线段之前 b) 完成后的支撑板

使用"修剪"与"删除"命令,去掉多余线段,结果如图 9—47b 所示。
(4) 绘制中间肋板。

```
命令：<等轴测平面 左>    //按 F5 键,切换到左等轴测平面
命令：LINE ↵    //执行"直线"命令
指定第一点：    //对象捕捉如图 9—48 所示直线的中点 M 点
指定下一点或 [放弃 (U)]：    //对象捕捉另一直线的中点 N 点
命令：COPY ↵    //执行"复制"命令
选择对象：找到 1 个    //选取刚绘出的直线 MN
选择对象：↵
指定基点或 [位移 (D)] <位移>：    //对象捕捉 N 点为基点
指定位移的第二个点或 <使用第一个点作位移>：3 ↵    //鼠标向右下移动,输入距离 3
指定位移的第二个点或 <使用第一个点作位移>：3 ↵    //鼠标向左上移动,输入距离 3
```

此时作出的图形如图 9—48a 所示。

```
命令：_copy    //执行"复制"命令
选择对象：找到 1 个    //选择刚复制的第一条直线
选择对象：找到 1 个,总计 2 个    //选择刚复制的第二条直线
选择对象：找到 1 个,总计 3 个    //选择直线 CD
选择对象：↵    //按 Enter 键
指定基点或 [位移 (D)] <位移>：    //对象捕捉 M 点作基点
指定位移的第二个点或 <使用第一个点作位移>：35 ↵    //鼠标向上移动,输入距离 35
指定第二个点或 [退出 (E) /放弃 (U)] <退出>：↵
```

此时作出的结果如图9—48b所示。

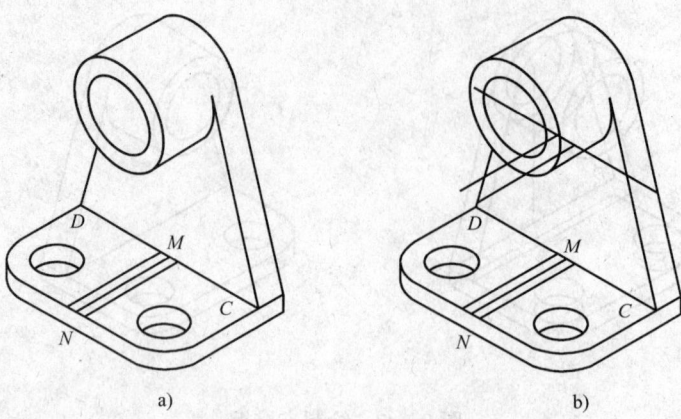

图9—48 绘制肋板底面直线及作辅助线
a) 绘制肋板底面直线　b) 作辅助线

命令：LINE ↵　　//执行"直线"命令
指定第一点：　　//对象捕捉到大圆与辅助线交点 O 点
指定下一点或 [放弃 (U)]：　　//对象捕捉到 P 点
指定下一点或 [放弃 (U)]：↵　　//同样的方法用直线命令绘制另两条直线

此时作出的结果如图9—49a所示。

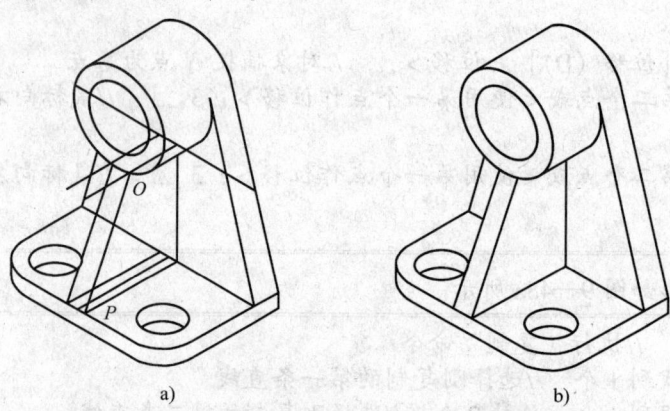

图9—49 完成肋板的绘制
a) 绘制线 OP 及另两条直线　b) 完成肋板的绘制

最后使用"修剪"和"删除"命令，去掉多余和不可见的线段，即可完成该轴测图的绘制，如图9—49b所示。

(5) 尺寸标注

1) 标注轴测图。转到"标注"图层，单击【标注】菜单→【标注样式】，设置标注样式风格。使用"标注"工具栏的"线性标注"和"对齐标注"对轴测图进行标注。在标注如图9—42中的 $\phi6$, $R12$, $\phi10$, $\phi15$ 等 4 个尺寸时,由于是等轴测圆,需要对标注文字进行修改,例如标注 $\phi6$ 这个尺寸:

> 命令:DIMALIGNED ↵   //执行"线性"标注命令
> 指定第一条尺寸界线原点或<选择对象>:   //鼠标对象捕捉到该圆的左象限点
> 指定第二条尺寸界线原点: //鼠标对象捕捉到该圆的右象限点
> 指定尺寸线位置或 [多行文字(M)/文字(T)/角度(A)]:T ↵   //输入修改标注文字选项
> 输入标注文字<14.7>:$\phi6$ ↵   //修改标注文字为 $\phi6$
> 指定尺寸线位置或 [多行文字(M)/文字(T)/角度(A)]:   //鼠标指定尺寸线位置

其余尺寸可以用同样的方法标出。结果如图 9—50 所示。

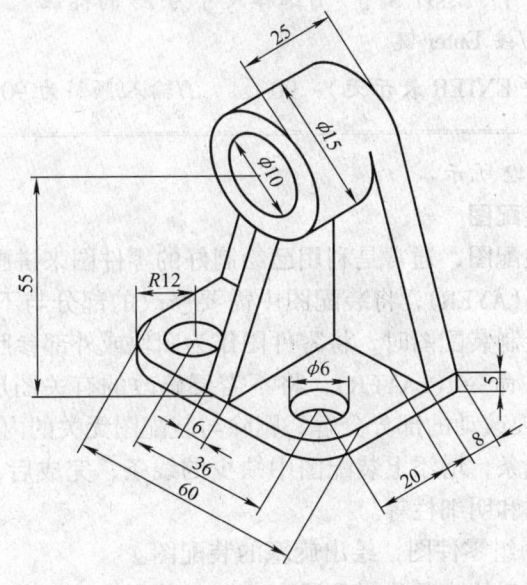

图 9—50 尺寸标注

2) 编辑尺寸。

> 命令:DIMEDIT ↵   //执行尺寸编辑命令
> 输入标注编辑类型 [默认(H)/新建(N)/旋转(R)/倾斜(O)] <默认>:O ↵   //输入 O,选择倾斜选项
> 选择对象:找到 3 个,总计 3 个   //选择尺寸为 6,36,60 三个标注
> 选择对象:↵   //按 Enter 键

输入倾斜角度（按 ENTER 表示无）：210 ↵   //输入倾斜为 210

命令：DIMEDIT ↵   //执行"编辑标注"命令

输入标注编辑类型［默认（H）/新建（N）/旋转（R）/倾斜（O）］<默认>：O ↵   //输入 O，选择倾斜选项

选择对象：找到 2 个，总计 2 个   //选择尺寸为 20，8 的两个标注

选择对象：↵   //按 Enter 键

输入倾斜角度（按 ENTER 表示无）：-30 ↵   //输入倾斜为 -30

命令：DIMEDIT ↵   //执行"编辑标注"命令

输入标注编辑类型［默认（H）/新建（N）/旋转（R）/倾斜（O）］<默认>：O ↵   //输入 O，选择倾斜选项

选择对象：找到 1 个   //选择尺寸为 5 的标注

选择对象：找到 1 个，总计 2 个   //选择尺寸为 55 的标注

选择对象：找到 1 个，总计 3 个   //选择尺寸为 25 的标注

选择对象：↵   //按 Enter 键

输入倾斜角度（按 ENTER 表示无）：90 ↵   //输入倾斜为 90

绘出的图形如图 9—42 所示。

三、由零件图绘制装配图

在 AutoCAD 中绘制装配图，通常是利用已绘制好的零件图来拼画装配图。在绘制零件图时，利用"图层"命令（LAYER），将装配图中需要修改的部分与不需要修改的部分分别绘制在不同的图层中；在绘制装配图时，将零件图作为图块或外部参照插入到装配图中的适当位置；然后使用"图层"命令（LAYER），将不需要修改的有关图层冻结，再使用"分解"命令（EXPLODE），将需要改动的部分分解，删除与装配图无关的内容后，解冻所有的图层，修剪零件图中被遮挡的线条，增添上装配图中缺少的线条；完成后，再对装配图标注尺寸，填写零件序号、技术要求和明细栏等。

例 9—8 由旋塞的一组零件图，绘出旋塞的装配图。

（1）在 AutoCAD 中分别绘出阀体（见图 9—51）、锥形塞、压盖、螺钉、垫圈（见图 9—52）的零件图。绘制时注意将不同类型的实体（如轮廓线、标注、剖面线等）设置在不同的图层上。

（2）单击【文件】菜单→【新建】，在弹出的"创建新图形"对话框中，调用已制作好的 A3 样板图。存盘，将该文件命名为"旋塞装配图.dwg"。

（3）打开"阀体.dwg"文件，在模型空间冻结标注图层；使用"写块"命令（WBLOCK）定义块，此时屏幕上弹出如图 9—53 所示的"写块"对话框，单击"拾取点"按钮，对象捕捉到俯视图的左下角点作为基点；单击"选择对象"按钮，选择阀体的三个视图；在"目标"选项框中，指定文件块保存的位置输入文件名为"装配图阀体.dwg"，单击"确定"按钮。

其余 12.5
102
φ35H8
φ32
16
18
1:7
0.8
31
50
68
85
G1/2
φ15
5
10
φ27
42
27
3.2
54
45
2×M10-6H
阀体
1
HT200

图 9—51　阀体零件图

其余 6.3
12×12
φ15
1:7
φ15
3.2
φ24.7
14
0.8
22
54
118
锥形塞
1
45

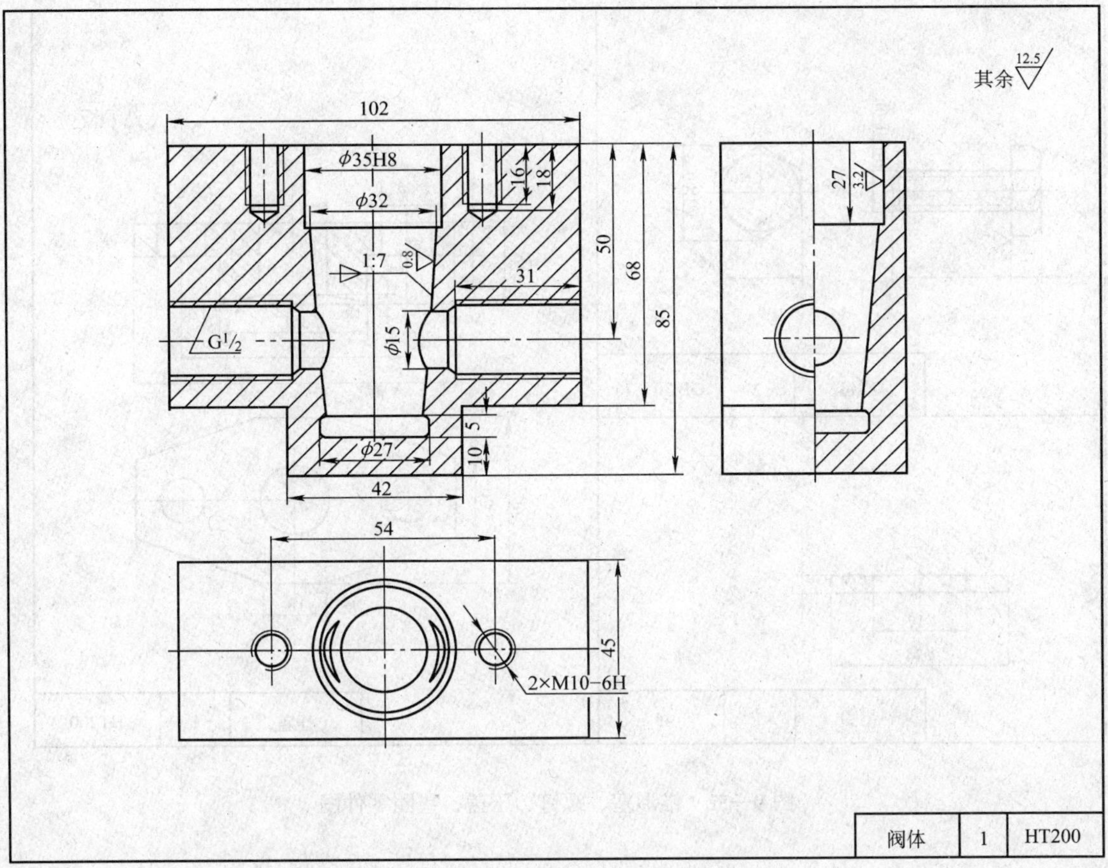

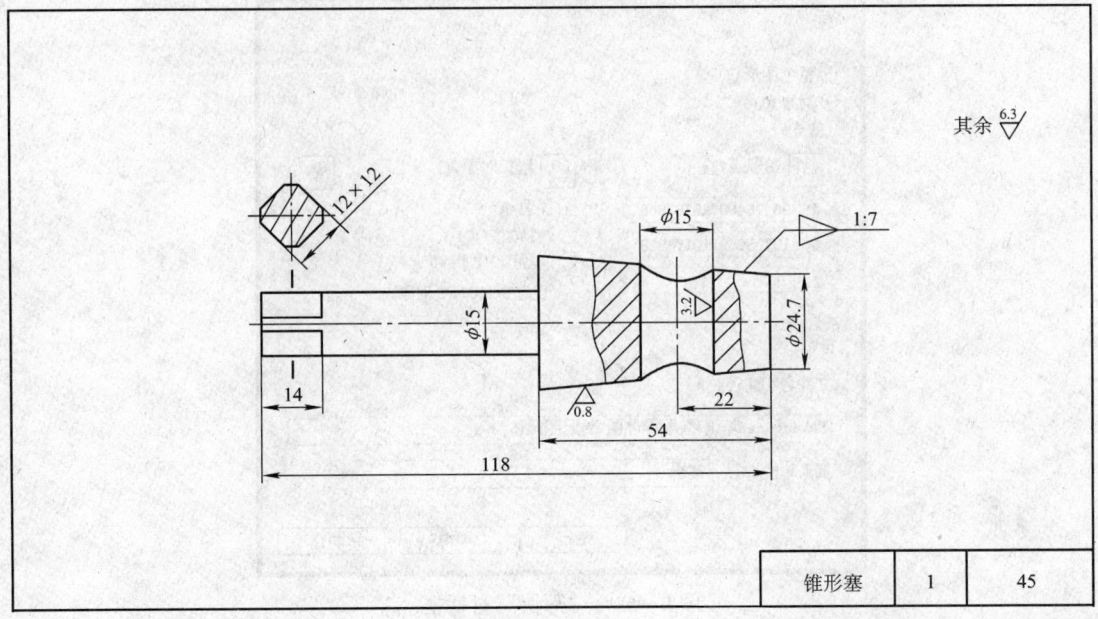

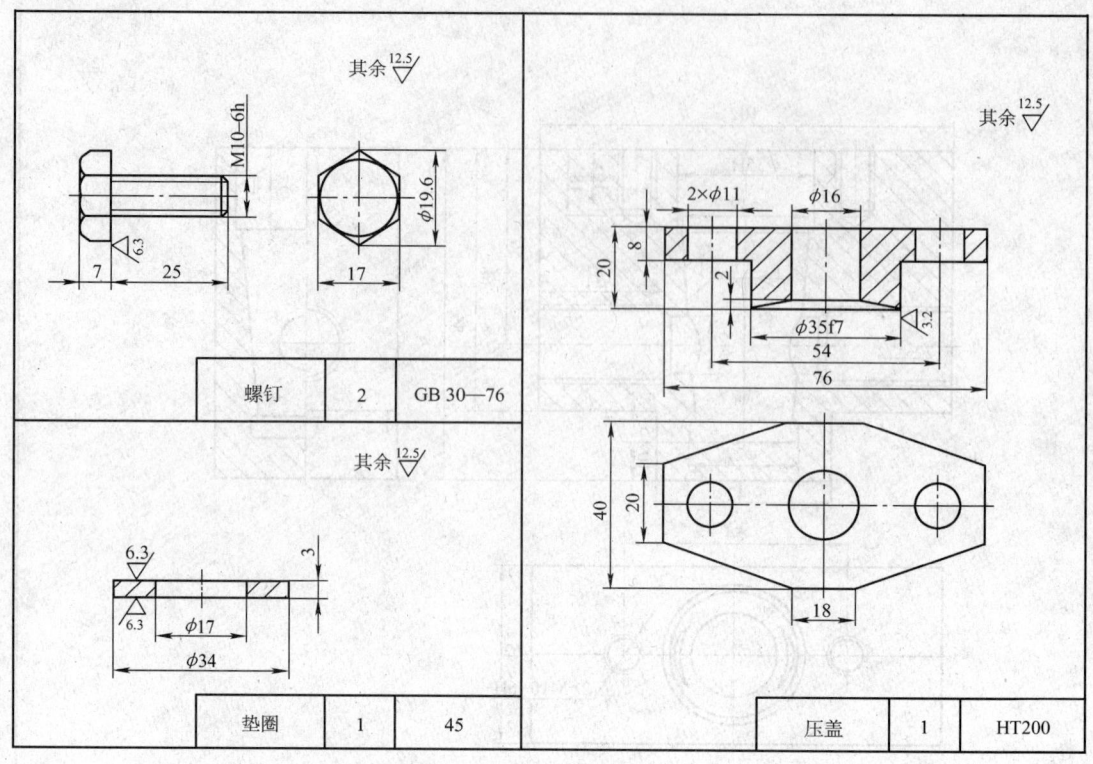

图9—52 锥形塞、螺钉、压盖、垫圈零件图

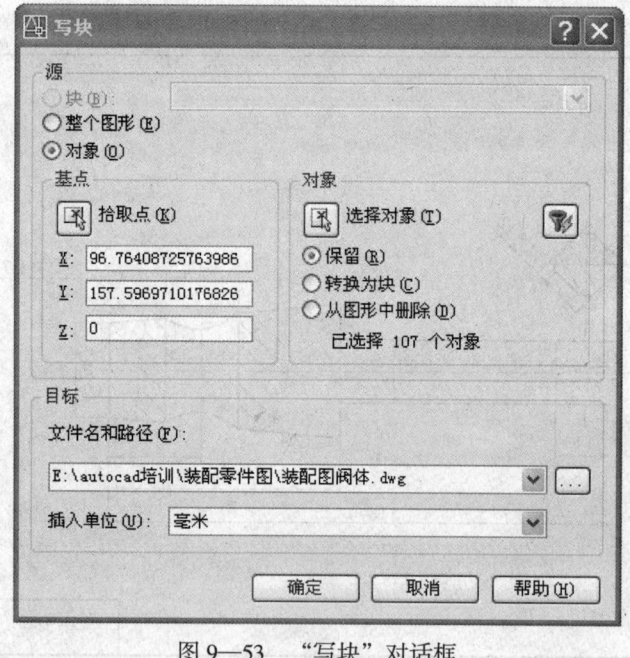

图9—53 "写块"对话框

同样的方法,将压盖、锥形塞、垫圈、螺钉零件先冻结标注图层,然后也定义为文件块。

(4) 在"旋塞装配图.dwg"文件中,单击【插入】菜单→【块】,此时屏幕上弹出如图9—54 所示的"插入"对话框,单击"浏览"按钮,找到上一步中所保存的"装配图阀体.dwg",单击"确定"按钮,将阀体插入到"旋塞装配图.dwg"文件中的合适位置。

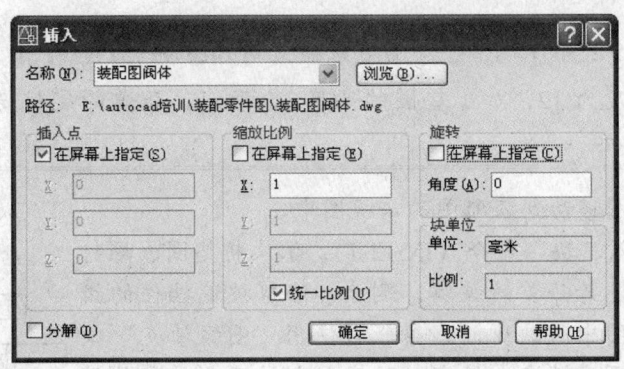

图9—54 "插入"对话框

使用"分解"命令(EXPLODE),将插入的图块分解,再使用"拉长"命令(LENGTHEN),将主视图和左视图的中心线延长,得到的图形如图9—55 所示。

(5) 再次使用插入"块"命令(INSERT),将锥形塞分别插入到主视图和左视图中,对多余的线段进行修剪和删除。此时得到的图形如图9—56 所示。

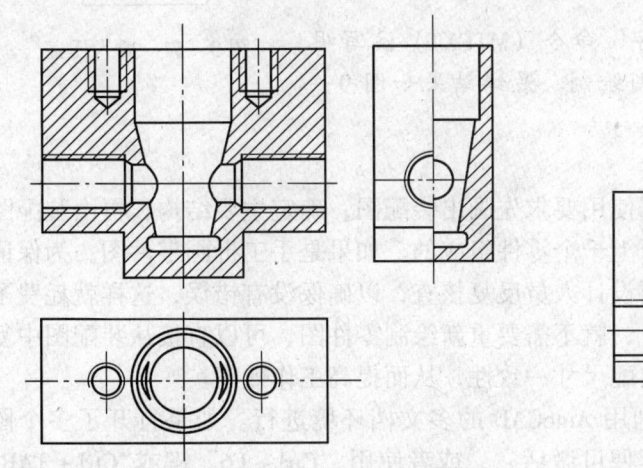

图9—55 插入阀体零件图

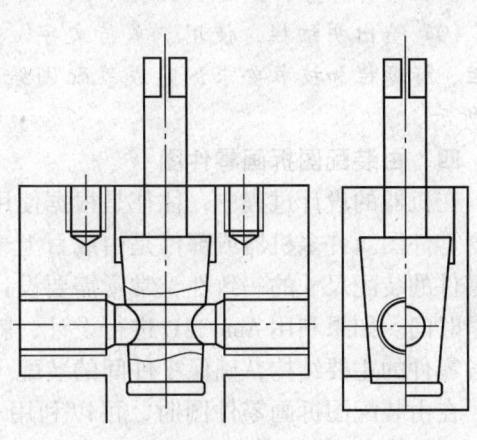

图9—56 插入锥形塞

(6) 使用插入"块"命令(INSERT),将压盖插入到装配图中。使用"分解"命令(EXPLODE),将图块分解,再使用"移动"命令(MOVE),将压盖的主视图移动到装配图的主视图中。由于装配图中,压盖压紧后,压盖与旋塞之间的填料(石棉绳)高度为12,所以要注意压盖的定位。操作过程如下:

> 命令：_move 找到 24 个　　//执行"移动"命令，选择压盖的主视图作为移动对象
> 　指定基点或［位移（D）］＜位移＞：　　//对象捕捉到压盖主视图中心线与最下方轮廓线的交点
> 　指定位移的第二个点或＜使用第一个点作为位移＞：FROM ↵　　//输入 FROM，指定临时参照点
> 　基点：＜偏移＞：@0，15 ↵　　//对象捕捉到如图 9—57 中的 A 点为基点，输入相对坐标（填料的高度为 12，加上垫圈的高度 3，所以，压盖的定位是从 A 点垂直向上 15），如图 9—57 所示

再将压盖的俯视图移动到装配图的俯视图中。

（7）再次使用插入"块"命令（INSERT），依次将垫圈、螺钉插入到装配图中，并进行必要的编辑，删除、修剪被遮挡住的线条，延伸或增绘装配图中所缺少的线条。再使用"图案填充"命令（BHATCH），进行图案填充，填充时注意相邻的两金属零件的剖面线倾斜方向应相反（如旋塞和阀体）；3 个零件相邻时，其中两个零件的剖面线倾斜一致，但间隔不应相等（如压盖和阀体）；以及填料的剖面线形状，如图 9—58 所示。

（8）使用尺寸标注命令，对装配图中必要的尺寸进行标注，并标注出零件序号，如图 9—58 所示。

（9）绘出明细栏，使用"多行文字"命令（MTEXT）注写明细栏、标题栏和技术要求，完成装配图绘制。最终结果如图 9—58 所示。

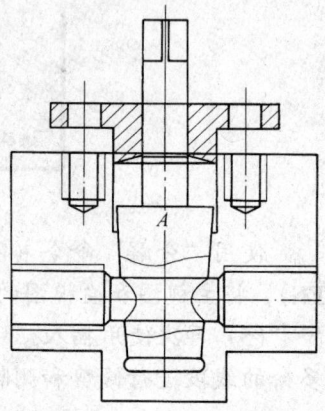

图 9—57　插入压盖

四、由装配图拆画零件图

在机器的设计过程中，往往是根据使用要求先画出装配图，确定主要结构，再由装配图拆画零件图。许多机器或部件是由成百上千个零件组成的。如果是手工拆画零件图，为保证各零件的装配尺寸的一致性，常常需要设计人员反复核查，以确保没有错误，这样就耗费了大量时间。如果利用 AutoCAD 进行设计，就不需要重新绘制零件图，可以直接从装配图中复制各零件的主要结构，确保零件间的装配尺寸一致性，从而提高工作效率。

在由装配图拆画零件图时，可以利用 AutoCAD 的多文档环境进行。如果打开了多个图形，只要在该图形的任意位置单击左键便可激活它，或者使用"Ctrl + F6"键或"Ctrl + TAB"键在打开的图形之间切换。使用"窗口"菜单可以控制在 AutoCAD 任务中显示多个图形的方式。既可以层叠地打开图形，也可以将它们垂直或水平平铺。也可以从"窗口"菜单底部的打开图形列表中选择图形。

在 AutoCAD 中打开多个图形可以快速参照其他图形，在图形之间复制和粘贴，或从一个图形往另一个图形拖动对象。AutoCAD 对象夹点、"带基点复制"和"粘贴到原坐标"命令能够保证位置精确，特别是从一个图形往另一个图形复制对象时。

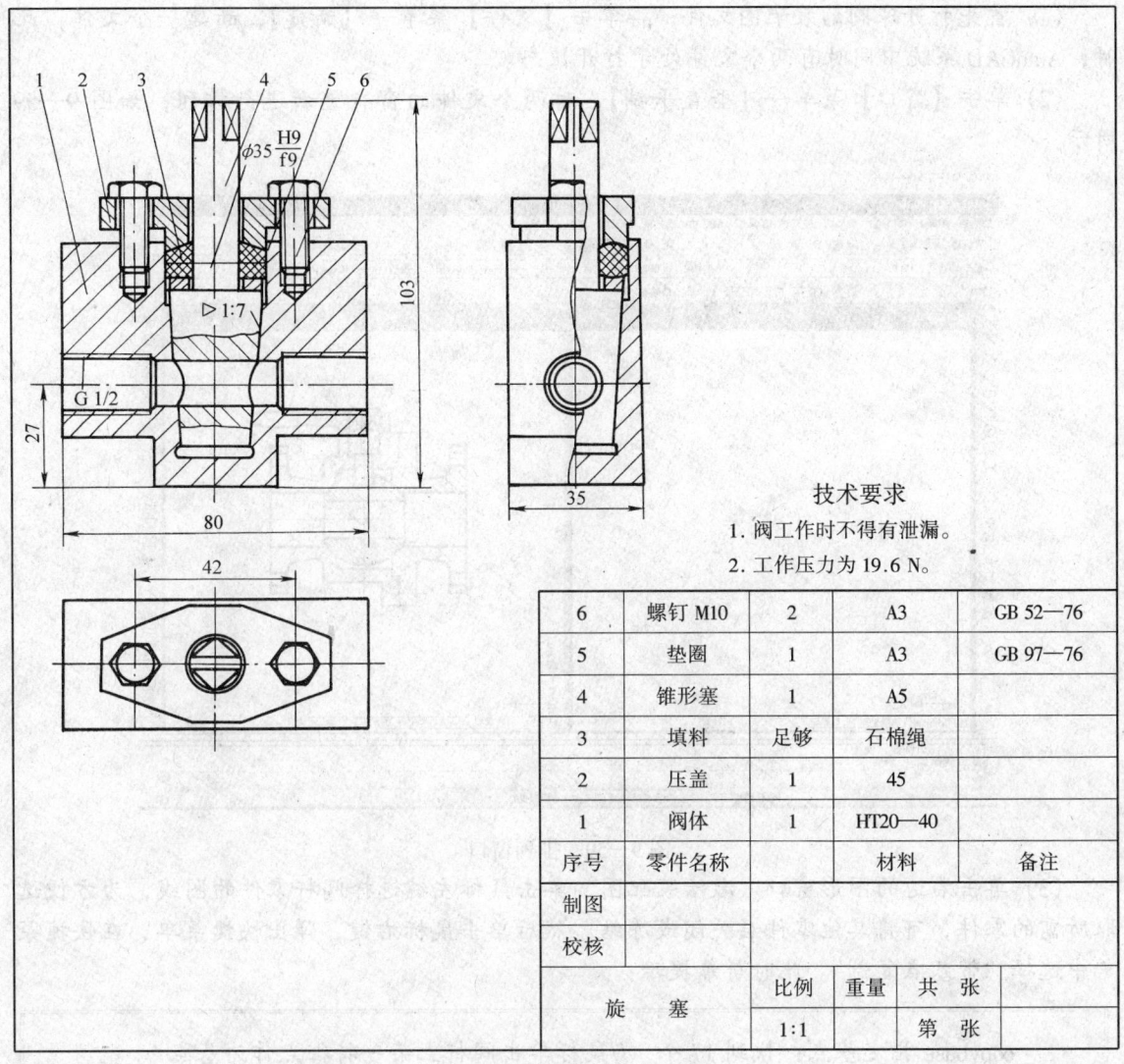

图 9—58 完成后的装配图

在拆画零件图的过程中,还应注意以下几点:

1.在考虑零件的视图选择时,不应简单复制照搬,而应从零件的总体形状出发重新考虑。例如,图 9—59 球阀装配图中的阀杆,当拆画它的零件图时,主视图应根据轴类零件的特点而水平放置。

2.由于装配图主要是表达装配关系,因此,对某些零件的表达不完全,此时需要根据零件的功能、零件结构知识等加以补充完善。

3.零件上的一些细致工艺结构,如倒角、退刀槽等,在拆画零件图时应加上。

4.与标准件相连接或配合的有关尺寸,应从有关的标准中查取,标注表面粗糙度和公差配合等技术要求时,应由装配图上所示该零件与其他零件的装配关系来判断。

例 9—9 由球阀的装配图,拆画其阀杆零件图。

（1）首先打开球阀的装配图文件；再单击【文件】菜单→【新建】，新建一个文件，此时，AutoCAD系统中同时有两个文件处于打开状态。

（2）单击【窗口】菜单→【垂直平铺】，对两个文件的窗口重新进行排列，如图9—59所示。

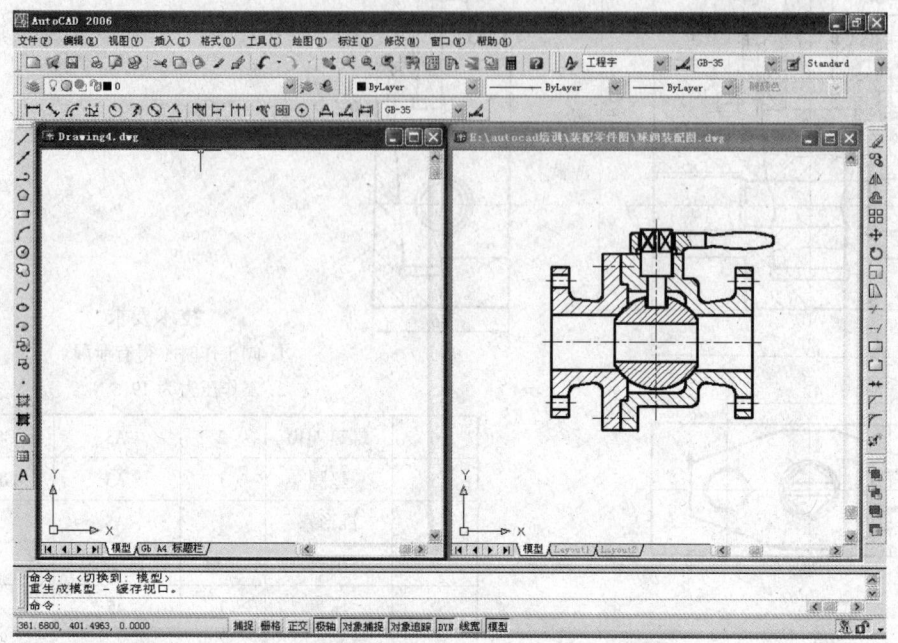

图9—59 排列窗口

（3）单击右边的图形窗口，激活装配图，单击鼠标左键选择阀杆零件的图线，为方便选取所需的零件，可将其他零件层关闭或冻结。然后单击鼠标右键，弹出快捷菜单，在快捷菜单中选择"带基点复制"。此时屏幕提示：

_copybase 指定基点：找到17个   //鼠标单击阀杆上某一特征点作为基点

（4）单击左边的图形窗口，激活零件图，再单击鼠标右键，在弹出的快捷菜单中，选择"粘贴"命令，屏幕提示如下：

_pasteclip 指定插入点：   //鼠标在屏幕上指定一点

此时作出的图形如图9—60所示。

（5）再通过"旋转"命令（ROTATE），将阀杆旋转90°，水平放置，并标注尺寸，填写技术要求和标题栏，即可完成。

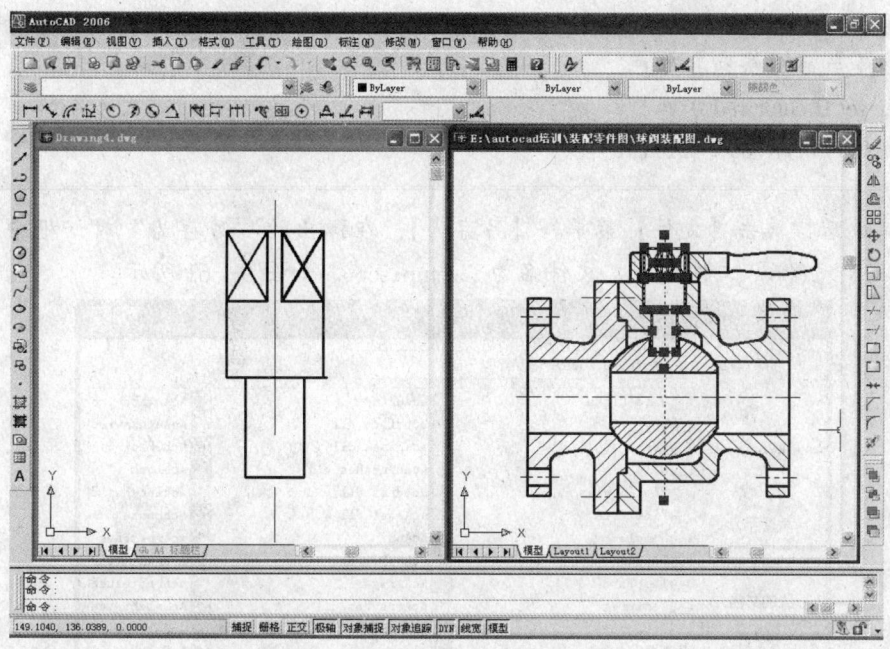

图 9—60　两个窗口之间的复制

第五节　AutoCAD 二次开发技术

一、命令脚本

AutoCAD 提供了一个叫 script files（脚本文件）的工具，它允许把不同的 AutoCAD 命令组合起来，并按预先确定的顺序执行。这些命令可使用任何文字编辑器（如 Windows 自带的记事本程序）编写成文本文件。这些文件通常叫做脚本文件，其扩展名为 .SCR。脚本文件用 AutoCAD 中的 SCRIPT 命令来执行。

例 9—10　编写脚本文件，实现以下功能：启动 AutoCAD 时，自动通过"Acadiso.dwt"样板创建新图形并运行名为"setup.scr"的脚本，将对象捕捉设置为捕捉圆心、中点、端点，全局线型比例设置为 3.0，并将图层"0"设置为当前图层，将设置当前颜色为红色。

（1）单击 Windows 的【开始】按钮→【所有程序】→【附件】→【记事本】，在"记事本"程序中，输入下列语句：

```
；打开对象捕捉并捕捉端点、圆心和中点
- osnap end, cen, mid
；打开栅格
grid on
；设置线型比例
ltscale 3.0
```

> ；选择当前图层及其颜色
> layer set 0 color red 0
> ；空白行用以结束 LAYER 命令

输入完成后，单击【文件】菜单→【另存为】，在弹出的"另存为"对话框中，保存位置为"AutoCAD 2006"文件夹下，文件名为"setup.scr"，如图9—61所示。

图9—61 "另存为"对话框

（2）单击 Windows 的【开始】按钮→【运行】，在弹出的"运行"对话框中，输入命令"C：\ Program Files \ AutoCAD 2006 \ acad"/t acadiso/b setup，如图9—62所示，再单击"确定"按钮，此时将启动 AutoCAD，由"acadiso.dwt"样板文件创建一个新的绘图文件，并且将打开对象捕捉（捕捉端点、中点、圆）、打开栅格、线型比例设置为3、将"0"层设置为当前图层、设置当前颜色为红色。

图9—62 "运行"程序对话框

二、Visual LISP

AutoLISP 是为扩展和自定义 AutoCAD 功能而设计的一种编程语言，开发 AutoLISP 程序的出发点是为了实现某些 AutoCAD 操作的自动化，及加快重复性绘图工作的步伐，或简化一系列复杂操作。Visual LISP 是为加速 AutoLISP 程序开发而设计的软件工具。它的集成开发环境提供了许多功能，使编写、修改代码以及测试和调试程序更加容易。另外，它还提供了工具，用于发布用 AutoLISP 编写的独立应用程序。

Visual LISP 作为一个完整的集成开发环境（IDE），具有自己的窗口和菜单，但它并不能独立于 AutoCAD 运行。当用户从 Visual LISP IDE 中运行 AutoLISP 程序时，经常需要与 AutoCAD 图形交互或在命令窗口响应程序提示。

例 9—11 编写一个 LISP 程序，其功能是绘制螺旋线。

(1) 在 AutoCAD 中，单击【工具】菜单→【AutoLISP】→【Visual LISP 编辑器】，进入 Visual LISP 编辑器。

(2) 在 Visual LISP 编辑器中，单击【文件】菜单→【新建文件】，建立一个新文件。

(3) 在 Visual LISP 编辑器的文本编辑窗口（见图 9—63）中输入下述代码：

```
;; lxx.LSP 绘制螺旋线
(Defun C：lxx ()
        (SetQ p (GetPoint " \n 中心点：") x (Car p) y (Cadr p) z (Caddr p)
              r (GetDist p " \n 半径：")
              b (GetDist p " \n 总高度：")
              a (GetAngle p " \n 起始角：")
              m (GetInt " \n 圈数：")
              n (GetInt " \n 每圈线段数：")
              da (/ ( * m 2 Pi) ( * m n))
              dz (/ b ( * m n))
        )
        (Command " 3dpoly ")
        (Repeat (1+ ( * m n))
                (Command (Polar (List x y z) a r))
                (SetQ a ( + a da) z ( + z dz))
        )
        (Command "")
        (PrinC)
)
```

(4) 在 Visual LISP 编辑器中，单击【文件】菜单→【另存为】，此时屏幕上弹出如图 9—64 所示的"另存为"对话框，在"文件名"框中，输入"lxx"，在"保存类型"框中，选择 "LISP 源文件"。保存完毕后，关闭 Visual LISP 编辑器窗口。

(5) 在 AutoCAD 中，单击【工具】菜单→【AutoLISP】→【加载应用程序】，此时屏幕上弹出如图 9—65 所示的"加载/卸载应用程序"对话框，找到并选择上一步所保存的 "lxx.lsp"文件，然后单击"加载"按钮，加载该 LSP 程序，再单击"关闭"按钮。

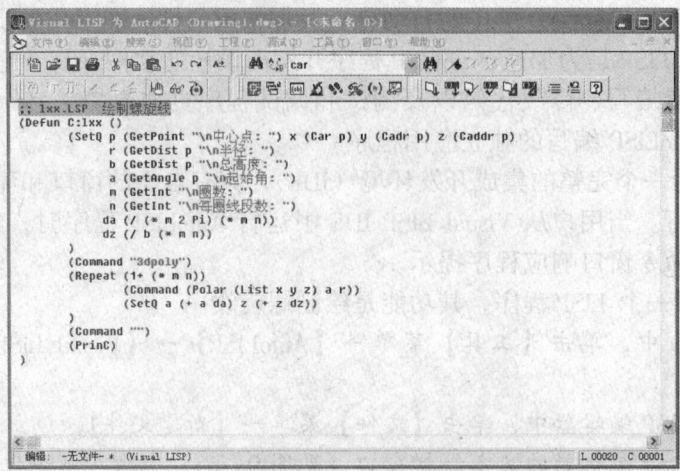

图 9—63　Visual LISP 编辑器的文本编辑窗口

图 9—64　"另存为"对话框

图 9—65　"加载/卸载应用程序"对话框

(6) 为了便于察看绘制结果，在 AutoCAD 中单击【视图】菜单→【三维视图】→【西南等轴测】，进入西南等轴测视图。

(7) 在 AutoCAD 的命令行中，输入"lxx"，系统提示如下：

```
命令：lxx ↵      //输入"lxx"函数名称
中心点：         //鼠标在屏幕上拾取一点，作为螺旋线的底面中心点
半径：20 ↵       //输入螺旋线的半径
总高度：80 ↵     //输入螺旋线的高度
起始角：330 ↵    //输入螺旋线的起始角度
圈数：8 ↵        //输入螺旋线的圈数
每圈线段数：100 ↵  //输入螺旋线每圈线段数
```

此时作出的图形如图 9—66 所示。

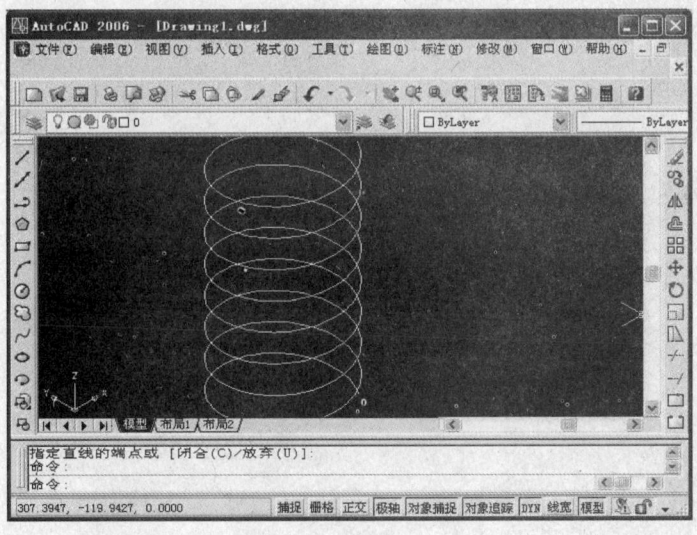

图 9—66　完成后的螺旋线

第五部分

机械制图员
技师

第十单元

机械制图员技师手工绘图

第一节 第三角画法

一、概述

三视图就是由相互垂直的三个投影面 W 面、V 面和 H 面将空间分为八个分角后,将物体放于第一分角中进行正投影而得到的,如图 10—1a 所示。第三角画法就是假想将物体放在第三分角中,向三个相互垂直的透明投影面进行投影。这样在三个投影面上得到三个视图:主视图、俯视图、右视图,如图 10—1b 所示。

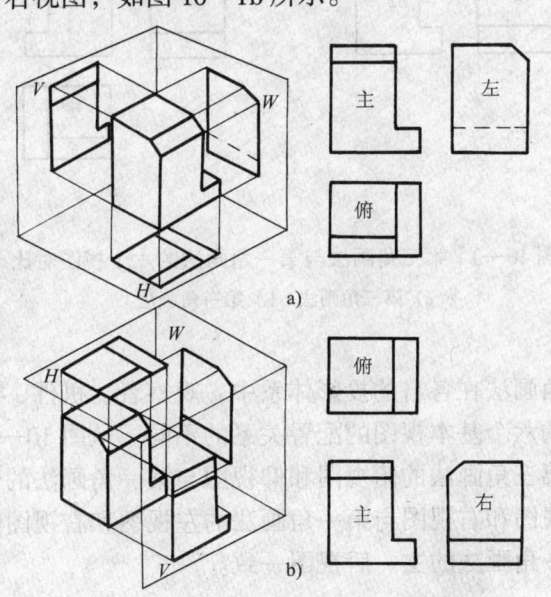

图 10—1 第三角投影法中三视图的形成

为使三个投影面展开成一个平面，规定 V 面不动，H 面向上翻转 90°，W 面向右旋转 90°，得到物体的三视图。与第一角画法类似，采用第三角画法的三视图也有下述特性：主、俯视图长对正；主、右视图高平齐；俯、右视图宽相等。

二、第三角画法与第一角画法的异同

1. 共同点

（1）第三角画法与第一角画法都是采用正投影法，所以，正投影法的规律，如"三等"关系对两者都完全适用。

（2）第三角画法与第一角画法一样，也有六个基本视图，将物体向正六面体的六个平面进行投射，然后按图 10—2 所示的方法展开，即得六个基本视图，它们相应的配置如图 10—3a 所示。

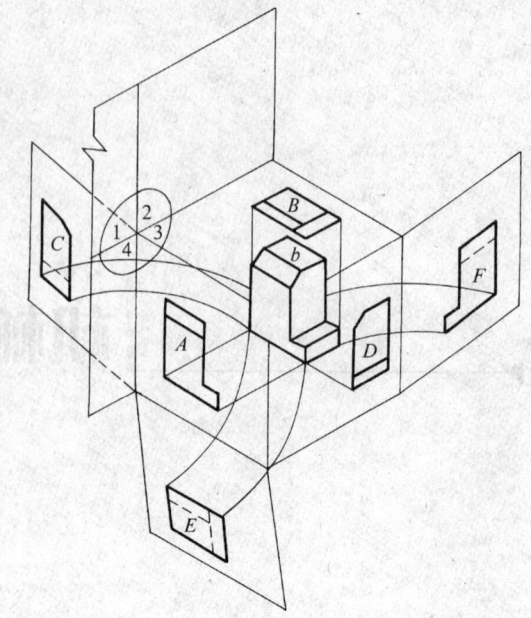

图 10—2　第三角画法六面基本视图的展开

（3）和第一角画法一样，表达机件时除了六个基本视图外，也有局部视图、斜视图，以及断裂画法、局部放大图等。表达机件内部结构时，也有各种剖视与断面，以适应表达各种机件内外结构的需要。

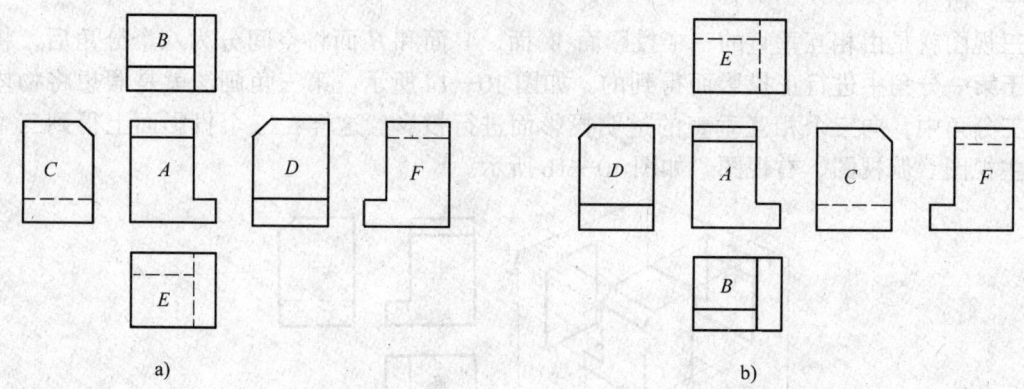

图 10—3　第三角画法与第一角画法的六个视图对比
a) 第三角画法　b) 第一角画法

2. 差别

第三角画法与第一角画法在各自的投影体系中，观察者、机件、投影面三者之间的相对位置不同，决定了它们的六个基本视图的配置关系的不同。从图 10—3 所示两种画法的对比中，可很清楚地看到：第三角画法的俯视图和仰视图与第一角画法的俯视图和仰视图的位置对换；第三角画法的左视图和右视图与第一角画法的左视图和右视图的位置也对换；第三角画法的主、后视图与第一角画法的主、后视图一致。

另外，采用第三角画法时，必须在图样中画出第三角投影的识别符号，如图10—4所示。采用第一角画法时，在图样中一般不必画出第一角投影的识别符号，但在必要时也需画出。读图时应加以注意方可避免误解。如图10—5所示，只有搞清楚该机件是采用第三角画法还是第一角画法，才能确切知道机件圆盘上的小孔在左边还是在右边。

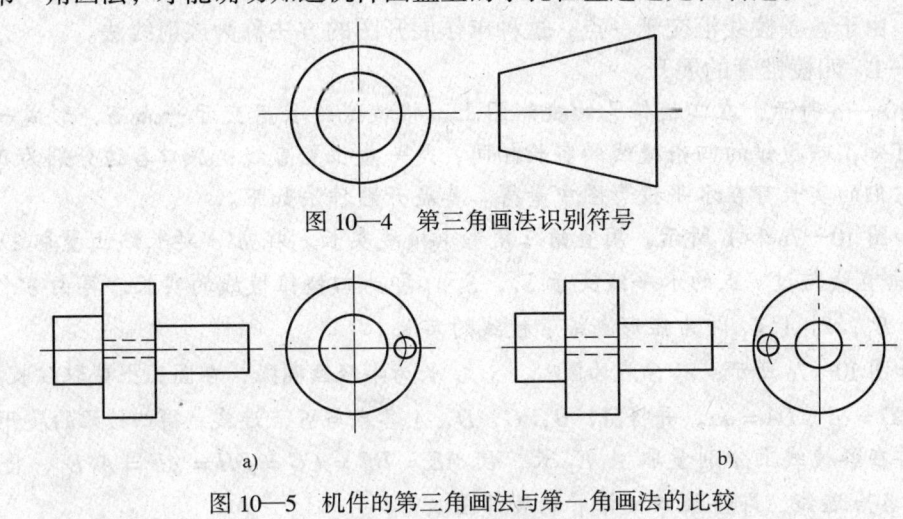

图10—4 第三角画法识别符号

a)　　　　　　　　　　　b)

图10—5 机件的第三角画法与第一角画法的比较
a) 第一角画法　b) 第三角画法

第二节　展　开　图

一、概述

在生产中常使用一些由板材制成的设备，如锅炉、水箱、管道、容器、通风管以及机械运转部分的防护罩等。如图10—6所示的除尘器外筒，它是由变形接头、圆锥管、偏交圆柱管和四节弯管所组成，它们都是用板材卷曲焊接而成。制造这些设备，通常要将制件表面按其实际形状大小，依次摊成一个平面，画出其下料图，这种图叫做展开图。

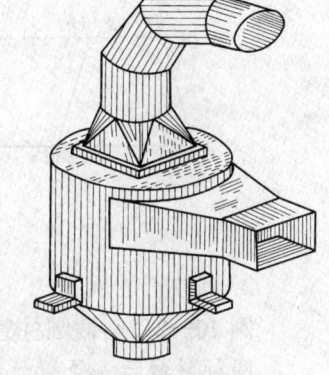

图10—6 除尘器外筒

立体表面分为可展与不可展两种。平面立体的表面都是平面，是可展的；曲面立体的表面是否可展，则要根据组成其表面的曲面是否可展而定。凡是相邻两条素线彼此平行或相交（能构成一个平面）的曲面，是可展曲面，如柱面和锥面等。凡是相邻两条素线成交叉两曲线（不构成一个平面）或母线是曲线的曲面，是不可展曲面，如球面、环面等。不可展表面可采用近似作图法展开。

绘制展开图有两种方法：图解法和计算法。

二、图解法展开

图解法是根据展开原理得到的，其实质是作立体表面的实形，而作实形的关键是求线段的实长和曲线的展开长度。图解法具有作图简捷、直观等优点,目前应用较广。

1. 棱锥管的展开

棱锥管的所有棱线汇交于锥顶。求作棱锥管的展开图时,首先应确定各条棱线的实长及它们之间的夹角,或者求出底面多边形每边的实长,即得各棱面的实形,依次将其展开在一个平面内,由于各条棱线汇交于一点,这种求作展开图的方法称为放射线法。

例 10—1 四棱锥管的展开。

如图 10—7a 所示,在四棱锥管的投影图上,将棱线延长后交于一点 S,形成一个四棱锥,由此可知,四棱锥的四条棱线的实长相同,是一般位置直线;底口各边分别为正垂线和侧垂线,它们的实长可在水平投影图中量得。其展开图作法如下。

(1) 如图 10—7a 和 b 所示,用直角三角形求棱线实长。在 $b'c'$ 延长线上量取 $OA_1 = sa$,由 O 点作垂直线与过 s' 点的水平线交于 S_1,S_1A_1 即为四棱锥棱线的实长,再由 e' 作水平线交 S_1A_1 于 E_1,则 A_1E_1 即为矩形渐缩管棱线的实长。

(2) 如图 10—7c 所示,以 S 点为圆心,S_1A_1 长为半径画圆弧,在圆弧上截取弦长 $AB = ab$,$BC = bc$,$CD = cd$,$DA = da$,并将 A,B,C,D,A 各点与 S 点连线,得四棱锥的展开图。

(3) 再在各棱线上分别量取 A_1E_1 长,使 $AE = BF = CG = DH = AE = A_1E_1$,将 E,F,G,H,E 各点连线,即得该四棱锥管的展开图。

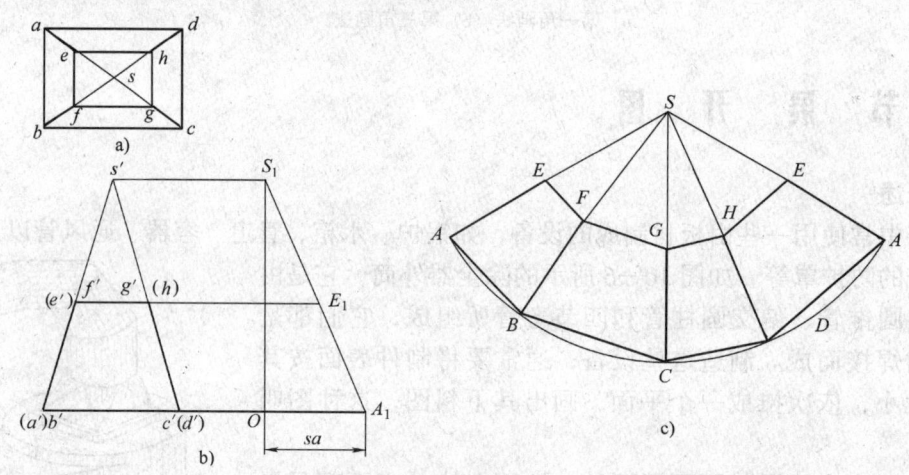

图 10—7 四棱锥管的展开

2. 圆柱管的展开

例 10—2 斜截圆柱管的展开。

圆柱斜截后,使得柱面上的各条素线的长度不相等。作展开图时应根据视图的投影关系求出若干素线的实长,然后光滑连接这些素线的端点,即可得展开图。其作图过程如图 10—8 所示。

(1) 将圆柱管的底圆周长分成若干等份(图中分 12 等份),得若干等份点,例如点 2;求出等份点的正面投影,例如点 $2'$;过等份点的正面投影作相应的素线,即得素线的实长,例如 $2'c'$。

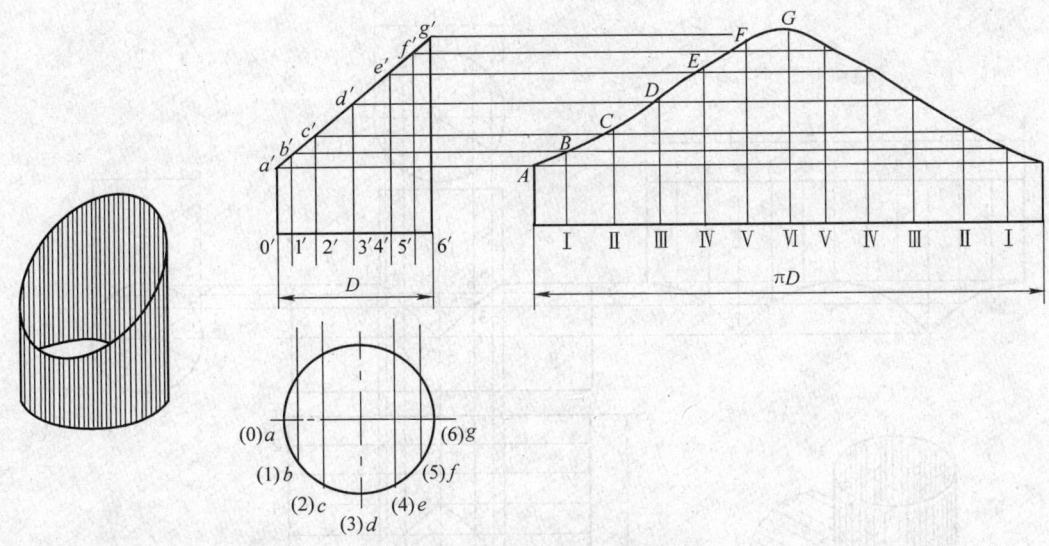

图10—8 斜截圆柱管的展开

(2) 将底圆周长展成直线，其长度为 πD，并取同样的12等份，得12等份点，例如Ⅱ点；过这些等份点作该直线的垂线，得柱面展开后的各素线的位置线，例如ⅡC。

(3) 把斜截圆柱管正面投影上各素线的实长移至展开图上，得相应素线的端点，例如素线ⅡC的端点C。光滑连接这些素线的端点，即得到斜截圆柱管的展开图。

3. 等径正交三通管的展开

在管道施工中常遇到各种各样的叉管，从几何形体上看，这类叉管件实际为相贯体。因此，画相交管的展开图，应首先确定相贯线，然后以相贯线为界限，将叉管划分为若干基本体的切割体，再按基本体的展开法作出各自的展开图。其作图过程如图10—9所示。

(1) 求出相贯线的投影。两圆柱管垂直正交且等径，因此，相贯线的正面投影为互相垂直的两线段。

(2) 作正立圆柱管Ⅰ的展开图，方法同例10—2。

(3) 作水平圆柱管Ⅱ的展开图，然后求出相贯线点的位置，依次光滑连线，得到相贯线所围成的孔的展开图。

三、计算法展开

计算法是用解析计算代替图解法中的展开作图过程，求出曲线的解析表达式及展开图中点的坐标、线段长度，然后绘出图形。随着计算机技术的飞速发展，这种方法显示出准确度高、速度快，且图形便于修改、保存等优点，得到了日益广泛的应用。

用计算法作展开图，就是在分析制件的基础上，建立起制件展开曲线的解析表达式，从而计算出展开图中点的坐标、线段长度等参数，最后由计算结果绘出图形，或由计算机直接绘出图形。图10—10所示为圆柱管用计算法作出的表面展开图。

1. 解析表达式的建立

采用计算法作展开图的前提是建立展开曲线的解析表达式，下面仅以斜口圆管展开为例，说明解析表达式的建立过程。

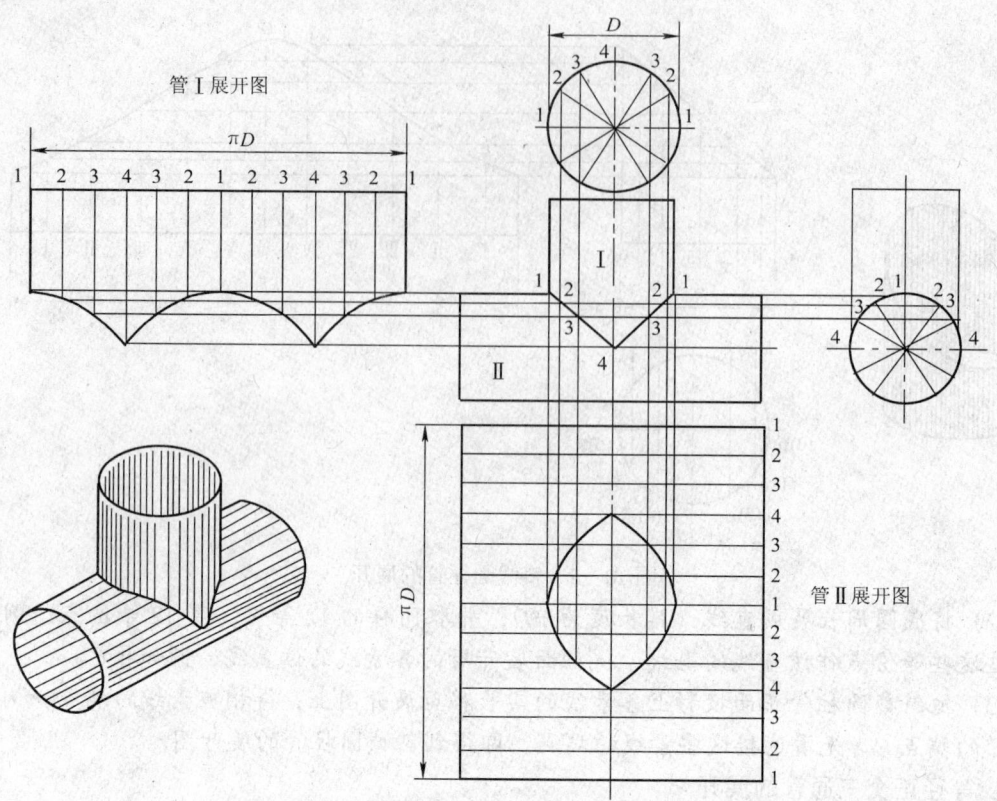

图 10—9 等径正交三通管的展开

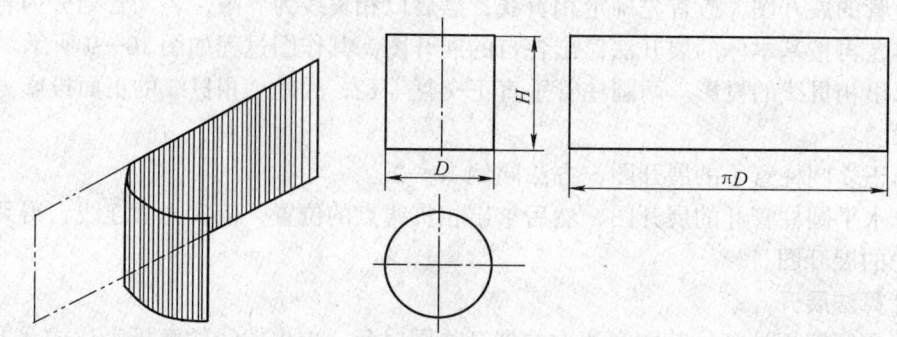

图 10—10 圆柱管及其表面展开

例 10—3 斜口圆柱管的计算法展开。

如图 10—11 所示，斜口圆柱管的已知尺寸为 D，h 和 α。斜口展开曲线上的每个点 P_i 将对应一个固定的角 ϕ_i。如对展开图建立直角坐标系，则可根据各尺寸间的几何关系和角 ϕ_i 推导出点 P_i 的坐标：

$$x_i = \pi D \phi_i / 360$$
$$y_i = h + (1 - \cos\phi_i)\tan\alpha \cdot D/2 \qquad (0° \leq \phi_i \leq 360°)$$

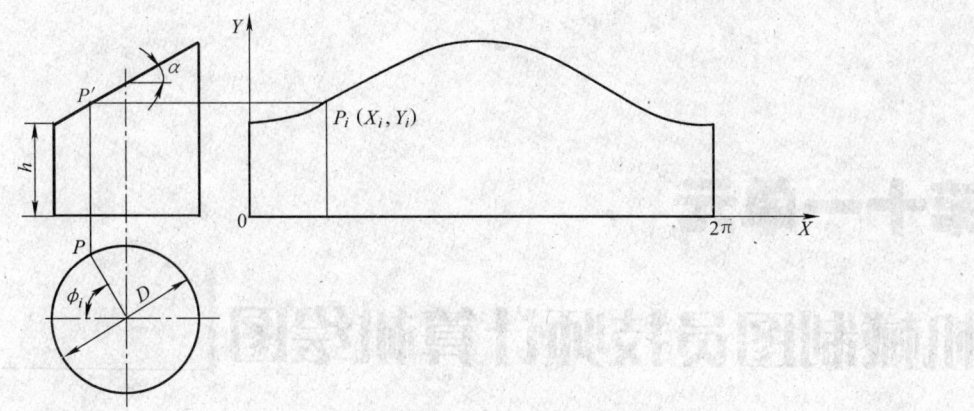

图 10—11 斜口圆柱管的计算法展开

如将斜口圆管的底圆分成若干等份,每隔一等份取一个 ϕ_i 值代入上式,计算出相应点的坐标,即可画出展开图。

2. 计算法展开的数据计算及处理方法

采用计算法绘制展开图,其作图数据的计算及处理有以下几种方式:

(1) 手工逐一计算并作图。

(2) 利用计算器的特殊功能——复杂公式的存储,预编程序计算数据,然后手工作图。

(3) 计算作图数据后利用绘图软件作图。

(4) 利用高级语言编程,若配上数控切割机,可实现计算机直接作图或直接切割下料。

第十一单元

机械制图员技师计算机绘图

第一节 三维绘图基础

一、三维图形元素的创建

1. 三维点的坐标

在 AutoCAD 中，可以通过下列三种三维坐标形式来确定三维空间中的点：

（1）三维笛卡尔坐标

与二维笛卡尔坐标（X，Y）相似，在 X 和 Y 值基础上增加 Z 值。在使用时有两种指定形式：使用基于当前坐标系原点的绝对坐标值（X，Y，Z）或基于上一个输入点的相对坐标值（@X，Y，Z）。

（2）圆柱坐标

与二维极坐标 D<A 类似，在其基础上增加了 Z 值。在使用时也有两种指定形式：绝对圆柱坐标（D<A，Z），例如，"30<60，50"表示三维点与原点的连线在 XY 平面上的投影长度为 30，其投影与 X 轴的夹角为 60°，该点到 XY 平面的垂直距离 Z 值为 50；相对圆柱坐标（@D<A，Z），例如，"@50<45，50"表示三维点与上一个输入点连线在 XY 平面上的投影长为 50，该投影与 X 轴正方向的夹角为 45°，距上一个输入点的 Z 轴距离为 50。

（3）球面坐标

球面坐标也有两种指定形式：绝对球面坐标（D<A<B），例如"50<30<45"表示三维点与原点的距离为 50，与原点的连线在 XY 平面的投影与 X 轴的夹角为 30°，与原点的连线和 XY 平面的夹角为 45°；相对球面坐标（@D<A<B），例如"@30<60<30"表示三维点与上一个输入点的距离为 30，与上一个输入点的连线在 XY 平面的投影与 X 轴的夹角为

60°，与上一个输入点的连线和 XY 平面的夹角为 30°。

2. 三维多段线

⬚ 命　令　3DPOLY（缩写：3P）

⬚ 菜　单　【绘图】→【三维多段线】

⬚ 说　明　三维多段线由三维空间的直线段组成。可以使用"编辑多段线"命令（PEDIT），对三维多段线进行闭合、编辑顶点、拟合为样条曲线等操作。

例 11—1　绘制及编辑如图 11—1 所示的三维多段线。

图 11—1　三维多段线
a) 绘制三维多段线　b) 编辑三维多段线

在绘制图形前先转换视图，单击【视图】菜单→【三维视图】→【西南等轴测】，以便于观察所绘制的图形。

```
命令：3DPOLY ↵
指定多段线的起点：30, 30, 0 ↵
指定直线的端点或 [放弃 (U)]：@50<0, 0 ↵
指定直线的端点或 [放弃 (U)]：@50<90, 20 ↵
指定直线的端点或 [闭合 (C)/放弃 (U)]：@50<180, 0 ↵
指定直线的端点或 [闭合 (C)/放弃 (U)]：@20<-90, 0 ↵
指定直线的端点或 [闭合 (C)/放弃 (U)]：@70<0, 0 ↵
指定直线的端点或 [闭合 (C)/放弃 (U)]：@30<0, 0 ↵
指定直线的端点或 [闭合 (C)/放弃 (U)]：@50<90, 20 ↵     //此时绘出结果如
图 11—1a 所示
命令：PEDIT ↵    //执行"编辑多段线"命令
选择多段线或 [多条 (M)]：   //选择刚才所绘的三维多段线
输入选项 [闭合 (C)/编辑顶点 (E)/样条曲线 (S)/非曲线化 (D)/放弃 (U)]：
S ↵
```

此时绘出的结果如图 11—1b 所示。

3. 基面

> 📌 命 令　ELEV

> 📌 说 明　基面指绘图的基准平面。系统默认状态下，以 *XOY* 平面为绘图基准面。可以通过 ELEV 命令，改变标高，从而指定新的基准平面。同时也可通过该命令指定所绘二维图形的厚度。

> 📌 格 式

```
命令：ELEV ↵   //执行 ELEV 命令
    指定新的默认标高 < 0.0000 >：50 ↵    //指定标高为 50，此后所绘的图形，若没有指定 Z 坐标，都将绘在新的基面上，即距离 XOY 平面 50 的平行面上
    指定新的默认厚度 < 0.0000 >：30 ↵    //指定厚度为 30，此后所绘的二维图形，都将具有 30 的厚度
```

4. 三维面

> 📌 命 令　3DFACE

> 📌 菜 单　【绘图】→【曲面】→【三维面】

> 📌 工具栏　"曲面"工具栏中 ✎

> 📌 说 明　执行该命令后，系统将根据用户指定的点创建一个三维面对象。如果在指定某点之前选择了"不可见（I）"项，则该点与下一点之间的连线将不可见。

> 📌 格 式

```
命令：3DFACE
    指定第一点或 ［不可见（I）］：    //鼠标在屏幕上拾取一点
    指定第二点或 ［不可见（I）］：
    指定第三点或 ［不可见（I）］<退出>：
    指定第四点或 ［不可见（I）］<创建三侧面>：
```

接下来系统交替提示用户指定第三点、第四点，可依次连续地生成多个三维面对象。

5. 三维表面

> 📌 命 令　3D

> 📌 菜 单　【绘图】→【曲面】→【三维曲面】

> 📌 工具栏　"曲面"工具栏

➥ 说 明 从菜单执行该命令后，会弹出"三维对象"对话框，如图 11—2 所示，可在对话框中选择所绘的三维表面，再根据命令行出现的相应提示，完成图形的绘制。

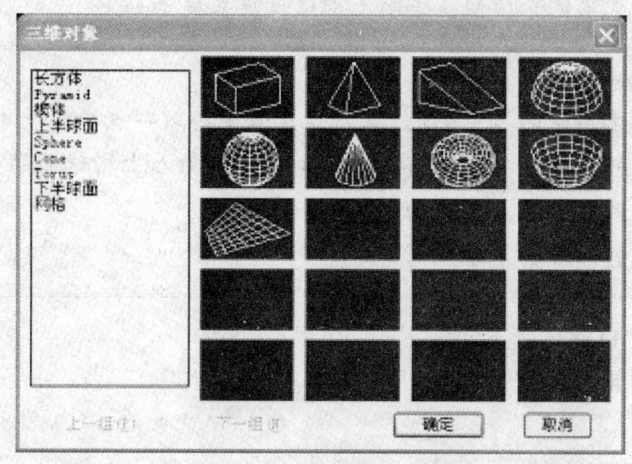

图 11—2　"三维对象"对话框

例 11—2　绘制如图 11—3 所示的长方体表面及上半球面。

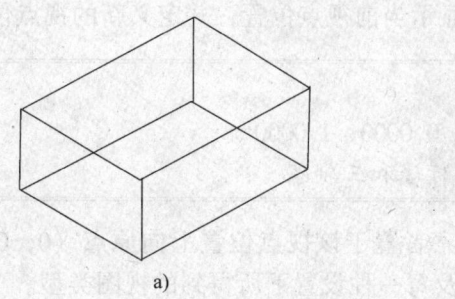 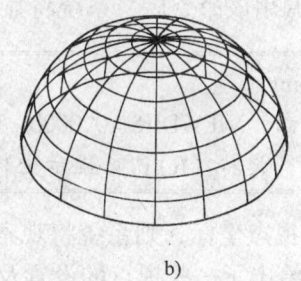

a)　　　　　　　　　　　　　　b)

图 11—3　三维表面
a) 长方体表面　b) 上半球面

(1) 单击【绘图】菜单→【曲面】→【三维曲面】，打开"三维对象"对话框，选择"长方体"图标，并单击"确定"按钮，绘制长方体，屏幕提示如下：

命令：_ ai _ box
指定角点给长方体：0，0，0 ↵　//指定长方体底面顶点
指定长度给长方体：70 ↵
指定长方体表面的宽度或 [立方体 (C)]：50 ↵
指定高度给长方体：30 ↵
指定长方体表面绕 Z 轴旋转的角度或 [参照 (R)]：0 ↵　//指定长方体绕 Z 轴的旋转角度，确定其位置

所绘结果如图11—3a所示。

(2) 单击【绘图】菜单→【曲面】→【三维曲面】,打开"三维对象"对话框,选择"上半球面"图标,并单击"确定"按钮,绘制上半球,屏幕提示如下:

```
命令: _ ai _ dome
指定中心点给上半球面:     //通过鼠标在屏幕上拾取一点确定上半球中心
指定上半球面的半径或 [直径 (D)]: 40 ↵    //输入上增球面的半径为40
输入表面的经线数目给上半球面 <16>: ↵
输入表面的纬线数目给上半球面 <8>: ↵
```

所绘的结果如图11—3b所示。

二、三维图形的显示

1. 三维视点

命 令 VPOINT(缩写: VP)

菜 单 【视图】→【三维视图】→【视点】

说 明 调用该命令后,系统将显示当前视点位置,并定义新的视点位置。

```
命令: _ vpoint
当前视图方向: VIEWDIR = 0.0000, 0.0000, 1.0000
指定视点或 [旋转 (R)] <显示坐标球和三轴架>:
```

如果直接指定视点坐标,则系统将观察者置于该视点位置上向原点 (0, 0, 0) 方向观察图形。表11—1给出了一些视点的设置及每一种设置下所得到的视图类型。

表11—1　　　　　　　　　　视点值与视图类型

视点值	显示视图	视点值	显示视图
0, 0, 1	俯视图	-1, -1, -1	左前仰视图
0, 0, -1	仰视图	1, 1, -1	右后仰视图
0, -1, 0	主视图	-1, 1, -1	左后仰视图
0, 1, 0	后视图	1, -1, 1	右前俯视图
1, 0, 0	右视图	-1, -1, 1	左前俯视图
-1, 0, 0	左视图	1, 1, 1	右后俯视图
1, -1, -1	右前仰视图	-1, 1, 1	左后俯视图

如果选择"旋转"选项,则需要分别指定观察视线在 XY 平面中与 X 轴的夹角和观察视线与 XY 平面的夹角。

如果直接按 Enter 键选择"显示坐标球和三轴架",则屏幕上将显示如图11—4所示的坐标球和三轴架,通过鼠标的移动来动态的定义观察方向。

也可以单击【视图】菜单→【三维视图】→【视点预置】,对应执行 DDVPOINT 命令,在弹出的"视点预置"对话框,定义观察方向。

通过视点的选择,可以得到三维图形的主视图、俯视图、左视图、右视图、仰视图和后视图,以及四种观察方向的正等轴测图。这些视图也可以单击【视图】菜单→【三维视图】或在【视图】工具栏中直接选取。

2. 消隐

- 命　令　HIDE（缩写：HI）
- 菜　单　【视图】→【消隐】
- 工具栏　"渲染"工具栏中
- 说　明　三维线框模型对象在三维视图中,会显示出所有可见和不可见的线条,通过执行"消隐"命令,则可以在视图只显示对象的可见轮廓线。

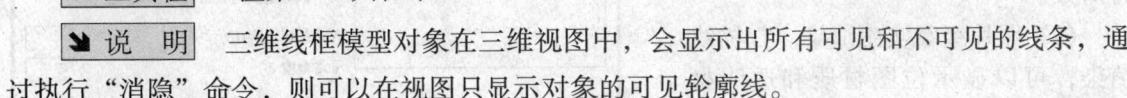

图 11—4　坐标球和三轴架

3. 着色

- 命　令　SHADEMODE
- 菜　单　【视图】→【着色】
- 工具栏　"着色"工具栏
- 说　明　执行 SHADEMODE 命令后,命令行提示如下:

　　输入选项 [二维线框（2D）/三维线框（3D）/消隐（H）/平面着色（F）/体着色（G）/带边框平面着色（L）/带边框体着色（O）] <带边框平面着色>：

各选项含义如下：

(1) 二维线框。显示用直线和曲线表示边界的对象。光栅和 OLE 对象、线型和线宽都是可见的。

(2) 三维线框。显示用直线和曲线表示边界的对象。显示一个着色的 UCS 三维图标。光栅和 OLE 对象、线型和线宽都不可见。显示已使用的材质颜色。

(3) 消隐。显示用三维线框表示的对象,同时消隐表示后向面的线。

(4) 平面着色。在多边形面之间着色对象,平面着色的对象不如体着色的对象那样细致、光滑。当对象进行平面着色时,将显示应用到对象的材质。

(5) 体着色。着色对象,并在多边形面之间光顺边界,给对象一个光滑、具有真实感的形象。当对象进行体着色时,将显示应用到对象的材质。

(6) 带边框平面着色。结合"平面着色"和"线框"选项。对象显示为带线框的平面着色效果。

(7) 带边框体着色。结合"体着色"和"线框"选项。对象显示为带线框的体着色效果。

4. 渲染

- 命　令　RENDER（缩写：RR）

📥 菜　　单　【视图】→【渲染】→【渲染】

📥 工具栏　"渲染"工具栏中 ⌘

📥 说　　明　渲染可以使设计图比简单的消隐或着色图像更加清晰，可用于展览宣传的效果图。执行该命令后，屏幕将弹出"渲染"对话框，如图 11—5 所示。

AutoCAD 渲染提供了 3 种渲染类型。

(1) 一般渲染。基本选项，不需要添加任何光源、应用任何材质，也不需要设置场景就可以对模型进行渲染。

(2) 照片级真实感渲染。扫描线渲染，可以显示位图材质和透明材质，并产生体积阴影和贴图阴影。

(3) 照片级光线跟踪渲染。光线跟踪渲染，它使用光线跟踪产生反射、折射和更加精确的阴影。

在"渲染"对话框中，与"平滑着色"相关的是"平滑角度"，默认角度为 45°。大于 45°的角将被视为边。小于 45°的角将被平滑处理。

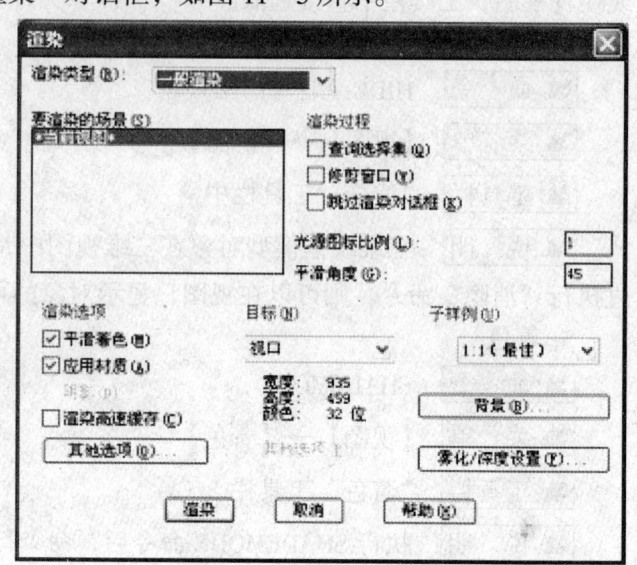

图 11—5　"渲染"对话框

在渲染时，可以选择渲染对象，控制渲染窗口，控制光源，管理材质和贴图，控制背景等。

5. 三维动态视图

📥 命　　令　DVIEW

📥 说　　明　DVIEW 命令使用相机和目标模拟从空间的任意点观察模型。视线或说是观察方向线，是相机和目标的连线。

执行该命令后，命令行提示如下：

　　选择对象或<使用 DVIEWBLOCK>：
　　输入选项
　　[相机（CA）/目标（TA）/距离（D）/点（PO）/平移（PA）/缩放（Z）/扭曲（TW）/剪裁（CL）/隐藏（H）/关（O）/放弃（U）]：

在提示选择对象时，如果直接按 Enter 键，则采用系统提供的 DVIEWBLOCK 块作为预视对象，以查看取景效果。各选项的含义如下：

(1) 相机。通过围绕目标点旋转相机来指定新的相机位置，控制视线的方向角与仰视角。

(2) 目标。通过围绕相机旋转指定新的目标位置。

(3) 距离。相对于目标沿着视线移近或移远相机,创建透视图。

(4) 点。用 X, Y, Z 坐标定位相机和目标点。

(5) 平移。不改变放大比例地移动图像。

(6) 缩放。在透视图打开时,将调整焦距值;在透视图关闭时,将动态地增大或缩小对象的外观尺寸。

(7) 扭曲。沿着视线扭曲或倾斜视图。

(8) 剪裁。剪裁视图,遮掩前向剪裁平面之前或后向剪裁平面之后的图形部分。

(9) 隐藏。消除选定对象上的隐藏线以增强可视性。用这种方式消除隐藏线比用 HIDE 消隐速度快,但不能打印输出。

三、用户坐标系的应用

1. 平面视图

⬇ 命 令　　PLAN

⬇ 菜 单　　【视图】→【三维视图】→【平面视图】

⬇ 说 明　　该命令提供了一种从平面视图（俯视图）查看图形的便捷方式。执行该命令后,系统提示如下:

> 输入选项 [当前 UCS (C) /UCS (U) /世界 (W)] < 当前 UCS >:

选择"当前 UCS"选项将按当前用户坐标系显示平面图形;"UCS"选项将按以前保存的某一用户坐标系显示平面视图,使用该选项后系统会提示输入用户坐标系的名称;选择"世界"选项将按世界坐标系显示平面视图。

2. 用户坐标系命令

UCS 是"用户坐标系"的缩写。在三维造型的过程中,由于要创建的三维形体的形状千差万别,往往需要不断地变换绘图基准面,将坐标系移动到不同的位置。移动后的坐标系相对于 AutoCAD 默认的坐标系（WCS,世界坐标系）来说,就称为用户坐标系（UCS）。

⬇ 命 令　　UCS

⬇ 菜 单　　【工具】→【新建 UCS】

⬇ 工具栏　　"UCS" 工具栏中 ⌐

⬇ 说 明　　该命令用于设置与管理 UCS 用户坐标系。执行该命令后,系统提示如下:

> 输入选项 [新建 (N) /移动 (M) /正交 (G) /上一个 (P) /恢复 (R) /保存 (S) /删除 (D) /应用 (A) /? /世界 (W)] < 世界 >:

选择"新建"选项后会显示下一级的选项，可以定义一个新的坐标系；选择"正交"选项后，会显示下一级选项，可以指定主视图、俯视图等 6 个基本视图，通常用于查看和编辑三维模型；选择"保存"选项后，可以将当前 UCS 按指定名称保存；选择"世界"选项后，可以将当前坐标系恢复为世界坐标系。

例 11—3 如图 11—6a 所示，在长方体表面输入文字。

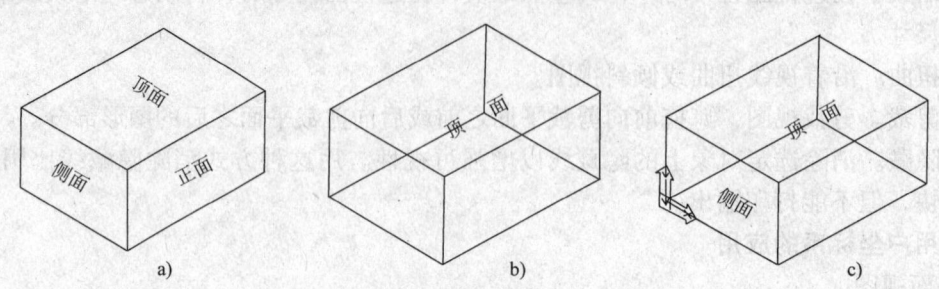

图 11—6 在长方体表面输入文字
a）完成后的图形 b）上表面输入文字 c）左侧面输入文字

（1）单击【绘图】菜单→【曲面】→【三维曲面】，绘出一个长为 80，宽为 60，高为 40 的长方体表面，并单击【视图】菜单→【三维视图】→【西南等轴测】，转到西南等轴测视图。

（2）执行 UCS 命令，选择"移动"选项，通过对象捕捉长方体上表面的下顶点作为坐标系的新原点；执行 TEXT 命令，在长方体上表面输入文字"顶面"，如图 11—6b 所示。

（3）执行 UCS 命令，输入"3"，表示以三点确定新的用户坐标系，通过对象捕捉长方体左侧面的左下顶点作为新的坐标原点，捕捉左侧面的右下顶点作为 X 轴上的点，捕捉左侧面的左上顶点作为 Y 轴上的点，形成新的用户坐标系；执行 TEXT 命令，在长方体左侧面输入文字"侧面"，如图 11—6c 所示。

（4）用同样的方法，在长方体另一侧面上建立新的用户坐标系，输入文字"正面"。

四、三维曲面

除了基本三维曲面外，AutoCAD 中还提供了一些曲面造型的方法。灵活地利用这些方法，就可以创建出各种三维曲面。

1. 旋转曲面

命　令	REVSURF
菜　单	【绘图】→【曲面】→【旋转曲面】
工具栏	"曲面"工具栏中 ⌬
说　明	该命令通过指定路径曲线和轴线，创建旋转曲面。执行该命令后，系统提示为：

> 当前线框密度：SURFTAB1 = 6 SURFTAB2 = 6   //生成网格的密度由 SURFTAB1 和 SURFTAB2 控制
> 选择要旋转的对象：//可选择直线、圆、闭合多段线、多边形、闭合样条曲线等
> 选择定义旋转轴的对象：//可选择直线、二维或三维多段线等
> 指定起点角度<0>：
> 指定包含角（＋＝逆时针，＿＝顺时针）<360>：　　//指定平面绕旋转轴旋转的角度

例 11—4　绘制如图 11—7b 所示的图形。

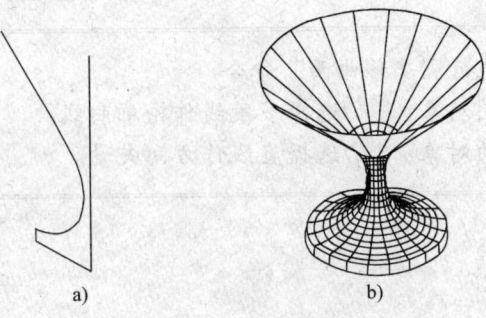

图 11—7　旋转曲面
a）路径曲线与旋转轴　b）完成后的图形

首先使用"多段线"命令，绘出路径曲线；使用"直线"命令，绘出旋转轴，如图 11—7a 所示，再执行"旋转曲面"命令。

> 命令：SURFTAB1 ↵　　//指定旋转方向上绘制的网格线的数目
> 输入 SURFTAB1 的新值<6>：20 ↵　　//输入密度值
> 命令：SURFTAB2 ↵　　//指定将网格线等分的数目
> 输入 SURFTAB2 的新值<6>：20 ↵　　//输入密度值
> 命令：_revsurf　　//执行"旋转曲面"命令
> 当前线框密度：SURFTAB1 = 20　SURFTAB2 = 20　　//系统提示
> 选择要旋转的对象：　　//选择多段线
> 选择定义旋转轴的对象：　　//选择直线
> 指定起点角度<0>：↵　　//按 Enter 键，默认旋转起始角度
> 指定包含角（＋＝逆时针，＿＝顺时针）<360>：↵　　//按 Enter 键，默认旋转角度

绘出的结果如图 11—7 所示。

2．平移曲面

命　令	TABSURF
菜　单	【绘图】→【曲面】→【平移曲面】
工具栏	"曲面"工具栏中
说　明	该命令通过指定轮廓曲线和方向矢量，

沿方向矢量平移轮廓曲线，从而创建平移曲面。

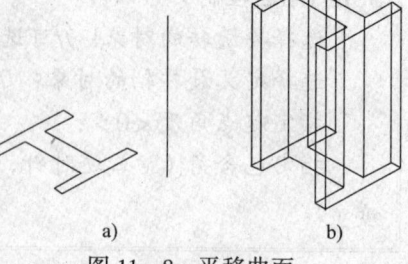

图11—8 平移曲面
a) 路径曲线与方向矢量　b) 完成后的图形

例11—5　绘制如图11—8b所示的图形。

首先使用"多段线"命令，绘出路径曲线；使用"直线"命令，绘出方向矢量，如图11—8a所示，再执行"平移曲面"命令。

```
命令：_tabsurf　　//执行"平移曲面"命令
选择用作轮廓曲线的对象：　　//选择多段线作轮廓曲线
选择用作方向矢量的对象：　　//选择直线作方向矢量
```

3．直纹曲面

命　令	RULESURF
菜　单	【绘图】→【曲面】→【直纹曲面】
工具栏	"曲面"工具栏中
说　明	该命令通过指定第一和第二定义

曲线，在两条曲线之间创建直纹曲面。用于创建直纹曲面的曲线可以是样条曲线、圆、圆弧或多段线等。

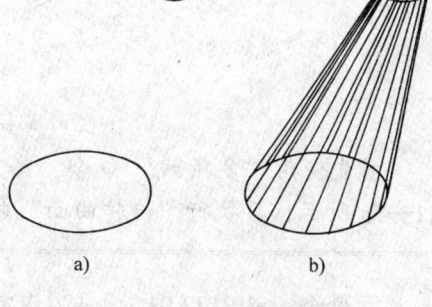

图11—9 直纹曲面
a) 定义曲线　b) 完成后的图形

例11—6　绘制如图11—9b所示的图形。

首先使用"圆"命令，绘出两个圆，如图11—9a所示，再执行"直纹曲面"命令。

```
命令：_rulesurf　　//执行"直纹曲面"命令
当前线框密度：SURFTAB1 = 20　　//系统提示
选择第一条定义曲线：　　//选择第一个圆
选择第二条定义曲线：　　//选择第二个圆
```

4．边界曲面

命　令	EDGESURF
菜　单	【绘图】→【曲面】→【边界曲面】
工具栏	"曲面"工具栏中
说　明	该命令通过指定首尾相连的4条边界创建一个三维多边形网格，边界可以

是直线段、圆弧、样条曲线、开放的二维或三维多段线。

例 11—7 绘制如图 11—10b 所示的图形。

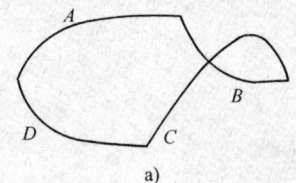 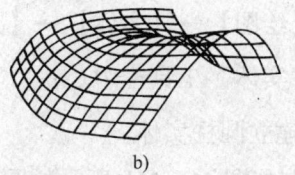

图 11—10 边界曲面
a) 样条曲线 b) 完成后的图形

首先用"样条曲线"命令，绘出 A，B，C，D 4 条样条曲线，如图 11—10a 所示，再执行"边界曲面"命令。

```
命令：_ edgesurf    //执行"边界曲面"命令
当前线框密度：SURFTAB1 = 20 SURFTAB2 = 20    //系统提示
选择用作曲面边界的对象 1：    //选择样条曲线 A
选择用作曲面边界的对象 2：    //选择样条曲线 B
选择用作曲面边界的对象 3：    //选择样条曲线 C
选择用作曲面边界的对象 4：    //选择样条曲线 D
```

第二节　实体造型

一、创建基本实体

1. 长方体

命　令	BOX
菜　单	【绘图】→【实体】→【长方体】
工具栏	"实体"工具栏中
功　能	建立实体长方体。

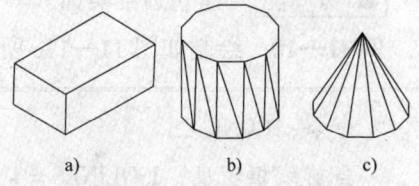

图 11—11 长方体、圆柱体、圆锥体
a) 长方体 b) 圆柱体 c) 圆锥体

例 11—8 绘制如图 11—11a 所示的图形。

```
命令：BOX ↵    //执行"长方体"命令
指定长方体的角点或 [中心点 (CE)] <0, 0, 0>：    //用鼠标指定长方体角点
指定角点或 [立方体 (C) /长度 (L)]：L ↵    //本例通过"长度"选项绘制长方体
指定长度：200 ↵
指定宽度：120 ↵
指定高度：80 ↵    //再执行"消隐"命令（HIDE）即可得图示效果
```

2. 圆柱体

- **命　令**　CYLINDER
- **菜　单**　【绘图】→【实体】→【圆柱体】
- **工具栏**　"实体"工具栏中 🛢
- **功　能**　建立圆柱实体。

例 11—9　绘制如图 11—11b 所示的图形。

> 命令：CYLINDER ↵
>
> 当前线框密度：ISOLINES = 4　　//系统提示
>
> 指定圆柱体底面的中心点或 [椭圆 (E)] <0, 0, 0>：　　//用鼠标指定底面中心点
>
> 指定圆柱体底面的半径或 [直径 (D)]：80 ↵
>
> 指定圆柱体高度或 [另一个圆心 (C)]：150 ↵　　//再执行"消隐"命令即可得图示效果

3. 圆锥体

- **命　令**　CONE
- **菜　单**　【绘图】→【实体】→【圆锥体】
- **工具栏**　"实体"工具栏中 🔺
- **功　能**　建立圆锥实体。

例 11—10　绘制如图 11—11c 所示的图形。

> 命令：CONE ↵
>
> 当前线框密度：ISOLINES = 4　　//系统提示
>
> 指定圆锥体底面的中心点或 [椭圆 (E)] <0, 0, 0>：　　//用鼠标指定底面中心点
>
> 指定圆锥体底面的半径或 [直径 (D)]：80 ↵
>
> 指定圆锥体高度或 [顶点 (A)]：150 ↵　　//再执行"消隐"命令 (HIDE) 即可得图示效果

4. 球体

- **命　令**　SPHERE
- **菜　单**　【绘图】→【实体】→【球体】
- **工具栏**　"实体"工具栏中 ●
- **功　能**　建立球实体。

例 11—11 绘制如图 11—12a 所示的图形。

 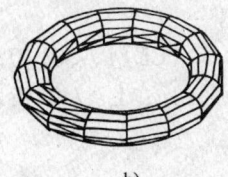 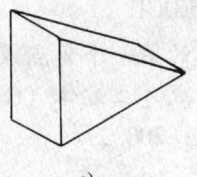

a)   b)   c)

图 11—12   球体、圆环、楔体
a）球体   b）圆环   c）楔体

命令：SPHERE ↵

当前线框密度：ISOLINES = 4   //系统提示

指定球体球心 <0, 0, 0>：   //鼠标指定一点作为球心

指定球体半径或 [直径 (D)]：80 ↵   //再执行"消隐"命令（HIDE）即可得图示效果

---

5. 圆环

　▶ 命　令　TORUS

　▶ 菜　单　【绘图】→【实体】→【圆环体】

　▶ 工具栏　"实体"工具栏中 ◉

　▶ 功　能　建立圆环实体。

例 11—12 绘制如图 11—12b 所示的图形。

命令：TORUS ↵

当前线框密度：ISOLINES = 4   //系统提示

指定圆环圆心 <0, 0, 0>：   //用鼠标指定一点作为圆环圆心

指定圆环半径或 [直径 (D)]：100 ↵

指定圆管半径或 [直径 (D)]：20 ↵   //再执行"消隐"命令（HIDE）即可得图示效果

---

6. 楔体

　▶ 命　令　WEDGE（缩写：WE）

　▶ 菜　单　【绘图】→【实体】→【楔体】

　▶ 工具栏　"实体"工具栏中 ◥

　▶ 功　能　建立楔体实体。

例 11—13 绘制如图 11—12c 所示的图形。

```
命令：WEDGE ↵
指定楔体的第一个角点或 [中心点 (CE)] <0, 0, 0>：    //用鼠标指定一点
指定角点或 [立方体 (C) /长度 (L)]: L   //以指定长度方式绘制楔体
指定长度：200 ↵
指定宽度：80 ↵
指定高度：150 ↵
```

二、创建面域与拉伸旋转实体

1. 创建面域

面域是以封闭边界创建的二维封闭区域。组成边界的对象可以是直线、多段线、圆、圆弧、椭圆、椭圆弧、样条曲线、三维面、宽线或实体。这些对象或者是自行封闭的，或者与其他对象有公共端点从而形成封闭的区域，但它们必须共面，即在同一平面上。

↳ 命　令　REGION

↳ 菜　单　【绘图】→【面域】

↳ 工具栏　"绘图"工具栏中 ◎

↳ 说　明　执行该命令后，系统提示如下：

```
选择对象：指定对角点：找到 4 个   //用鼠标选取要创建面域的对象
已提取 1 个环
已创建 1 个面域   //系统提示信息
```

在创建面域后，将会删去原对象，在当前图层创建面域对象。

2. 拉伸实体

↳ 命　令　EXTRUDE（缩写：EXT）

↳ 菜　单　【绘图】→【实体】→【拉伸】

↳ 工具栏　"实体"工具栏中 ⌸

↳ 说　明　该命令用于将二维封闭图形（封闭多段线、多边形、圆、椭圆、封闭样条曲线、圆环和面域）沿指定的路径或拉伸高度，拉伸为三维实体，如绘制机械零件图中的管道等。

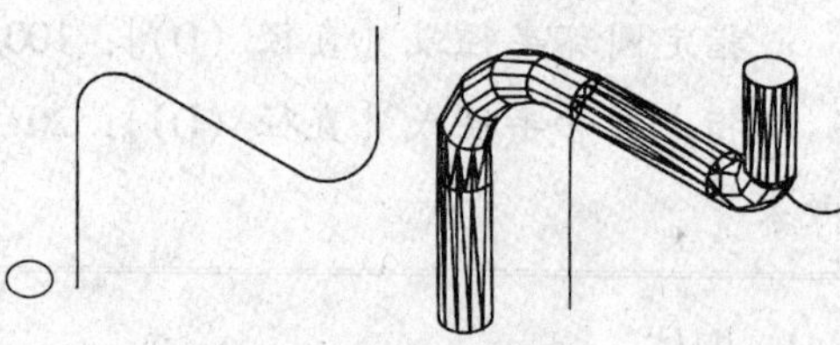

图 11—13　拉伸实体
a) 圆和多段线　b) 完成后的图形

例 11—14　绘制图 11—13b 所示的图形。

首先绘制如图 11—13a 所示的圆和一条多段线（圆和多段线不能在一个平面上），再执行"拉伸"命令。

```
命令: EXTRUDE ↵
当前线框密度: ISOLINES = 16    //系统提示信息
选择对象: 找到 1 个    //选取圆
选择对象: ↵
指定拉伸高度或 [路径 (P)]: P    //输入选项 P, 以路径方式拉伸
选择拉伸路径或 [倾斜角]:    //选择多段线
```

3. 旋转实体

⬛ 命　　令　　REVOLVE（缩写: REV）

⬛ 菜　　单　　【绘图】→【实体】→【旋转】

⬛ 工 具 栏　　"实体"工具栏中 ⟳

⬛ 说　　明　　使用该命令，可以将一个闭合对象（圆、椭圆、闭合二维多段线和面域）绕当前用户坐标系的 X 轴或 Y 轴旋转一定的角度生成实体。也可以绕直线、多段线或两个指定的点旋转对象。该命令可以创建许多复杂的三维模型。

例 11—15　绘制图 11—14b 所示的图形。

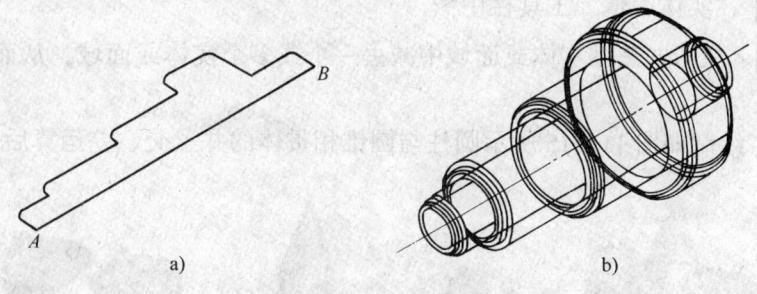

图 11—14　旋转实体
a）多段线轮廓　b）完成后的图形

首先绘制如图 11—14a 所示的一条多段线，再执行 REVOLVE 命令。

```
命令: REVOLVE ↵
当前线框密度: ISOLINES = 8    //系统提示信息
选择对象: 找到 1 个    //选取多段线
选择对象: ↵
指定旋转轴的起点或
定义轴依照 [对象 (O) /X 轴 (X) /Y 轴 (Y)]:    //用鼠标捕捉到 A 点
指定轴端点:    //用鼠标捕捉到 B 点
指定旋转角度 <360>: ↵    //直接按 Enter 键
```

三、布尔运算

1. 并运算

- 命令　　UNION（缩写：UNI）
- 菜　单　【修改】→【实体编辑】→【并集】
- 工具栏　"实体编辑"工具栏中⓪
- 功　能　将两个或两个以上的面域或实体合并成一个整体。

2. 交运算

- 命令　　INTERSECT（缩写：IN）
- 菜　单　【修改】→【实体编辑】→【交集】
- 工具栏　"实体编辑"工具栏中⓪
- 功　能　生成多个面域或实体之间的公共部分，而非公共部分会被删除。

3. 差运算

- 命令　　SUBTRACT（缩写：SU）
- 菜　单　【修改】→【实体编辑】→【差集】
- 工具栏　"实体编辑"工具栏中⓪
- 功　能　从所选三维实体或面域中减去一个或多个实体或面域，从而得到一个新的实体或面域。

例 11—16　绘制如图 11—15 所示圆柱与圆锥相贯体的并、交、差运算后的实体图形。

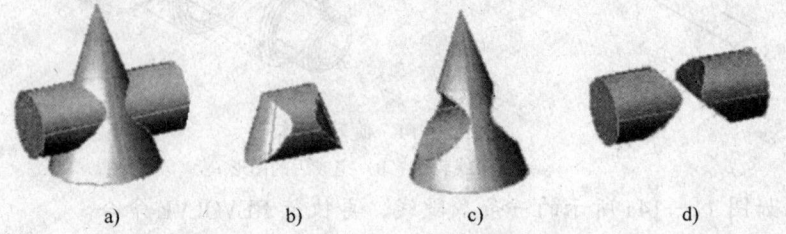

a)　　　　　　b)　　　　　c)　　　　　　d)

图 11—15　布尔运算

a) 圆锥体和圆柱体　b) 求交集　c) 求差集（圆锥减圆柱）　d) 求差集（圆柱减圆锥）

```
命令：_ cone   //执行"圆锥体"命令
当前线框密度：ISOLINES = 4   //系统提示信息
指定圆锥体底面的中心点或［椭圆（E）］＜0，0，0＞：   //用鼠标在屏幕上任意指定一点
指定圆锥体底面的半径或［直径（D）］：50 ↵
指定圆锥体高度或［顶点（A）］：150 ↵
```

命令：_cylinder　//执行"圆柱体"命令
当前线框密度：ISOLINES=4　//系统提示信息
指定圆柱体底面的中心点或 [椭圆 (E)] <0, 0, 0>：@-70, 0, 50 ↵//通过相对坐标指定底面中心点
指定圆柱体底面的半径或 [直径 (D)]：30 ↵
指定圆柱体高度或 [另一个圆心 (C)]：C ↵　//通过指定另一圆心位置确定圆柱体
指定圆柱的另一个圆心：@140, 0, 0 ↵　//通过相对坐标指定另一底面中心点
……　//通过 COPY 命令，将所绘的图形复制 3 份
命令：UNION ↵　//执行"并集"命令
选择对象：找到 2 个，总计 2 个　//选取圆锥体、圆柱体，得到如图 11—15a 所示锥柱相贯的组合体
选择对象：↵
命令：INTERSECT ↵　//执行"交集"命令
选择对象：找到 2 个，总计 2 个　//选取圆锥体、圆柱体，得到如图 11—15b 所示锥柱相交公共部分
选择对象：↵
命令：SUBTRACT ↵　//执行"差集"命令
选择要从中减去的实体或面域…选择对象：找到 1 个　//选取圆锥体
选择对象：↵
选择要减去的实体或面域…　//系统提示
选择对象：找到 1 个　//选取圆柱体，得到如图 11—15c 所示圆锥体穿圆柱孔后的结果
选择对象：↵
命令：SUBTRACT ↵　//执行"差集"命令
选择要从中减去的实体或面域…选择对象：找到 1 个　//选择圆柱体
选择对象：↵
选择要减去的实体或面域…　//系统提示
选择对象：找到 1 个　//选取圆锥体，得到如图 11—15d 所示圆柱体挖去圆锥部分后的结果
选择对象：↵

最后使用"着色"命令，对图形进行着色，完成该图绘制。

四、三维形体编辑

1. 编辑三维实体

(1) 三维空间倒角

▶ 命　令　CHAMFER

▶ 说　明　该命令可用于倒角，即通过确定一个距离在实体的边上切斜角。该命令可自动地将被切掉的部分从实体中减去。

例 11—17 对图 11—16a 中的长方体进行倒角，结果如图 11—16b 所示。

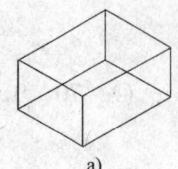 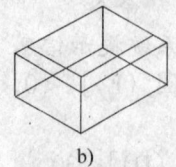 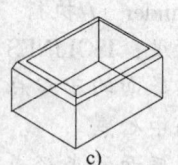

a)　　　　　　　　　　b)　　　　　　　　　　c)

图 11—16　倒角与倒圆角
a) 长方体　b) 倒角后　c) 倒圆角后

```
命令：_chamfer    //执行"倒角"命令
(｜修剪｜模式) 当前倒角距离 1 = 0.0000，距离 2 = 0.0000
选择第一条直线或 [放弃 (U) /多段线 (P) /距离 (D) /角度 (A) /修剪 (T) /方式 (E) /多个 (M)]：    //选取要倒角的对象
基面选择...
输入曲面选择选项 [下一个 (N) /当前 (OK)] <当前>：↵    //确定上平面为基面
指定基面的倒角距离：15 ↵
指定其他曲面的倒角距离 <15.0000>：↵
选择边或 [环 (L)]：L    //环是指对基面上的各边均进行倒角操作，边指仅对一条边倒角
选择边环或 [边 (E)]：    //选择上平面某一条边，完成该图绘制
选择边或 [环 (L)]：↵
```

(2) 三维空间倒圆角

命令　FILLET

说明　该命令用于倒内外圆角，该命令可以自动地将倒圆角与从实体中减去圆角结合起来。

例 11—18　对图 11—16a 图倒圆角，结果如图 11—16c 所示。

```
命令：_fillet    //执行"圆角"命令
当前设置：模式 = 修剪，半径 = 0.0000
选择第一个对象或 [放弃 (U) /多段线 (P) /半径 (R) /修剪 (T) /多个 (M)]：
//用鼠标选择上表面一条边
输入圆角半径：15 ↵    //输入所倒圆角半径
选择边或 [链 (C) /半径 (R)]：    //用鼠标选取要倒圆角的上表面的边
选择边或 [链 (C) /半径 (R)]：    //用鼠标选取要倒圆角的上表面的边
选择边或 [链 (C) /半径 (R)]：    //用鼠标选取要倒圆角的上表面的边
选择边或 [链 (C) /半径 (R)]：↵    //用鼠标选取要倒圆角的上表面的边
已选定 4 个边用于圆角。    //系统提示，完成倒圆角，如图 11—16c 所示
```

(3) 三维空间延伸对象

在三维空间中，可以修剪对象或将对象延伸到其他对象，而不必考虑对象是否在同一个平面，或对象是否平行于剪切或边界的边。修改 PROJMODE 和 EDGEMODE 系统变量可设置用于修剪或延伸的当前投影模式为以下三种模式之一：投影到当前 UCS 的 XY 平面、投影到当前视图平面或是真实三维空间（无投影）。在真实三维空间修剪或延伸对象时，对象必须与三维空间的边界相交。在当前 UCS 的 XY 平面修剪或延伸对象时，如果两者不相交，修剪或延伸的对象可能无法精确地在三维空间的边界结束。

例 11—19 如图 11—17a 所示，将直线 2 延伸到边界 1 上。

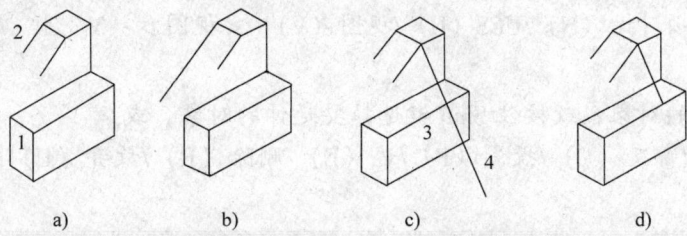

图 11—17　三维空间的延伸与修剪
a）延伸前　b）延伸后　c）修剪前　d）修剪后

首先在西南等轴测视图下，用"直线"命令绘出如图 11—17a 所示图形，再进行延伸。

```
命令：_ extend   //执行"延伸"命令
当前设置：投影 = UCS　边 = 无   //系统提示信息
选择边界的边 ...   //用鼠标选取边界 1
选择对象：找到 1 个
选择对象：↵   //按 Enter 键，完成边界选择
选择要延伸的对象，或按住 Shift 键选择要修剪的对象，或
[栏选（F）/窗交（C）/投影（P）/边（E）/放弃（U）]：E ↵   //输入选项 E
输入隐含边延伸模式［延伸（E）/不延伸（N）］＜不延伸＞：E   //设置延伸到隐含边
选择要延伸的对象，或按住 Shift 键选择要修剪的对象，或
[栏选（F）/窗交（C）/投影（P）/边（E）/放弃（U）]：P ↵   //输入选项 P
输入投影选项［无（N）/UCS（U）/视图（V）］＜UCS＞：U ↵   //设置 UCS 平面为投影面
选择要延伸的对象，或按住 Shift 键选择要修剪的对象，或
[栏选（F）/窗交（C）/投影（P）/边（E）/放弃（U）]：   //选择要延伸的对象 2
```

(4) 三维空间修剪对象

例 11—20 对图 11—17c 中对象进行修剪，结果如图 11—17d 所示。

```
命令：_trim    //执行"修剪"命令
当前设置：投影=UCS 边=延伸    //系统提示信息
选择剪切边…找到 1 个，总计 1 个    //选择剪切边界 3
选择对象：↵
选择要修剪的对象，或按住 Shift 键选择要延伸的对象，或
[栏选(F)/窗交(C)/投影(P)/边(E)/删除(R)/放弃(U)]：P ↵    //输入选项 P
输入投影选项 [无(N)/UCS(U)/视图(V)] <视图>：V ↵    //选择视图为投影面
选择要修剪的对象，或按住 Shift 键选择要延伸的对象，或
[栏选(F)/窗交(C)/投影(P)/边(E)/删除(R)/放弃(U)]：    //选择要修剪的对象 4
```

2. 编辑实体面

(1) 拉伸实体面

▶ 命　令　SOLIDEDIT→FACE→EXTRUDE

▶ 菜　单　【修改】→【实体编辑】→【拉伸面】

▶ 工具栏　"实体编辑"工具栏中 ⌂

▶ 说　明　使用该命令，可将所选择的实体面，沿指定距离或路径进行拉伸。

例 11—21　对如图 11—18a 所示长方体的左侧面进行拉伸，结果如图 11—18b 所示。

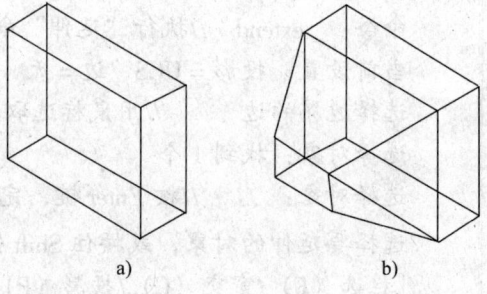

图 11—18　拉伸实体面
a) 拉伸实体面前　b) 拉伸实体面后

首先画出长方体，然后执行"拉伸面"命令，调用命令后，系统提示如下：

```
选择面或 [放弃(U)/删除(R)]：找到一个面。    //用鼠标选取长方体左侧面
选择面或 [放弃(U)/删除(R)/全部(ALL)]：↵    //按 Enter 键确定
指定拉伸高度或 [路径(P)]：50 ↵    //输入 50，指定拉伸高度
指定拉伸的倾斜角度<0>：30 ↵    //输入 30，指定拉伸倾角，为正，拉伸平面内收；若拉伸倾角为负，拉伸平面外扩
```

(2) 移动实体面

命　令	SOLIDEDIT→FACE→MOVE
菜　单	【修改】→【实体编辑】→【移动面】
工具栏	"实体编辑"工具栏中

说　明　使用该命令，可将所选择的实体面，移动到指定的高度或移动一定距离。

例 11—22　对图 11—19a 中的孔进行移动，结果如图 11—19b 所示。

首先画出长方体和圆柱体，通过求差得到孔，再执行"移动面"命令，调用命令后，系统提示如下：

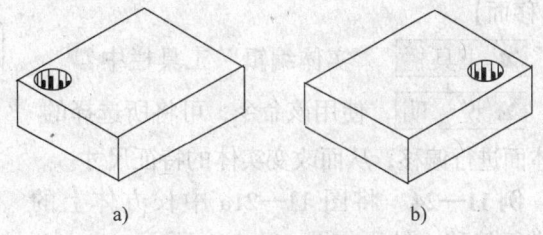

图 11—19　移动实体面
a) 移动前　b) 移动后

```
选择面或 [放弃 (U) /删除 (R)]: 找到一个面。   //用鼠标选取要移动的孔的内表面
选择面或 [放弃 (U) /删除 (R) /全部 (ALL)]: ↵   //按 Enter 键确认
指定基点或位移：   //指定孔的中心为基点
指定位移的第二点：   //指定基点新位置
```

(3) 旋转实体面

命　令	SOLIDEDIT→FACE→ROTATE
菜　单	【修改】→【实体编辑】→【旋转面】
工具栏	"实体编辑"工具栏中

说　明　使用该命令，可将所选择的实体面进行旋转。

例 11—23　对图 11—20a 中的楔体进行旋转，结果如图 11—20b 所示。

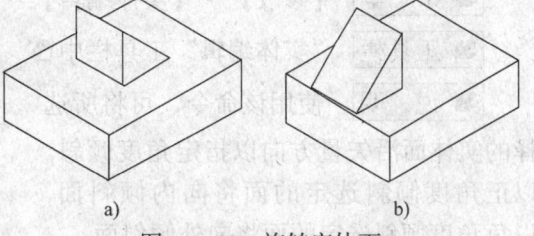

图 11—20　旋转实体面
a) 旋转前　b) 旋转后

首先画出长方体及楔体，然后执行"旋转面"命令，调用命令后，系统提示如下：

```
选择面或 [放弃 (U) /删除 (R)]: 找到一个面。   //选取楔体的一个面
选择面或[放弃(U)/删除(R)/全部(ALL)]:ALL ↵   //输入选项,选择楔体所有面
找到 4 个面。   //系统提示
选择面或 [放弃 (U) /删除 (R) /全部 (ALL)]: ↵
指定轴点或 [经过对象轴 (A) /视图 (V) /X 轴 (X) /Y 轴 (Y) /Z 轴 (Z)] <两点>: Z ↵   //指定绕 Z 轴旋转
指定旋转原点<0, 0, 0>：   //对象捕捉楔体左侧面底边中点
指定旋转角度或 [参照 (R)]: 180 ↵   //指定旋转角度
```

(4) 偏移实体面

命　令　SOLIDEDIT→FACE→OFFSET

菜　单　【修改】→【实体编辑】→【偏移面】

工具栏　"实体编辑"工具栏中 ⎕

说　明　使用该命令，可将所选择的实体面进行偏移，从而改变实体的特征尺寸。

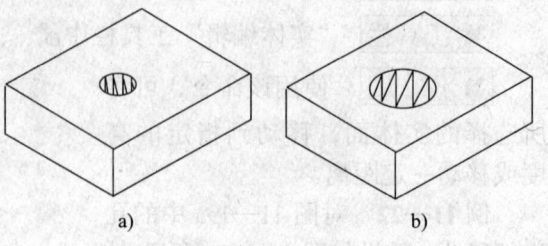

图 11—21　偏移实体面
a) 偏移前　b) 偏移后

例 11—24　将图 11—21a 中长方体上的孔进行偏移，结果如图 11—21b 所示。

执行"偏移面"命令后，系统提示如下：

```
选择面或 [放弃 (U) /删除 (R)]：找到一个面。    //选取孔的内表面
选择面或 [放弃 (U) /删除 (R) /全部 (ALL)]：↵
指定偏移距离：8 ↵    //指定偏移距离，正值将增大实体的尺寸或体积
```

(5) 倾斜实体面

命　令　SOLIDEDIT→FACE→TAPER

菜　单　【修改】→【实体编辑】→【倾斜面】

工具栏　"实体编辑"工具栏中 ⎕

说　明　使用该命令，可将所选择的实体面沿矢量方向以指定角度倾斜。以正角度倾斜选定的面将向内倾斜面，以负角度倾斜选定的面将向外倾斜面。

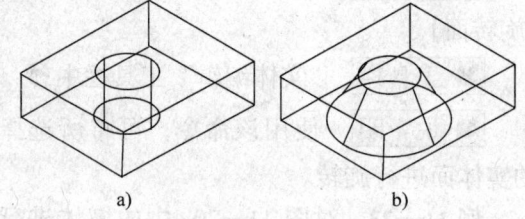

图 11—22　倾斜实体面
a) 倾斜前　b) 倾斜后

例 11—25　对图 11—22a 中的孔进行倾斜，结果如图 11—22b 所示。

执行"倾斜面"的命令后，系统提示如下：

```
选择面或 [放弃 (U) /删除 (R)]：找到一个面。    //用鼠标选取孔的内表面
选择面或 [放弃 (U) /删除 (R) /全部 (ALL)]：↵    //按 Enter 键确定
指定基点：    //对象捕捉到孔上部的圆心
指定沿倾斜轴的另一个点：    //对象捕捉到孔下部的圆心
指定倾斜角度：-30 ↵    //指定倾斜角度为 -30°
```

(6) 删除实体面

命　　令	SOLIDEDIT→FACE→DELETE
菜　　单	【修改】→【实体编辑】→【删除面】
工具栏	"实体编辑"工具栏中
说　　明	使用该命令，可以从三维实体对象上删除面和圆角。

例 11—26　删除图 11—22a 中的圆孔。

调用"删除面"的命令后，系统提示如下：

```
选择面或 [放弃（U）/删除（R）]：找到一个面。   //对象捕捉到圆孔内表面
选择面或 [放弃（U）/删除（R）/全部（ALL）]：↵   //按 Enter 键确认
已开始实体校验。   //完成删除
```

(7) 改变实体面颜色

命　　令	SOLIDEDIT→FACE→COLOR
菜　　单	【修改】→【实体编辑】→【着色面】
工具栏	"实体编辑"工具栏中
说　　明	使用该命令，可以修改三维实体对象上的面的颜色。执行该命令后，系统提示如下：

```
选择面或 [放弃（U）/删除（R）]：找到一个面。   //选取需要着色的面
选择面或 [放弃（U）/删除（R）/全部（ALL）]：↵   //按 Enter 键确认，此时屏幕
上弹出"选择颜色"对话框，选择着色的颜色，再点击"确定"按钮，完成着色
```

(8) 复制实体面

命　　令	SOLIDEDIT→FACE→COPY
菜　　单	【修改】→【实体编辑】→【复制面】
工具栏	"实体编辑"工具栏中
说　　明	使用该命令，可以将选定的面复制为面域或实体。

例 11—27　将图 11—23a 中长方体的孔进行复制，结果如图 11—23b 所示。

执行"复制面"命令后，系统提示如下：

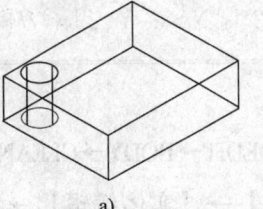 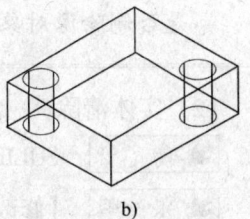

图 11—23　复制实体面
a) 复制前　b) 复制后

选择面或［放弃（U）/删除（R）］：找到一个面。　　//选取孔的内表面
选择面或［放弃（U）/删除（R）/全部（ALL）］：↵　　//按 Enter 键确定
指定基点或位移：　　//对象捕捉到孔上部的圆心作为复制基点
指定位移的第二点或＜使用第一个点作为位移＞：　　//用鼠标指定基点位移的第二个点，完成复制

3．编辑实心体
(1) 实体压印

命　令　SOLIDEDIT→BODY→IMPRINT

菜　单　【修改】→【实体编辑】→【压印】

工具栏　"实体编辑"工具栏中

说　明　使用该命令，可以将圆弧、圆、直线、二维和三维多段线、椭圆、样条曲线、面域等压印到三维实体上，从而创建新的面或三维实体。压印对象必须与选定实体上的面相交。

例 11—28　使用实体压印命令由图 11—24a 得到如图 11—24b 所示效果。

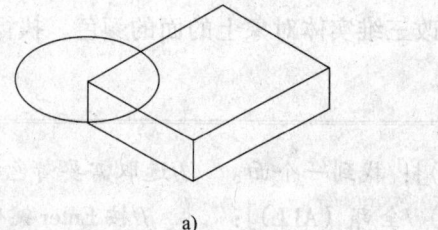

图 11—24　实体压印
a) 压印前　b) 压印后

执行"压印"命令后，系统提示如下：

选择三维实体　　//用鼠标选取长方体
选择要压印的对象：　　//用鼠标选取圆
是否删除源对象？＜N＞：Y ↵　　//输入 Y，删除圆

(2) 实体清除

命　令　SOLIDEDIT→BODY→CLEAN

菜　单　【修改】→【实体编辑】→【清除】

工具栏　"实体编辑"工具栏中

说　明　使用该命令，可以删除实体上所有多余的边和顶点、压印的以及不使用的

几何图形。执行"清除"命令后，系统提示如下：

> 选择三维实体： //此时用鼠标选择实体，按 Enter 键后，就可删除该实体上的多余边或顶点

(3) 实体分割

- 命令　SOLIDEDIT→BODY→SEPARATE
- 菜单　【修改】→【实体编辑】→【分割】
- 工具栏　"实体编辑"工具栏中 ⬚
- 说明　使用该命令，可以将组合实体分割成几个独立的实体对象。执行该命令后，系统提示如下：

> 选择三维实体： //选择三维实体对象，按 Enter 键完成命令

(4) 实体抽壳

- 命令　SOLIDEDIT→BODY→SHELL
- 菜单　【修改】→【实体编辑】→【抽壳】
- 工具栏　"实体编辑"工具栏中 ⬚
- 说明　使用该命令，可以从三维实体对象中以指定的厚度创建壳体或中空的墙体。AutoCAD 将现有的面向原位置的内部或外部偏移来创建新的面。

例 11—29　绘制如图 11—25b 所示的图形。

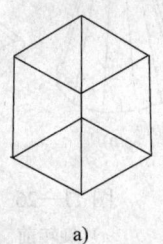
a)
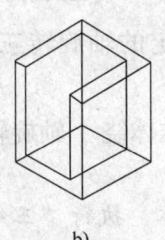
b)
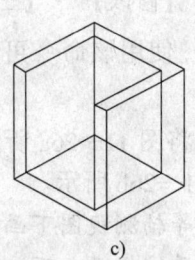
c)

图 11—25　实体抽壳命令
a) 抽壳前　b) 抽壳偏移值为正　c) 抽壳偏移值为负

首先画出如图 11—25a 所示的长方体，然后执行"抽壳"命令，系统提示如下：

> 选择三维实体： //用鼠标选取长方体
> 删除面或 [放弃（U）/添加（A）/全部（ALL）]：找到一个面，已删除 1 个　//用鼠标选取长方体上表面

```
删除面或 [放弃 (U) /添加 (A) /全部 (ALL)]: 找到一个面, 已删除 1 个   //用
鼠标选取长方体左表面
    删除面或 [放弃 (U) /添加 (A) /全部 (ALL)]: ↵   //按 Enter 键确认
    输入抽壳偏移距离: 15 ↵   //输入 15, 指定抽壳偏移值, 即壳体厚度, 指定正值
向内抽壳, 如图 11—25b 所示; 指定负值向外抽壳, 三维实体会放大, 如图 11—25c 所
示。
```

(5) 实体特性检查

- **命　　令**　SOLIDEDIT→BODY→CHECK
- **菜　　单**　【修改】→【实体编辑】→【检查】
- **工 具 栏**　"实体编辑"工具栏中 ⌑
- **说　　明**　使用该命令可以检查实体对象看它是否是有效的三维实体对象。执行该命令后, 系统提示如下:

```
选择三维实体:   //用鼠标选取要检查的对象
此对象是有效的 ACIS 实体   //系统提示信息
```

4. 三维实体镜像、阵列、旋转和对齐命令

(1) 三维旋转

- **命　　令**　Rotate3D
- **菜　　单**　【修改】→【三维操作】→【三维旋转】
- **功　　能**　使用该命令可以绕指定的轴旋转三维对象。

例 11—30　将图 11—26a 所示的圆锥体绕 Y 轴旋转 45°, 结果如图 11—26b 所示。

首先在西南等轴测视图下画出圆锥体, 执行"三维旋转"命令后, 系统提示如下:

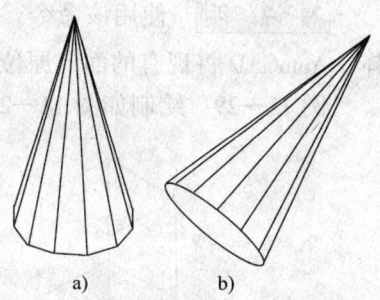

图 11—26　三维旋转
a) 旋转前　b) 旋转后

```
当前正向角度: ANGDIR = 逆时针 ANGBASE = 0   //系统提示信息
选择对象: 找到 1 个   //用鼠标选取圆锥体
选取对象: ↵
指定轴上的第一个点或定义轴依据
```

　　　　[对象(O)/最近的(L)/视图(V)/X轴(X)/Y轴(Y)/Z轴(Z)/两点(2)]：Y ↙　　//输入Y，以Y轴作为旋转轴
　　　　指定Y轴上的点<0,0,0>：　　//对象捕捉到圆锥底面圆心，从而确定旋转轴位置
　　　　指定旋转角度或[参照(R)]：60 ↙　　//输入60，指定旋转角度

(2) 三维镜像

　命　令　Mirror3D

　菜　单　【修改】→【三维操作】→【三维镜像】

　说　明　使用该命令可以沿指定的镜像平面创建对象的镜像。

例11—31　对图11—27a中的楔体沿其左侧面进行镜像，结果如图11—27b所示。

首先在西南等轴测视图中绘出楔体，然后执行"三维镜像"命令，系统提示如下：

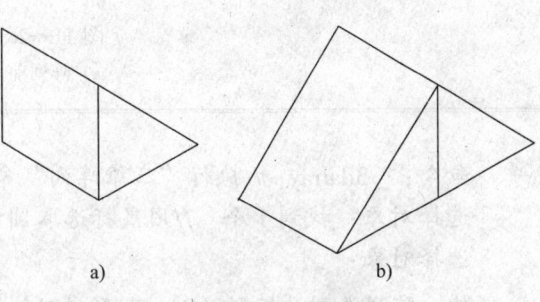

图11—27　三维镜像
a) 镜像前　b) 镜像后

　　　　命令：MIRROR3D ↙　　//执行"三维镜像"命令
　　　　选择对象：找到1个　　//用鼠标选取楔体
　　　　选择对象：↙
　　　　指定镜像平面的第一个点(三点)或
　　　　[对象(O)/最近的(L)/Z轴(Z)/视图(V)/XY平面(XY)/YZ平面(YZ)/ZX平面(ZX)/三点(3)]<三点>：　　//对象捕捉到左侧面上的一个端点，以三点方式确定镜像平面
　　　　在镜像平面上指定第二点：　　//对象捕捉到左侧面上第二个端点
　　　　在镜像平面上指定第三点：　　//对象捕捉到左侧面上第三个端点
　　　　是否删除源对象？[是(Y)/否(N)]<否>：↙　　//按Enter键，保留源对象

(3) 三维阵列

　命　令　3DARRAY

　菜　单　【修改】→【三维操作】→【三维阵列】

　说　明　使用该命令可以在三维空间创建对象的矩形阵列或环形阵列。

例11—32　对图11—28a中的圆柱体进行环形阵列，结果如图11—28b所示。

首先在西南等轴测视图中绘出圆柱体，然后执行"三维阵列"命令，系统提示如下：

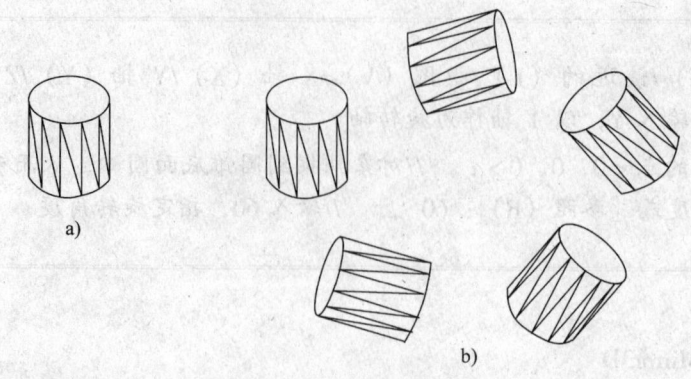

图 11—28 三维阵列
a) 阵列前　b) 阵列后

```
命令：_3darray    //执行"三维阵列"命令
选择对象：找到 1 个    //用鼠标选取圆柱体
选择对象：↵
输入阵列类型 [矩形 (R) /环形 (P)] <矩形>：P ↵    //输入 P，指定环形阵列
输入阵列中的项目数目：5 ↵    //输入 5，指定阵列后圆柱体数目
指定要填充的角度 (+ = 逆时针，_ = 顺时针) <360>：360 ↵    //指定填充角度
旋转阵列对象？[是 (Y) /否 (N)] <是>：↵    //按 Enter 键，默认为旋转阵列对象
指定阵列的中心点：    //用鼠标指定阵列的中心点
指定旋转轴上的第二点：    //用鼠标指定阵列旋转轴上一个点，完成阵列
```

(4) 对齐对象

- 命　　令　ALIGN
- 菜　　单　【修改】→【三维操作】→【对齐】
- 说　　明　使用该命令可以移动、旋转对象使其与其他对象对齐。

例 11—33　对图 11—29a 中所示的楔体和长方体进行对齐，结果如图 11—29b 所示。

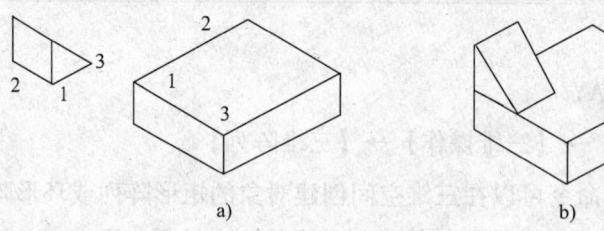

图 11—29 三维对齐
a) 对齐前　b) 对齐后

首先在西南等轴测视图中画出楔体和长方体,然后执行"对齐"命令,系统提示如下:

命令:_align　//执行"对齐"命令
选择对象:找到 1 个　//用鼠标选取楔体
选择对象:↵
指定第一个源点:　　//对象捕捉楔体上的 1 点
指定第一个目标点:　　//对象捕捉长方体上的 1 点
指定第二个源点:　　//对象捕捉楔体上的 2 点
指定第二个目标点:　　//对象捕捉长方体上的 2 点
指定第三个源点或＜继续＞:　　//对象捕捉楔体上的 3 点
指定第三个目标点:　　//对象捕捉长方体上的 3 点,完成对齐操作

5. 由三维模型生成二维图

📥 命　　令　SECTION

📥 菜　　单　【绘图】→【实体】→【截面】

📥 工具栏　"实体"工具栏中

📥 说　　明　使用该命令可由三维实体创建其相交截面。通过这种方法可以绘制实体的剖面图。

例 11—34　由图 11—30a 生成如图 11—3b 所示的截面图。

首先画出长方体及圆柱体,并用"并集"命令(UNION)组合成一个整体。执行"截面"命令,系统提示如下:

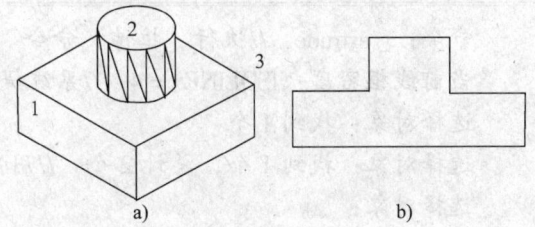

图 11—30　三维实体截面
a) 三维实体　b) 三维实体的截面图

命令:_section　//执行"截面"命令
选择对象:找到 1 个　//用鼠标选取组合体
选择对象:↵
指定剖切平面上的第一个点或依照 [对象 (O) /Z 轴 (Z) /视图 (V) /XY 平面 (XY) /YZ 平面 (YZ) /ZX 平面 (ZX) /三点 (3)] ＜三点＞:　　//用三点方式确定剖切平面,对象捕捉到 1 点
指定平面上的第二个点:　　//对象捕捉到 2 点,即圆柱上表面圆心
指定平面上的第三个点:　　//对象捕捉到 3 点

五、零件实体模型绘制实例

例 11—35　绘制如图 11—31 所示的法兰盘立体图。

(1) 使用"圆"命令(CIRCLE),绘制 3 个同心圆,半径分别为 45,25,15;使用"直线"

(LINE) 命令, 对象捕捉从大圆的上象限点到第二个圆的上象限点之间作辅助直线;再使用"圆"命令,以辅助直线的中点为圆心,绘制两个同心圆,半径分别为 5 和 7;删除辅助直线;单击【视图】菜单→【三维视图】→【西南等轴测】,转到西南等轴测视图下,如图 11—32a 所示。

图 11—31 法兰盘三维立体图

(2) 使用"拉伸"命令(EXTRUDE), 对半径为 45 和 5 的圆进行拉伸,系统提示如下:

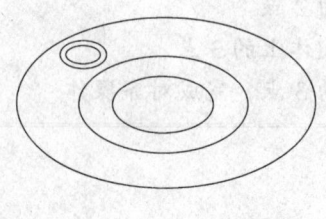
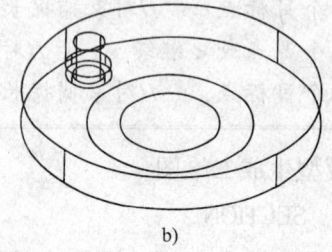

a)   b)

图 11—32 绘同心圆和拉伸
a) 绘同心圆 b) 拉伸后的圆

```
命令:_ extrude   //执行"拉伸"命令
当前线框密度: ISOLINES=4   //系统提示信息
选择对象:找到 1 个
选择对象:找到 1 个,总计 2 个   //用鼠标选取大圆和最小的圆作为拉伸对象
选择对象:↵
指定拉伸高度或 [路径 (P)]: 12 ↵   //输入 12 作为拉伸高度
指定拉伸的倾斜角度 <0>:   //按 Enter 键,完成拉伸
```

同样的方法,对半径为 7 的圆进行拉伸,拉伸高度为 4;此时完成的图形如图 11—32b 所示。

(3) 使用"移动"命令(MOVE), 对高度为 4 的拉伸实体进行移动。

```
命令:_ move   //执行"移动"命令
选择对象:找到 1 个   //选择高度为 4 的实体
选择对象:↵
指定基点或 [位移 (D)] <位移>:   //对象捕捉到该实体的上表面圆心作为基点
   指定位移的第二个点或 <使用第一个点作为位移>:   //对象捕捉到高度为 12 的小圆柱体的上表面圆心
```

此时完成图形如图 11—33a 所示。

(4) 使用"三维阵列"命令(3DARRAY), 对两个小的拉伸实体进行阵列:

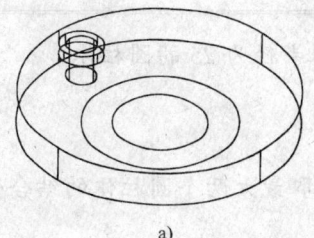 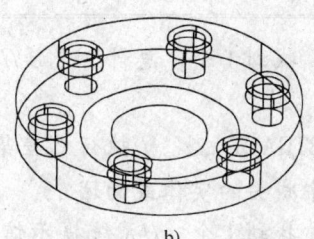

a)　　　　　　　　　　　　　　　b)

图 11—33　移动和阵列
a) 移动实体　b) 阵列实体

```
命令：_3darray　　//执行"三维阵列"命令
选择对象：找到 1 个
选择对象：找到 1 个，总计 2 个　//用鼠标选取两个小的拉伸实体
选择对象：↵
输入阵列类型［矩形（R）/环形（P）］＜矩形＞P ↵　　//输入 P，环形阵列
输入阵列中的项目数目：6 ↵　　//输入 6，指定阵列数目
指定要填充的角度（+ =逆时针，_ =顺时针）＜360＞：↵　　//直接按 Enter 键
旋转阵列对象？［是（Y）/否（N）］＜Y＞：↵　　//直接按 Enter 键
指定阵列的中心点：　　//对象捕捉半径为 45 的大圆柱体上表面的圆心
指定旋转轴上的第二点：　　//对象捕捉半径 45 的大圆柱体下表面圆心，结果如图
11—33b 所示
```

(5) 再次使用"拉伸"命令（EXTRUDE），对半径为 25 和 15 的圆进行拉伸，拉伸高度为 35，如图 11—34a 所示。

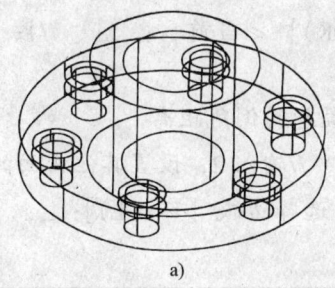 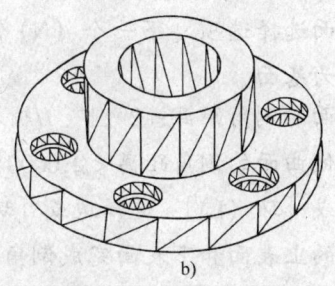

a)　　　　　　　　　　　　　　　b)

图 11—34　再次拉伸和布尔运算
a) 再次拉伸　b) 布尔运算

(6) 使用"并集"命令（UNION），将半径为 45 和 25 的圆柱体合并。使用"差集"命令（SUBTRACT）绘制法兰盘的各个孔。

```
命令：UNION ↵　　//执行"并集"命令
选择对象：找到 1 个　//用鼠标选取半径为 45 的圆柱体
```

选择对象：找到 1 个，总计 2 个   //用鼠标选取半径为 25 的圆柱体
选择对象：↵
命令：SUBTRACT ↵   //执行"差集"命令
选择要从中减去的实体或面域…   //用鼠标选取最大两个圆柱体的结合体
选择对象：找到 1 个   //系统提示信息
选择对象：↵   //直接按 Enter 键
选择要减去的实体或面域…   //系统提示信息
选择对象：找到 1 个   //用鼠标选取半径为 15 的圆柱体
选择对象：找到 1 个，总计 2 个   //用鼠标选取半径为 7 的圆柱体
选择对象：找到 1 个，总计 3 个   //用鼠标选取半径为 5 的圆柱体
……
选择对象：找到 1 个，总计 13 个   //依次选择其余三维阵列的圆柱体
选择对象：↵   //按 Enter 键，完成的图形经"消隐"命令（HIDE）后效果如图 11—34b 所示

(7) 使用"倒角"命令（CHAMFER），对图形进行倒角。

命令：_chamfer   //执行"倒角"命令
(|修剪|模式) 当前倒角距离 1 = 10.0000，距离 2 = 10.0000   //系统提示信息
选择第一条直线或 [放弃（U）/多段线（P）/距离（D）/角度（A）/修剪（T）/方式（E）/多个（M）]：   //用鼠标选取半径为 45 的大圆柱体
基面选择…   //系统提示信息
输入曲面选择选项 [下一个（N）/当前（OK）] <当前>：↵   //按 Enter 键，以当前平面作为基面
指定基面的倒角距离：2 ↵   //输入 2，设置基面倒角距离
指定其他曲面的倒角距离 <2.0000>：2 ↵   //输入 2，设置其他曲面的倒角距离
选择边或 [环（L）]：选择边或 [环（L）]：选择边或 [环（L）]：↵   //用鼠标选取大圆柱体的上表面和下表面完成倒角

同样的方法，对半径为 25 的圆柱体上表面进行倒角，完成后如图 11—35 图所示。

(8) 使用"消隐"命令（HIDE），可以对法兰盘进行消隐；或者通过"体着色"命令（SHADEMODE）对法兰盘进行着色，效果如图 11—31 所示。

例 11—36 绘制如图 11—36 所示的连接套筒。

(1) 使用"圆"命令（CIRCLE），绘制两个半径分别为 25 和 20 的同心圆；单击【视图】菜单→【三维视图】→【主视】，切换到主视图；使用"圆弧"命令（ARC），绘制两个同心圆的拉伸路径，系统提示如下：

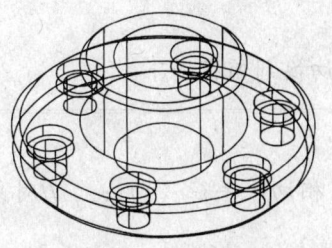
图 11—35 倒角

图 11—36 连接套筒

```
命令：ARC ↵    //输入圆弧命令
指定圆弧的起点或 [圆心 (C)]：  //对象捕捉到同心圆的圆心，作为圆弧的起点
忽略倾斜、不按统一比例缩放的对象。 //系统提示信息
指定圆弧的第二个点或 [圆心 (C) /端点 (E)]：C ↵  //输入 C，指定圆弧的圆心
指定圆弧的圆心：@80<0 ↵  //输入圆弧圆心的极坐标
指定圆弧的端点或 [角度 (A) /弦长 (L)]：A ↵  //输入 A，指定圆的包含角度
指定包含角：-90 ↵  //输入 -90，以顺时针方向作出四分之一圆弧
```

单击【视图】菜单→【三维视图】→【西南等轴测】，转到西南等轴测视图下，此时画出的图形如图 11—37a 所示。

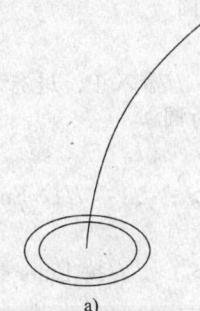
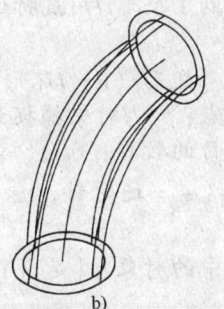

图 11—37 绘制轮廓路径和拉伸
a) 绘制轮廓路径　b) 拉伸

(2) 使用"拉伸"命令 (EXTRUDE)，对两个同心圆沿圆弧路径拉伸，系统提示如下：

```
命令：_extrude  //执行"拉伸"命令
当前线框密度：ISOLINES = 4  //系统提示信息
选择对象：找到 1 个
选择对象：找到 1 个，总计 2 个  //用鼠标选取半径为 25 和 20 的圆作为拉伸对象
选择对象：↵
指定拉伸高度或 [路径 (P)]：P ↵  //输入 P，沿路径拉伸
选择拉伸路径或 [倾斜角]：  //用鼠标选取圆弧
```

此时画出的图形如图 11—37b 所示。

(3) 单击【视图】菜单→【三维视图】→【俯视】，切换到俯视图下。

命令：CIRCLE ↵　　//执行"圆"命令
指定圆的圆心或 [三点 (3P) /两点 (2P) /相切、相切、半径 (T)]：　　//对象捕捉到同心圆圆心
忽略倾斜、不按统一比例缩放的对象
指定圆的半径或 [直径 (D)] <20.0000>: 40 ↵　　//输入 40，绘出一个半径为 40 的同心圆
命令：LINE ↵　　//执行"直线"命令，作一条辅助线
指定第一点：　　//对象捕捉到半径为 25 的圆的上象限点
忽略倾斜、不按统一比例缩放的对象
指定下一点或 [放弃 (U)]：　　//对象捕捉到半径为 40 的圆的上象限点
指定下一点或 [放弃 (U)]：↵　　//按 Enter 键，完成辅助线绘制
命令：CIRCLE ↵　　//执行"圆"命令
指定圆的圆心或 [三点 (3P) /两点 (2P) /相切、相切、半径 (T)]：　　//对象捕捉到辅助线的中点作为圆心
指定圆的半径或 [直径 (D)] <40.0000>: 5 ↵　　//输入 5，画出半径为 5 的小圆
命令：_array　　//执行"阵列"命令
选择对象：找到 1 个　　//用鼠标选取半径为 5 的小圆
选择对象：↵
输入阵列类型 [矩形 (R) /环形 (P)] <R>: P　　//输入 P，进行环形阵列
指定阵列中心点：　　//对象捕捉到半径为 40 的圆的圆心
输入阵列中项目的数目：6 ↵　　//输入阵列数目 6
指定填充角度 (+ = 逆时针，_ = 顺时针) <360>: ↵　　//按 Enter 键，默认填充角度 360°
是否旋转阵列中的对象? [是 (Y) /否 (N)] <Y>:　　//按 Enter 键，完成阵列

此时删除辅助直线，得到的图形如图 11—38a 所示。

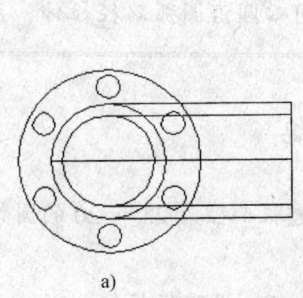 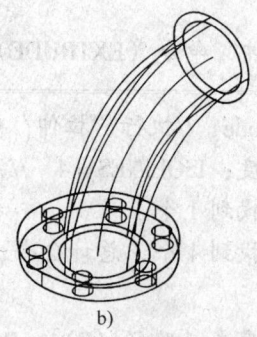

a)　　　　　　　　b)

图 11—38　绘制连接法兰
a) 俯视图中绘圆与阵列　b) 拉伸与布尔求差

(4) 单击【视图】菜单→【三维视图】→【西南等轴测】，转到西南等轴测视图下。

```
命令：_extrude    //执行实体"拉伸"命令
当前线框密度：ISOLINES=4    //系统提示信息
选择对象：找到1个    //用鼠标选取半径为40的大圆
……
选择对象：找到1个，总计7个    //分别选取半径为5的6个小圆
选择对象：↵
指定拉伸高度或[路径(P)]：8 ↵    //输入8，指定拉伸高度
指定拉伸的倾斜角度<0>：↵    //按Enter键，默认倾斜角度为0
命令：_subtract    //执行布尔运算的"差集"命令
选择要从中减去的实体或面域…
选择对象：找到1个    //用鼠标选取半径为40的大圆
选择对象：↵
选择要减去的实体或面域..    //系统提示信息
选择对象：找到1个
……
选择对象：找到1个，总计6个 ↵    //用鼠标分别选取半径为5的小圆
选择对象：↵
```

此时作出的图形如图11—38b所示。

(5) 使用"复制"命令（COPY），将（4）所绘出的连接法兰进行复制，再利用"对齐"命令（ALIGN），将其对齐到弯管的另一端。

```
命令：_align    //执行"对齐"命令
选择对象：找到1个    //用鼠标选取复制的连接法兰
选择对象：↵
指定第一个源点：    //对象捕捉到复制的连接法兰上平面的圆心
指定第一个目标点：    //对象捕捉到上弯管的圆心
指定第二个源点：    //对象捕捉到复制的连接法兰上平面的Y方向上的象限点
指定第二个目标点：    //对象捕捉到上弯管的左侧象限点
指定第三个源点或<继续>：    //对象捕捉到复制的连接法兰上平面的X方向上的象限点
指定第三个目标点：    //对象捕捉到上弯管的下方象限点
```

此时绘出的图形如图11—39所示。

(6) 使用"并集"和"差集"命令，完成绘制。

完成后进行着色，形成的效果（东南等轴测视图下）如图11—36所示。

例11—37 绘制如图11—40所示的减速器从动轴的实体模型。

```
命令：_union   //执行"并集"命令
选择对象：找到 1 个   //用鼠标选取上方连接法兰
选择对象：找到 1 个，总计 2 个   //用鼠标选取下方连接法兰
选择对象：找到 1 个，总计 3 个   //用鼠标选取半径为 25 的弯管
选择对象：↵
命令：_subtract 选择要从中减去的实体或面域…   //执行"差集"命令
选择对象：找到 1 个   //用鼠标选取执行了"并集"命令的实体
选择对象：↵
选择要减去的实体或面域…   //系统提示信息
选择对象：找到 1 个   //鼠标选取半径为 20 的弯管
选择对象：↵
```

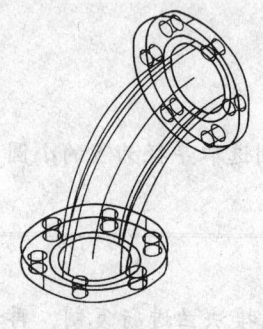
图 11—39 对齐

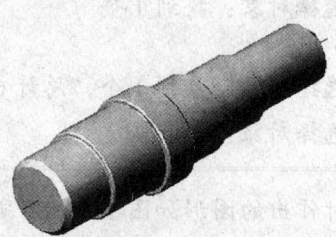
图 11—40 减速器从动轴

(1) 设置图层、线型、颜色。使用"图层"命令（LAYER），在弹出的"图层特性管理器"对话框中，新建两个图层，分别为"中心线"图层（颜色为红色，线型加载为 CENTER2)、"轮廓线"图层。按 F5，F10，F11 键，将对象捕捉、极轴和对象追踪模式打开。

(2) 将"中心线"图层设为当前图层，使用"直线"命令（LINE），作出水平中心线。

```
命令：_line 指定第一点：   //用鼠标在屏幕上任取一点
    指定下一点或 [放弃(U)]：150 ↵   //极轴追踪到 0°方向，输入 150
    指定下一点或 [放弃(U)]：↵
```

(3) 将"轮廓线"图层设为当前图层，作出轴主视图的轮廓。

```
命令：PLINE ↵   //执行"多段线"命令
    指定起点：   //使用对象捕捉（最近点），在中心线上（左侧）拾取一点
    当前线宽为 0.0000   //系统提示信息
    指定下一点或 [圆弧(A)/半宽(H)/长度(L)/放弃(U)/宽度(W)]：15 ↵
    //极轴追踪到 90°方向
```

指定下一点或 [圆弧 (A) /闭合 (C) /半宽 (H) /长度 (L) /放弃 (U) /宽度 (W)]: 21 ↵   //极轴追踪到 0°方向

指定下一点或 [圆弧 (A) /闭合 (C) /半宽 (H) /长度 (L) /放弃 (U) /宽度 (W)]: 2 ↵   //极轴追踪到 90°方向

指定下一点或 [圆弧 (A) /闭合 (C) /半宽 (H) /长度 (L) /放弃 (U) /宽度 (W)]: 25 ↵   //极轴追踪到 0°方向

指定下一点或 [圆弧 (A) /闭合 (C) /半宽 (H) /长度 (L) /放弃 (U) /宽度 (W)]: 2 ↵   //极轴追踪到 90°方向

指定下一点或 [圆弧 (A) /闭合 (C) /半宽 (H) /长度 (L) /放弃 (U) /宽度 (W)]: 13 ↵   //极轴追踪到 0°方向

指定下一点或 [圆弧 (A) /闭合 (C) /半宽 (H) /长度 (L) /放弃 (U) /宽度 (W)]: 5.5 ↵   //极轴追踪到 270°方向

指定下一点或 [圆弧 (A) /闭合 (C) /半宽 (H) /长度 (L) /放弃 (U) /宽度 (W)]: A ↵   //转到画圆弧状态

指定圆弧的端点或
[角度 (A) /圆心 (CE) /闭合 (CL) /方向 (D) /半宽 (H) /直线 (L) /半径 (R) /第二点 (S) /放弃 (U) /宽度 (W)]: 2 ↵   //极轴追踪到 0°方向

指定圆弧的端点或
[角度 (A) /圆心 (CE) /闭合 (CL) /方向 (D) /半宽 (H) /直线 (L) /半径 (R) /第二点 (S) /放弃 (U) /宽度 (W)]: L ↵   //输入 L，转入画直线状态

指定下一点或 [圆弧 (A) /闭合 (C) /半宽 (H) /长度 (L) /放弃 (U) /宽度 (W)]: 16 ↵   //极轴追踪到 0°方向

指定下一点或 [圆弧 (A) /闭合 (C) /半宽 (H) /长度 (L) /放弃 (U) /宽度 (W)]: 2 ↵   //极轴追踪到 270°方向

指定下一点或 [圆弧 (A) /闭合 (C) /半宽 (H) /长度 (L) /放弃 (U) /宽度 (W)]: 21 ↵   //极轴追踪到 0°方向

指定下一点或 [圆弧 (A) /闭合 (C) /半宽 (H) /长度 (L) /放弃 (U) /宽度 (W)]: 2 ↵   //极轴追踪到 270°方向

指定下一点或 [圆弧 (A) /闭合 (C) /半宽 (H) /长度 (L) /放弃 (U) /宽度 (W)]: 34 ↵   //极轴追踪到 0°方向

指定下一点或 [圆弧 (A) /闭合 (C) /半宽 (H) /长度 (L) /放弃 (U) /宽度 (W)]:   //对象捕捉到中心线上的垂足

指定下一点或 [圆弧 (A) /闭合 (C) /半宽 (H) /长度 (L) /放弃 (U) /宽度 (W)]: C ↵   //输入 C，对多段线进行闭合

此时作出的图形如图 11—41 所示。

（4）使用"倒角"命令（CHAMFER）对轴的最左和最右的外圆棱边倒 C2 的斜角，其余的外圆棱边倒 C0.5 的斜角；使用"圆角"命令（FILLET）对轴的轴肩根部倒半径为 0.5 的圆角；完成后的结果如图 11—42 所示。

图 11—41　主视图的轮廓　　　　　　　　图 11—42　倒角

(5) 单击【视图】菜单→【三维视图】→【西南等轴测】，转到西南等轴测视图下，使用实体"旋转"命令（REVOLVE）菜单，使多段线绕中心线旋转。

命令：_revolve　　//执行实体"旋转"命令
当前线框密度：ISOLINES = 4　　//系统提示
选择对象：找到 1 个　　//用鼠标选取多段线
选择对象：↵　　//按 Enter 键
指定旋转轴的起点或
定义轴依照 [对象 (O) /X 轴 (X) /Y 轴 (Y)]：O ↵　　//输入 O，用对象来定义旋转轴
选择对象：　　//用鼠标选取中心线
指定旋转角度 <360> ↵　　//按 Enter 键，默认旋转 360°

此时作出的图形如图 11—43 所示。
(6) 单击【视图】菜单→【着色】→【体着色】，进行着色处理，完成后的效果如图 11—40 所示。

例 11—38　绘出如图 11—44 所示的平键，并在上例所画出的轴上画出键槽。

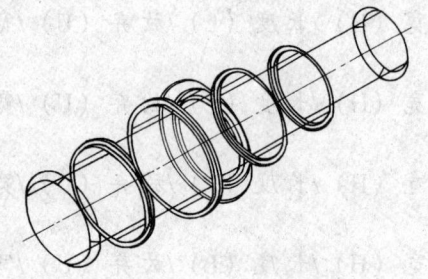
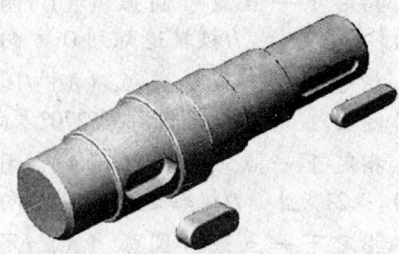

图 11—43　实体旋转　　　　　　　　图 11—44　平键及轴的键槽

(1) 打开上例中所绘轴的文件，单击【视图】菜单→【着色】→【二维线框】，以二维线框方式显示轴，单击【视图】菜单→【三维视图】→【主视】，转到主视图下。
(2) 使用 UCS 命令，移动坐标原点。

命令：UCS ↵　　//执行 UCS 命令
当前 UCS 名称：*主视*　　//系统提示信息
输入选项 [新建 (N) /移动 (M) /正交 (G) /上一个 (P) /恢复 (R) /保存 (S) /删除 (D) /应用 (A) /? /世界 (W)] <世界>：M ↵　　//输入 M，移动坐标原点
指定新原点或 [Z 向深度 (Z)] <0, 0, 0>：　　//对象捕捉到轴最右侧的圆心

(3) 使用"多段线"命令 (PLINE),画键的轮廓曲线。

```
命令:_pline  //执行"多段线"命令
指定起点:-9,3 ↵  //以绝对坐标方式输入多段线起点
当前线宽为 0.0000  //系统提示信息
指定下一点或 [圆弧 (A) /半宽 (H) /长度 (L) /放弃 (U) /宽度 (W)]: @-19, 0  //以相对坐标方式输入第二点
指定下一点或 [圆弧 (A) /闭合 (C) /半宽 (H) /长度 (L) /放弃 (U) /宽度 (W)]: A ↵  //输入 A,转入画圆弧
指定圆弧的端点或
[角度 (A) /圆心 (CE) 闭合 (CL) /方向 (D) /半宽 (H) /直线 (L) /半径 (R) /第二个点 (S) /放弃 (U) /宽度 (W)]: @0,-6 ↵  //指定圆弧端点
指定圆弧的端点或
[角度 (A) /圆心 (CE) /闭合 (CL) /方向 (D) /半宽 (H) 直线 (L) /半径 (R) /第二个点 (S) /放弃 (U) /宽度 (W)]: L ↵  //输入 L,转入画直线
指定下一点或 [圆弧 (A) /闭合 (C) /半宽 (H) /长度 (L) /放弃 (U) /宽度 (W)]: @19, 0 ↵  //指定下一点
指定下一点或 [圆弧 (A) /闭合 (C) /半宽 (H) /长度 (L) /放弃 (U) /宽度 (W)]: A ↵  //转入画圆弧
指定圆弧的端点或
[角度 (A) /圆心 (CE) /闭合 (CL) /方向 (D) /半宽 (H) /直线 (L) /半径 (R) /第二个点 (S) /放弃 (U) /宽度 (W)]: CL ↵  //输入 CL,将多段线闭合
```

此时绘出的图形如图 11—45 所示。

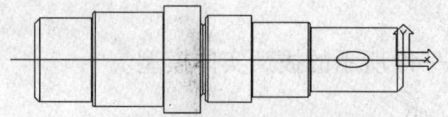

图 11—45 键的轮廓曲线

(4) 通过"移动"命令 (MOVE),对键的轮廓进行移动。

```
命令:_move  //执行"移动"命令
选择对象:找到 1 个  //用鼠标选取键的轮廓多段线
选择对象: ↵
指定基点或 [位移 (D)] <位移>:  //对象捕捉到键的轮廓多段线上一点
指定位移的第二点或<用第一点作位移>: @0, 0, 16 ↵  //通过相对坐标将其沿 Z 轴移动
```

(5) 使用实体"拉伸"命令 (EXTRUDE),对键的轮廓进行拉伸。

```
命令：_ extrude   //执行实体"拉伸"命令
当前线框密度：ISOLINES = 4   //系统提示信息
选择对象：找到 1 个   //用鼠标选取键的轮廓多段线
选择对象：↵
指定拉伸高度或 [路径 (P)]：-6 ↵   //指定其拉伸高度
指定拉伸的倾斜角度<0>：↵   //按 Enter 键，完成拉伸
```

单击【视图】菜单→【三维视图】→【西南等轴测】，转到西南等轴测视图下。再使用"圆角"命令（FILLET），对键的棱边倒半径为 1 的圆角，再使用"复制"命令（COPY），将键复制一个。完成后的结果如图 11—46 所示。

（6）使用"差集"命令（SUBTRACT），从轴上减去轴内的平键实体，从而得到键槽。

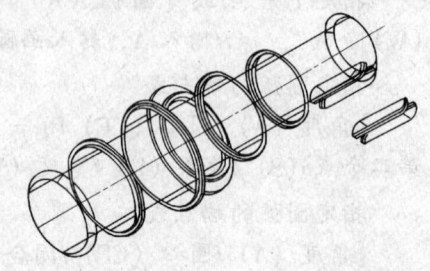

图 11—46　键轮廓的拉伸、倒角与复制

```
命令：_ subtract   //执行"差集"命令
选择要从中减去的实体或面域...   //系统提示信息
选择对象：找到 1 个   //用鼠标选取轴实体
选择要减去的实体或面域...   //系统提示信息
选择对象：找到 1 个   //用鼠标选取键实体
选择对象：↵
```

完成后的图形如图 11—47 所示。

（7）同样的方法，绘制另一个平键与键槽，并使用体着色命令进行着色，最终结果如图 11—44 所示。

例 11—39　绘制如图 11—48 所示的拨叉实体模型。

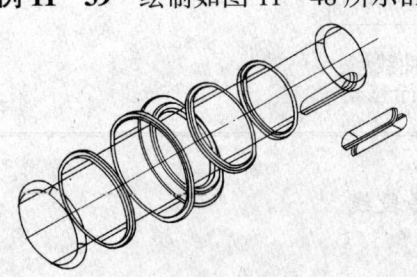
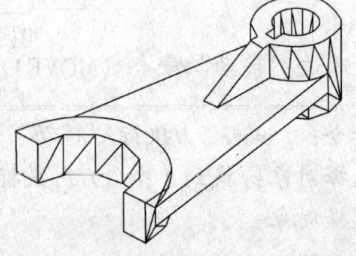

图 11—47　键槽　　　　　　　　图 11—48　拨叉实体模型

（1）使用"直线"命令（LINE），作出一条长度为 100 的水平线；以水平线的两个端点为圆心，使用"圆"命令（CIRCLE），分别作出半径为 30 和 15 的圆；使用"直线"命令（LINE），分别作出两条直线，直线的一端分别通过小圆的上下象限点，另一端捕捉到大圆的

切点；此时绘出的图形如图11—49a所示。

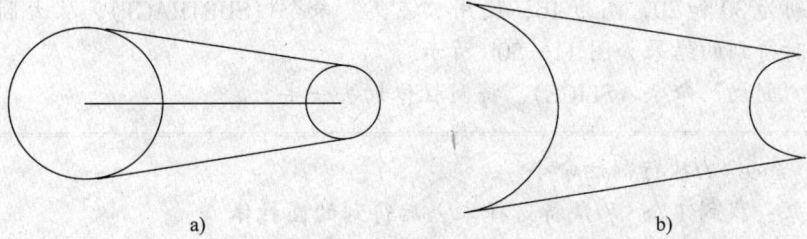

图11—49 绘制轮廓和修剪、转换面域
a) 绘制轮廓 b) 修剪、转换面域

(2) 使用"修剪"命令 (TRIM)，以上下两条直线作为修剪边界，对大圆和小圆进行修剪；使用"删除"命令 (ERASE)，删去多余的辅助线；使用"面域"命令 (REGION) 生成面域。

```
命令：_region        //执行"面域"命令
选择对象：指定对角点：找到 4 个    //用鼠标选取大小两个圆弧、上下两条直线
选择对象：↵
已提取 1 个环。
已创建 1 个面域。    //系统提示信息
```

此时得到的结果如图11—49b所示。

(3) 单击【视图】菜单→【三维视图】→【西南等轴测】，转到西南等轴测视图下；使用实体"拉伸"命令 (EXTRUDE)，将面域进行拉伸，拉伸高度为8，拉伸的倾斜角度为0，结果如图11—50a所示。

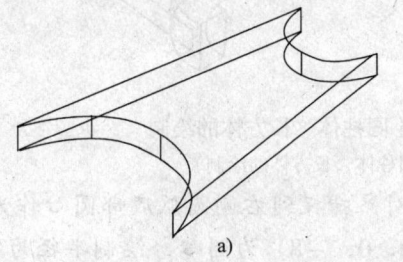 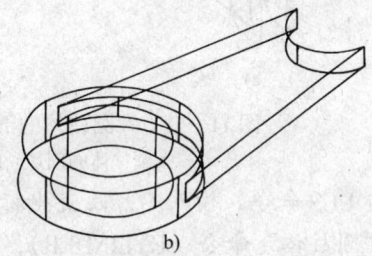

图11—50 拉伸面域和圆柱体求差
a) 拉伸面域 b) 圆柱体求差

(4) 使用"UCS"命令，改变坐标系。

```
命令：UCS ↵    //执行 UCS 命令
当前 UCS 名称：*世界*    //系统提示信息
输入选项 [新建 (N) /移动 (M) /正交 (G) 上一个 (P) /恢复 (R) /保存 (S) /删除 (D) /应用 (A) /? /世界 (W)] <世界>：O    //输入 O，改变坐标系原点
指定新原点 <0，0，0>：    //对象捕捉到左侧大圆弧底部的圆心
```

(5) 使用 "圆柱体" 命令 (CYLINDER), 绘制两个同心圆柱体, 圆心同为 (0, 0, -4), 半径分别为 30 和 20, 高为 16; 使用 "差集" 命令 (SUBTRACT), 从大圆柱体中减去小圆柱体, 此时得到的结果如图 11—50b 所示。

(6) 使用 "剖切" 命令 (SLICE), 将圆柱体切去一半。

```
命令: _slice   //执行剖切命令
选择对象: 找到 1 个   //鼠标选择求差后得到的圆柱体
选择对象: ↵
指定切面上的第一个点, 依照 [对象 (O) /Z 轴 (Z) /视图 (U) /XY 平面 (XY) /
YZ 平面 (YZ) /ZX 平面 (ZX) /三点 (3)] <三点>:   //对象捕捉圆柱体大圆左上方象限点 1
指定平面上的第二个点:   //对象捕捉圆柱体大圆右上方象限点 2
指定平面上的第三个点:   //对象捕捉圆柱体大圆右下方象限点 3
在要保留的一侧指定点或 [保留两侧 (B)]:   //鼠标在右侧单击
```

此时得到的结果如图 11—51a 所示。

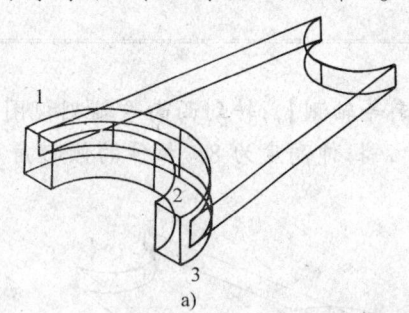 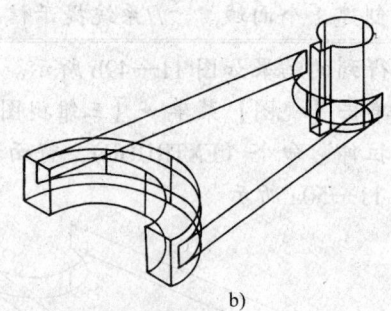

图 11—51 大圆柱体的剖切和小圆柱体、长方体的绘制
a) 大圆柱体的剖切   b) 小圆柱体、长方体的绘制

(7) 使用 UCS 命令, 输入 O, 改变坐标系, 对象捕捉到右侧圆弧底部圆心作为新的坐标原点; 使用 "圆柱体" 命令 (CYLINDER), 以 (0, 0, -8) 为圆心, 绘制半径为 8, 高度为 30 的圆柱体; 使用 "长方体" 命令 (BOX), 绘制一个长方体。

```
命令: _box   //执行 "长方体" 命令
指定长方体的角点或 [中心点 (CE)] <0, 0, 0>: 0, 2, -8 ↵   //以绝对坐标指定长方体底面一对角点
指定角点或 [立方体 (C) /长度 (L)]: @ -12, -4, 0 ↵   //以相对坐标指定长方体底面另一对角点
指定高度: 30 ↵   //指定长方体高度
```

再使用 "并集" 命令 (UNION), 将圆柱体和长方体合并为一个实体, 结果如图 11—51b 所示。

(8) 使用"圆柱体"命令（CYLINDER），以（0，0，-8）为圆心，绘制半径为15，高度为30的圆柱体；使用"差集"命令（SUBTRACT），从刚绘出的大圆柱中，减去小圆柱和长方体合并后的实体，得到的结果如图11—52a所示。

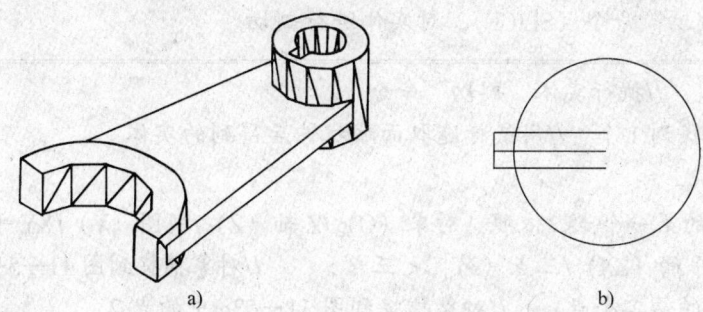

图11—52 圆柱体布尔求差和肋板轮廓
a）圆柱体布尔求差 b）肋板轮廓

(9) 单击【视图】菜单→【三维视图】→【俯视】，转到俯视图下；使用"圆"命令（CIRCLE），在图形的右侧绘出一个半径为15的圆；使用"直线"命令（LINE），以圆心为起点，水平向左画一条长度为18的直线；使用"偏移"命令（OFFSET），将该直线分别向上向下各偏移3；使用"直线"命令（LINE），将偏移后得到的两条直线的左侧端连接起来；此时绘出的图形如图11—52b所示。

(10) 使用"删除"命令（ERASE），删去中间的直线；使用"修剪"命令（TRIM），剪去多余的线段；得到的结果如图11—53a所示。

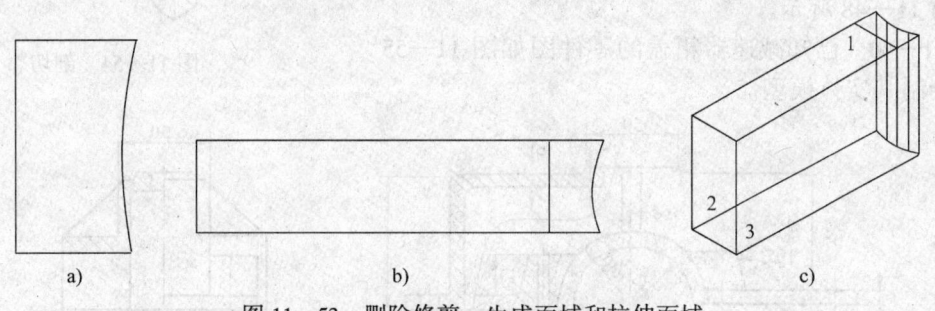

图11—53 删除修剪、生成面域和拉伸面域
a）删除修剪 b）生成面域 c）拉伸面域

(11) 使用"直线"命令（LINE），画直线。

```
命令：_line 指定第一点：     //执行"直线"命令，对象捕捉到圆弧上方端点
指定下一点或 [放弃（U）]：25 ↵  //极轴追踪到180°方向，输入25
指定下一点或 [放弃（U）]：6 ↵   //极轴追踪到270°方向，输入6
指定下一点或 [闭合（C）/放弃（U）]  //对象捕捉到圆弧下方端点
```

再使用"面域"命令（REGION），将直线与圆弧生成面域，结果如图11—53b所示。

(12) 单击【视图】菜单→【三维视图】→【西南等轴测】，转到西南等轴测视图下；使用实体"拉伸"命令（EXTRUDE），将面域位伸为实体，拉伸高度为 -14，作出的结果如图 11—53c 所示。

(13) 使用"剖切"命令（SLICE），对实体进行剖切。

命令：_slice //执行实体"剖切"命令
选择对象：找到 1 个 //用鼠标选取面域拉伸后得到的实体
选择对象：↵
指定切面上的第一个点，依照 [对象 (O) /Z轴 (Z) /视图 (V) /XY 平面 (XY) /YZ 平面 (YZ) /ZX 平面 (ZX) /三点 (3)] <三点>： //对象捕捉到图 11—53c 中的点 1
指定平面上的第二个点： //对象捕捉到图 11—53c 中的点 2
指定平面上的第三个点： //对象捕捉到图 11—53c 中的点 3
在要保留的一侧指定点或 [保留两侧 (B)]： //鼠标在右上方单击

此时得到的结果如图 11—54a 所示。

(14) 使用"移动"命令（MOVE），以剖切后实体的上方圆弧的象限点为基点，以半径为 15 的大圆柱左上方象限点作为位移的第二点，将剖切后的实体进行移动；再使用"并集"命令（UNION），将全部实体合并为一个整体；执行"消稳"命令（HIDE），最终的结果如图 11—48 所示。

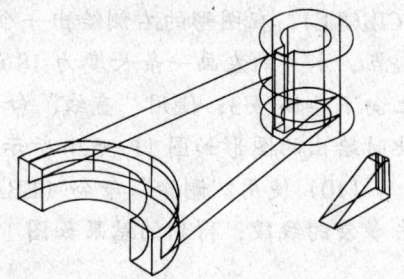

图 11—54 剖切

例 11—40 已知减速器箱盖的零件图如图 11—55 所示，绘制其实体模型。

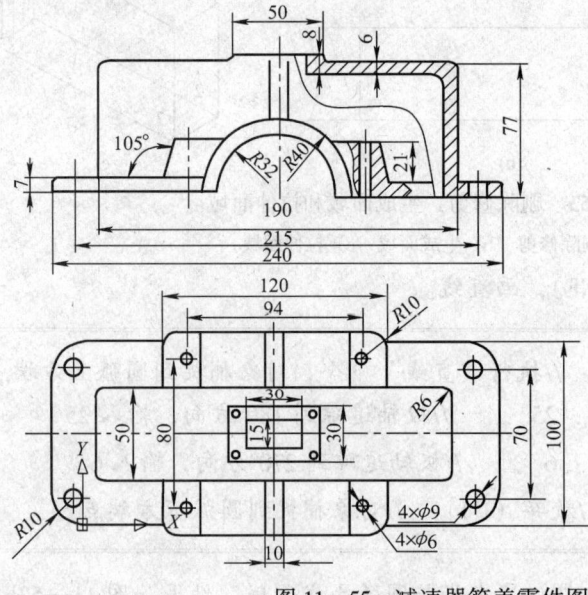

图 11—55 减速器箱盖零件图

(1) 设置视图。单击【视图】菜单→【视口】→【三个视口】，将左上视口设为主视，左下视口设为俯视，右边视口设为西南等轴测视图。

(2) 绘制底板。选择右边西南等轴测视图视口，使用"长方体"命令（BOX），画出一个长为 240，宽为 100，高为 7 的长方体，如图 11—56a 所示。

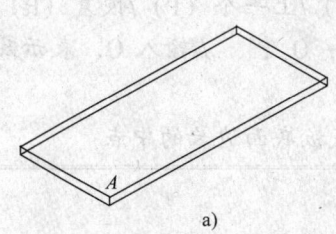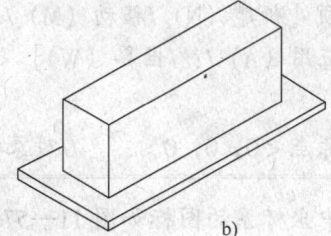

图 11—56 绘制底板和绘制箱体
a）绘制底板　b）绘制箱体

(3) 绘制箱体

1) 选择左上的主视图视口，使用"长方体"命令（BOX），绘制箱体。

```
命令：_ box    //执行"长方体"命令
    指定长方体的角点或［中心点（CE）］＜0，0，0＞：FRO ↵    //输入 FRO，创建临时参照点
    基点：    //用鼠标指定主视图中长方形的左上角点 A
    基点：＜偏移＞：@25，25 ↵    //输入相对坐标，定位箱体的角点
    指定角点或［立方体（C）/长度（L）］：L ↵    //输入 L，通过指定箱体的长宽高来确定箱体
    指定长度：190 ↵    //指定箱体的长度
    指定宽度：50 ↵    //指定箱体的宽度
    指定高度：70 ↵    //指定箱体的高度
```

2) 再使用"并集"命令（UNION），将底板与箱体合并为一个整体。此时作出的图形如图 11—56b 所示。

(4) 绘制轴承半圆凸台

1) 首先使用 UCS 命令，改变坐标系。

```
命令：UCS ↵
    当前 UCS 名称：＊世界＊    //系统提示信息
    输入选项［新建（N）/移动（M）/正交（G）/上一个（P）/恢复（R）/保存（S）/删除（D）/应用（A）/? /世界（W）］＜世界＞：X ↵    //输入选项 X，表示通过绕 X 轴旋转来新建用户坐标系
```

```
指定绕 X 轴的旋转角度 <90>：↵        //直接按 Enter 键
命令：UCS ↵
当前 UCS 名称：*没有名称*      //系统提示信息
输入选项 [新建 (N) /移动 (M) /正交 (G) /上一个 (P) /恢复 (R) /保存 (S) /
删除 (D) /应用 (A) /? /世界 (W)] <世界>：O ↵    //输入 O，表示改变当前坐标
系的原点
指定新原点 <0, 0, 0>：    //对象捕捉到底板底面边长的中点
```

此时屏幕中坐标系的图标如图 11—57a 所示。

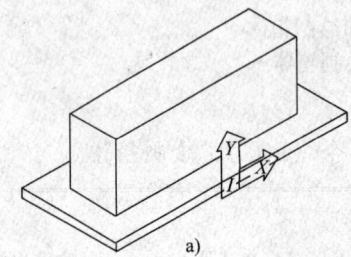 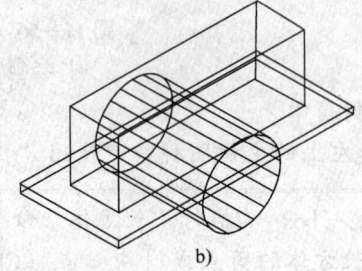

a)   b)

图 11—57 改变坐标系和绘制圆柱体
a) 改变坐标系 b) 绘制圆柱体

2) 使用"圆柱体"命令 (CYLINDER)，绘制一个半径为 40 的圆柱体。

```
命令：ISOLINES ↵    //指定对象上每曲面轮廓素线的数目
输入 ISOLINES 的新值 <4>：20 ↵      //输入 20，指定线框密度为20，按 Enter 键
命令：_cylinder    //执行"圆柱体"命令
当前线框密度：ISOLINES = 20    //系统提示信息
指定圆柱体底面的中心点或 [椭圆 (E)] <0, 0, 0>：0, 0, 5 ↵    //输入圆柱
底面中心点坐标
指定圆柱体底面的半径或 [直径 (D)]：40 ↵    //指定圆柱半径
指定圆柱体高度或 [另一个圆心 (C)]：-110 ↵    //指定圆柱体高度，负值表沿
Z 轴负方向生成圆柱体
```

此时作出的图形如图 11—57b 所示。

3) 使用"剖切"命令 (SLICE)，对绘出的圆柱体进行剖切。

```
命令：_slice    //执行"剖切"命令
选择对象：找到 1 个    //用鼠标选取圆柱体
选择对象：↵
```

指定切面上的第一个点,依照 [对象 (O) /Z 轴 (Z) /视图 (V) /XY 平面 (XY) /YZ 平面 (YZ) /ZX 平面 (ZX) /三点 (3)] <三点>:ZX ↵　　//输入 ZX,以 ZX 平面作为剖切面

指定 ZX 平面上的点<0, 0, 0>: ↵　　//直接按 Enter 键

在要保留的一侧指定点或 [保留两侧 (B)]:　　//鼠标在圆柱体上方单击

4) 再使用"并集"命令 (UNION),将半圆柱体和箱体合并为一个整体。此时,作出的图形如图 11—58a 所示。

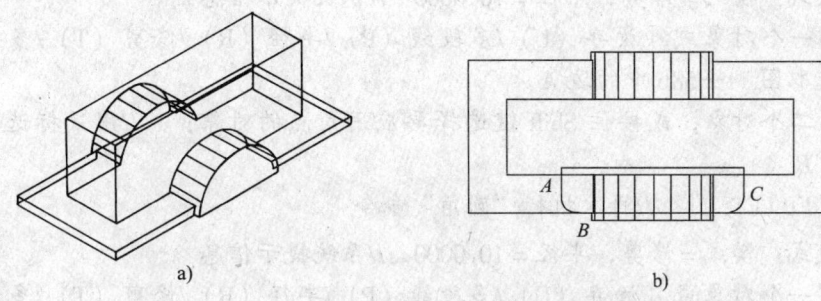

图 11—58　圆柱体剖切合并和螺栓孔凸台轮廓
a) 圆柱体剖切合并　b) 螺栓孔凸台轮廓

(5) 绘制螺栓孔凸台

1) 首先使用 UCS 命令,改变坐标系。

命令:UCS ↵　　//执行 UCS 命令

当前 UCS 名称:＊没有名称＊　　//系统提示信息

输入选项 [新建 (N) /移动 (M) /正交 (G) /上一个 (P) /恢复 (R) /保存 (S) /删除 (D) /应用 (A) /? /世界 (W)] <世界>:X ↵　　//输入选项 X,表示通过绕 X 轴旋转来新建用户坐标系

指定绕 X 轴的旋转角度<90>:-90 ↵　　//输入 -90,按 Enter 键

2) 使用"多段线"命令 (PLINE),绘制螺栓孔凸台的轮廓。

命令:_pline　　//执行"多段线"命令

指定起点:-60, 0, 7 ↵　　//使用绝对坐标指定起点

当前线宽为 0.0000〖系统提示信息〗

指定下一点或 [圆弧 (A) /闭合 (C) /长度 (L) /放弃 (U) /宽度 (W)]:@0, 30 ↵　　//使用相对坐标,指定第二点

指定下一点或 [圆弧 (A) /闭合 (C) /长度 (L) /放弃 (U) /宽度 (W)]:@120, 0 ↵　　//使用相对坐标,指定第三点

指定下一点或 [圆弧 (A) /闭合 (C) /长度 (L) /放弃 (U) /宽度 (W)]：@0, -30 ↵　　//使用相对坐标，指定第四点

指定下一点或 [圆弧 (A) /闭合 (C) /长度 (L) /放弃 (U) /宽度 (W)]：C ↵ //输入 C，将多段进行闭合

3) 使用"圆角"命令（FILLET），对由多段线绘制的轮廓的两个角倒圆角，半径为10。

命令：_fillet　//执行"圆角"命令
当前模式：模式=修剪，半径=10.0000　//系统提示信息
选择第一个对象或 [放弃 (U) /多段线 (P) /半径 (R) /修剪 (T) /多个 (M)]：//用鼠标选取图 11—58b 中的边 A
选择第二个对象，或按住 Shift 键选择要应用角点的对象：　//用鼠标选取图 11—58b 中的边 B
命令：FILLET ↵　//再次执行"圆角"命令
当前模式：模式=修剪，半径=10.0000　//系统提示信息
选择第一个对象或 [放弃 (U) /多段线 (P) /半径 (R) /修剪 (T) /多个 (M)]：//鼠标选择图 11—58b 中的边 C
选择第二个对象，或按住 Shift 键选择要应用角点的对象：　//鼠标选择图 11—58b 中的边 B

完成倒圆角后，作出的图形在左下俯视图中如图 11—58b 所示。

4) 使用实体"拉伸"命令（EXTRUDE），对螺栓孔凸台的轮廓进行拉伸。

命令：_extrude　//执行实体"拉伸"命令
当前线框密度：ISOLINES = 20　//系统提示信息
选择对象：找到 1 个　//用鼠标选取多段线轮廓
选择对象：↵
指定拉伸高度或 [路径 (P)]：21 ↵　//指定拉伸高度
指定拉伸的倾斜角度<0>：5 ↵　//指定倾斜角度

5) 切换到左下俯视图视口，使用"三维镜像"命令（MIRROR3D），对螺栓孔凸台进行镜像操作。

命令：_mirror3d　//执行"三维镜像"命令
选择对象：找到 1 个　//用鼠标选取已绘制的螺栓孔凸台
选择对象：↵
指定镜像平面的第一个点（三点）或

[对象（O）/最近的（L）/Z 轴（Z）/视图（V）/XY 平面（XY）/YZ 平面（YZ）/ZX 平面（ZX）/三点（3）]＜三点＞： //用鼠标选取图 11—59a 中的左侧边中点 A 点

在镜像平面上指定第二点： //鼠标选择图 11—59a 中的右侧边中点 B 点

在镜像平面上指定第三点：@0,0,5 ↵ //输入第三点相对坐标，确定镜像平面

是否删除源对象？[是（Y）/否（N）]＜否＞：↵ //直接按 Enter 键，完成镜像

此时作出的图形在左下俯视图中如图 11—59a 所示。

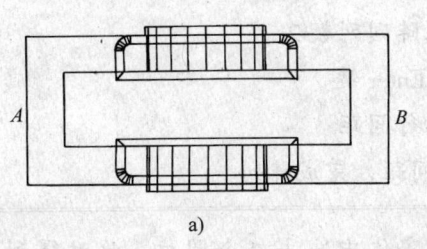 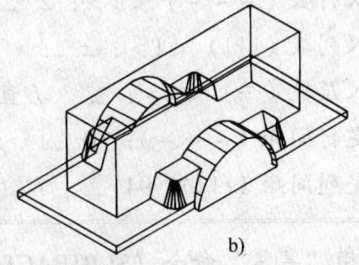

a)　　　　　　　　　　　　　b)

图 11—59　拉伸、镜像凸台与实体合并
a) 拉伸、镜像凸台　b) 实体合并

6) 使用"并集"命令（UNION），将所有实体合并成一个实体，完成后的结果如图 11—59b 所示。

(6) 绘制凸台的螺栓孔

1) 使用"圆柱体"命令（CYLINDER），绘制圆柱体。

命令：_cylinder //执行"圆柱体"命令

当前线框密度：ISOLINES=20 //系统提示

指定圆柱体底面的中心点或[椭圆（E）]＜0,0,0＞：-47,10 ↵ //输入绝对坐标，确定底面中心

指定圆柱体底面的半径或[直径（D）]：3 ↵ //输入底面半径 3

指定圆柱体高度或[另一个圆心（C）]：28 //输入圆柱体高度 28

此时得到的图形如图 11—60a 所示。

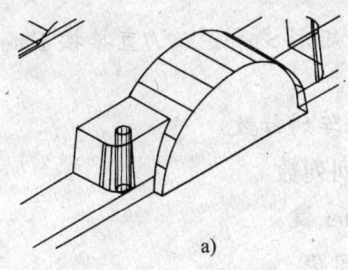 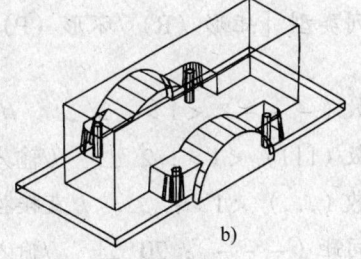

a)　　　　　　　　　　　　　b)

图 11—60　绘制圆柱和阵列圆柱
a) 绘制圆柱　b) 阵列圆柱

2) 使用"三维阵列"命令（3DARRAY），对刚绘出的圆柱体进行阵列操作。

> 命令：_3darray   //执行"三维阵列"命令
> 选择对象：找到1个   //鼠标选择圆柱体
> 选择对象：↵
> 输入阵列类型［矩形（R）/环形（P）］＜矩形＞：↵   //直接按Enter键，进行矩形阵列
> 输入行数（－－－）＜1＞：2 ↵   //输入阵列行数2
> 输入列数（｜｜｜）＜1＞：2 ↵   //输入阵列列数2
> 输入层数（…）＜1＞：↵   //直接按Enter键
> 指定行间距（－－－）：80 ↵   //输入行间距
> 指定列间距（｜｜｜）：94 ↵   //输入列间距，完成阵列

3) 使用"差集"命令（SUBTRACT），从实体中减去4个圆柱，此时得到的效果如图11—60b所示。

(7) 绘底板螺栓孔

1) 使用"圆柱体"命令（CYLINDER），在底板上绘圆柱。

> 命令：_cylinder   //执行圆柱体命令
> 当前线框密度：ISOLINES＝20   //系统提示
> 指定圆柱体底面的中心点或［椭圆（E）］＜0,0,0＞：－107.5,15 ↵   //输入绝对坐标确定底面中心
> 指定圆柱体底面的半径或［直径（D）］：4.5 ↵   //输入半径
> 指定圆柱体高度或［另一个圆心（C）］：7 ↵   //输入高度

2) 使用"三维阵列"命令（3DARRAY），对刚画的圆柱体进行阵列操作。

> 命令：_3darray   //执行"三维阵列"命令
> 选择对象：找到1个   //用鼠标选取上一步中绘出的圆柱体
> 选择对象：↵
> 输入阵列类型［矩形（R）/环形（P）］＜矩形＞：↵   //直接按Enter键，进行矩形阵列
> 输入行数（－－－）＜1＞：2 ↵   //输入阵列行数
> 输入列数（｜｜｜）＜1＞：2 ↵   //输入阵列列数
> 输入层数（…）＜1＞：↵   //直接按Enter键
> 指定行间距（－－－）：70 ↵   //输入行间距
> 指定列间距（｜｜｜）：215 ↵   //输入列间距

3) 使用"差集"命令,从实体中减去 4 个圆柱体,此时得到的图形如图 11—61a 所示。

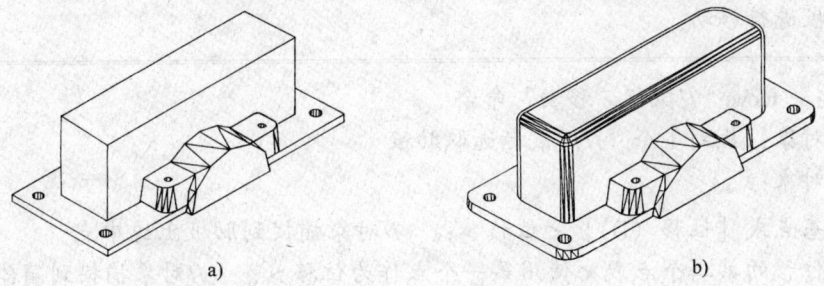

图 11—61 绘制底板螺栓孔和倒圆角
a) 绘制底板螺栓孔 b) 倒圆角

(8) 倒角。使用"圆角"命令(FILLET),以倒角半径 6 和 10,分别对箱体和底板进行倒圆角,得到的结果如图 11—61b 所示。

(9) 绘制肋板

1) 使用"长方体"命令(BOX),绘出一个长为 10,宽为 30,高为 30 的长方体。

2) 使用"剖切"命令(SLICE),对长方体进行剖切,操作过程如下:

```
命令:_slice        //执行"剖切"命令
选择对象:找到 1 个    //用鼠标选取长方体
选择对象:↵

指定切面上的第一个点,依照[对象(O)/Z 轴(Z)/视图(V)/XY 平面(XY)/
YZ 平面(YZ)/ZX 平面(ZX)/三点(3)]<三点>:   //选择图 11—62a 中的顶点 A
指定平面上的第二个点:    //选择图 11—62a 中的顶点 B
指定平面上的第三个点:    //选择图 11—62a 中的顶点 C
在要保留的一侧指定点或[保留两侧(B)]:    //鼠标在左下方单击
```

得到的图形如图 11—62a 所示。

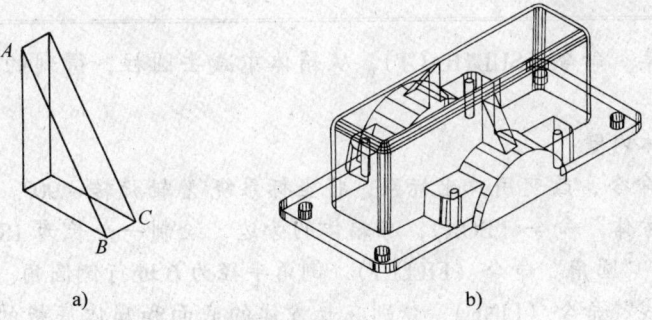

图 11—62 绘制肋板和移动镜像肋板
a) 绘制肋板 b) 移动镜像肋板

3) 使用"消隐"命令（HIDE），对西南等轴测视口中的图形进行消隐，再使用"移动"命令，对肋板进行移动。

```
命令：_move    //执行"移动"命令
选择对象：找到 1 个    //用鼠标选取肋板
选择对象：↵
指定基点或 [位移 (D)] <位移>：    //对象捕捉到肋板上边中点
指定位移的第二个点或 <使用第一个点作为位移>：    //对象捕捉到箱体上边中点
```

4) 使用"三维镜像"命令，对肋板进行镜像操作。再使用"并集"命令（UNION），将所有实体进行合并，此时得到的结果如图 11—62b 所示。

(10) 绘制轴承孔

1) 改变坐标系。

```
命令：UCS ↵    //执行"UCS"命令
当前 UCS 名称：*没有名称*    //系统提示信息
输入选项 [新建 (N) /保存 (S) /删除 (D) /应用 (A) /? /世界 (W)] <世界>：X ↵    //输入 X
指定绕 X 轴的旋转角度 <90>：↵    //直接按 Enter 键，坐标系绕 X 轴旋转 90°
```

2) 使用"圆柱体"命令（CYLINDER），绘制圆柱体。

```
命令：_cylinder    //执行"圆柱体"命令
指定圆柱体底面的中心点或 [椭圆 (E)] <0,0,0>：0,0,5 ↵    //输入底面中心点的绝对坐标
指定圆柱体底面的半径或 [直径 (D)]：32 ↵    //输入底面圆半径
指定圆柱体高度或 [另一个圆心 (C)]：-110 ↵    //输入圆柱高度
```

3) 使用"差集"命令（SUBTRACT），从箱体中减去圆柱，得到的结果如图 11—63a 所示。

(11) 形成箱体内壁

1) 使用 UCS 命令，改变用户坐标系，将坐标系绕 X 轴旋转 -90°。

2) 使用"长方体"命令（BOX），在箱体的旁边，绘制一个长为 184，宽为 44，高为 71 的长方体，并使用"圆角"命令（FILLET），倒角半径为 6 进行倒圆角。

3) 使用"直线"命令（LINE），分别在长方体的底面和箱体底板的底面作出辅助直线，结果如图 11—63b 所示。

4) 使用"移动"命令（MOVE），移动长方体。

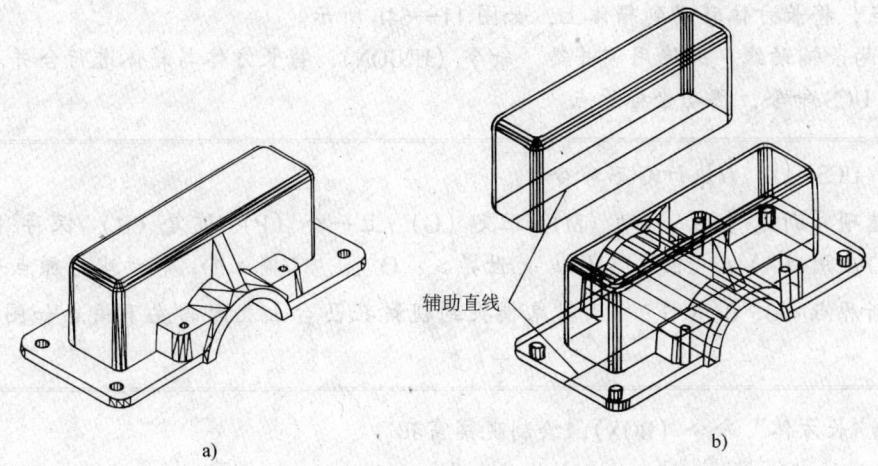

图 11—63 绘制轴承孔和形成箱体内壁
a) 绘制轴承孔　b) 形成箱体内壁

```
命令：_move    //执行"移动"命令
选择对象：找到 1 个    //用鼠标选取长方体
选择对象：↵
指定基点或 [位移 (D)] <位移>：    //对象捕捉到长方体中辅助直线的中点
指定位移的第二个点或 <使用第一个点作为位移>：    //对象捕捉到箱体底板底面
的辅助直线中点
```

5) 使用"差集"命令（SUBTRACT），将长方体从箱体中减去，并删除两条辅助直线，从而得到箱体内壁。

(12) 绘制观察孔凸台和观察孔

1) 使用"长方体"命令（BOX），在箱体旁边绘出一个长为 50，宽为 30，高为 2 的长方体。

2) 使用"直线"命令（LINE），分别在长方体的底面和箱体的顶部作辅助直线，结果如图 11—64a 所示。

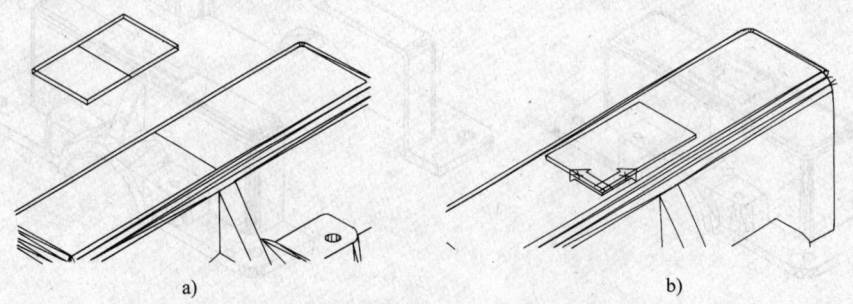

图 11—64　绘制长方体、辅助线和移动长方体
a) 绘制长方体、辅助线　b) 移动长方体

3) 使用"移动"命令（MOVE），以长方体中的辅助线中点为基点，以箱体上的辅助线

中点为位移点，将长方体移动到箱体上，如图11—64b所示。

4) 删除两条辅助线，并使用"并集"命令（UNION），将长方体与箱体进行合并。

5) 使用UCS命令，移动坐标原点。

> 命令：UCS ↵　//执行UCS命令
> 输入选项 [新建（N）/移动（M）/正交（G）/上一个（P）/恢复（R）/保存（S）/删除（D）/应用（A）/? /世界（W）] <世界>：O ↵　//输入O，移动坐标原点
> 指定新原点<0,0,0>：　//对象捕捉到观察孔凸台上表面的左下角点如图11—64b所示

6) 使用"长方体"命令（BOX），绘制观察窗孔。

> 命令：BOX ↵　//执行"长方体"命令
> 指定长方体的角点或 [中心点（CE）] <0,0,0>：10,7.5 ↵　//输入长方体对角点绝对坐标
> 指定角点或 [立方体（C）/长度（L）]：L ↵　//输入L，指定长方体的长、宽、高
> 指定长度：30 ↵　//输入长方体长度30
> 指定宽度：15 ↵　//输入长方体宽度15
> 指定高度：-20 ↵　//输入长方体高度-20

7) 使用"差集"命令（SUBTRACT），从箱体中减去观察窗孔。此时得到的图形如图11—65a所示。

(13) 剖切箱体。使用"剖切"命令（SLICE），对箱体进行剖切，使用"消隐"命令（HIDE）进行消隐后，完成该图的绘制。得到的效果如图11—65b所示。

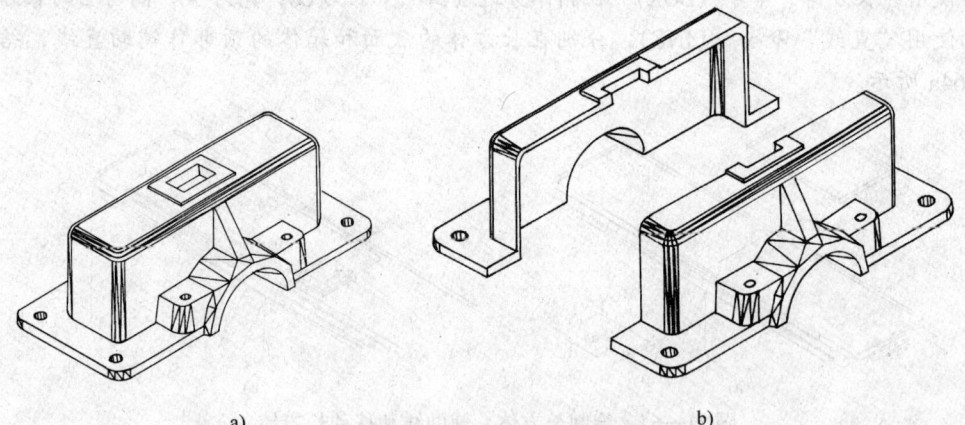

a)　　　　　　　　　　　　　b)

图11—65　绘制观察窗孔和剖切

a) 绘制观察窗孔　b) 剖切